机械振动学

主　编　毛　君
副主编　陈洪月　谢　苗

北京理工大学出版社
BEIJING INSTITUTE OF TECHNOLOGY PRESS

内容简介

本书是普通高等院校机械工程学科“卓越工程师教育培养计划”系列规划教材之一，内容包括：单自由度系统线性振动的基本理论、振动方程的建立及其求解过程；二自由度、多自由度振动系统的无阻尼、有阻尼振动的求解方法；连续系统振动的基本求解方法；非线性振动系统的基本求解方法；随机激励下振动系统的响应问题；振动系统的数值求解方法。

本书可作为机械振动学专业本科生专业教材，也可作为研究生教学和工程技术人员学习参考用书。

图书在版编目(CIP)数据

机械振动学/毛君主编．—北京：北京理工大学出版社，2016.1（2020.9重印）
ISBN 978－7－5682－1360－8

Ⅰ．①机…　Ⅱ．①毛…　Ⅲ．①机械振动　Ⅳ．①TH113.1

中国版本图书馆CIP数据核字(2015)第238658号

出版发行／北京理工大学出版社有限责任公司
社　　址／北京市海淀区中关村南大街5号
邮　　编／100081
电　　话／(010)68914775(总编室)
(010)82562903(教材售后服务热线)
(010)68948351(其他图书服务热线)
网　　址／http://www.bitpress.com.cn
经　　销／全国各地新华书店
印　　刷／北京虎彩文化传播有限公司
开　　本／787毫米×1092毫米　1/16
印　　张／13.25
字　　数／307千字
版　　次／2016年1月第1版　2020年9月第3次印刷
定　　价／29.00元

责任编辑／封　雪
文案编辑／张鑫星
责任校对／周瑞红
责任印制／马振武

图书出现印装质量问题，请拨打售后服务热线，本社负责调换

编委会名单

主任委员:毛　君　何卫东　苏东海

副主任委员:于晓光　单　鹏　曾　红　黄树涛　舒启林　回　丽　王学俊　付广艳　刘　峰　张　珂

委　　员:肖　阳　刘树伟　魏永合　董浩存　赵立杰　张　强

秘书长:毛　君

副秘书长:回　丽　舒启林　张　强

机械工程专业方向分委会主任:毛　君

机械电子工程专业方向分委会主任:于晓光

车辆工程专业方向分委会主任:单　鹏

编写说明

根据教育部教高〔2011〕5号《关于"十二五"普通高等教育本科教材建设的若干意见》文件和"卓越工程师教育培养计划"的精神要求，为全面推进高等教育理工科院校"质量工程"的实施，将教学改革的成果和教学实践的积累体现到教材建设和教学资源统合的实际工作中去，以满足不断深化的教学改革的需要，更好地为学校教学改革、人才培养与课程建设服务，确保高质量教材进课堂，由辽宁工程技术大学机械工程学院、沈阳工业大学机械工程学院、大连交通大学机械工程学院、大连工业大学机械工程与自动化学院、辽宁科技大学机械工程与自动化学院、辽宁工业大学机械工程与自动化学院、辽宁工业大学汽车与交通工程学院、辽宁石油化工大学机械工程学院、沈阳航空航天大学机电工程学院、沈阳化工大学机械工程学院、沈阳理工大学机械工程学院、沈阳理工大学汽车与交通学院、沈阳建筑大学交通与机械工程学院等辽宁省11所理工科院校机械工程学科教学单位组建的专委会和编委会组织主导，经北京理工大学出版社、辽宁省11所理工科院校机械工程学科专委会和编委会各位专家近两年的精心组织、工作准备和调研沟通，以创新、合作、融合、共赢、整合跨院校优质资源的工作方式，结合辽宁省11所理工科院校对机械工程学科和课程教学理念、学科建设和体系搭建等研究建设成果，按照当今最新的教材理念和立体化教材开发技术，本着"整体规划、制作精品、分步实施、落实到位"的原则确定编写机械设计与制造、机械电子工程及车辆工程等机械工程学科课程体系教材。

本套丛书力求结构严谨、逻辑清晰、叙述详细、通俗易懂。全书有较多的例题，便于自学，同时注意尽量多给出一些应用实例。

本书可供高等院校理工科类各专业的学生使用，也可供广大教师、工程技术人员参考。

辽宁省11所理工科院校机械工程学科建设及教材编写专委会和编委会

前言

Qianyan

本书是普通高等院校机械工程学科“卓越工程师教育培养计划”系列规划教材之一，是机械振动学专业本科生专业教材，也可以作为研究生教学和工程技术人员学习参考用书。本书共分8章，第1章介绍了振动系统的组成、分析步骤及应用；第2章介绍单自由度系统线性振动的基本理论，研究了振动方程的建立及其求解过程，阐述了系统固有频率、等效系统的质量、刚度的计算方法；第3、4章研究了二自由度、多自由度振动系统无阻尼、有阻尼振动的求解方法；第5章研究了连续系统振动的基本求解方法；第6章研究了非线性振动系统的基本求解方法；第7章研究了随机激励下振动系统的响应问题；第8章研究了振动系统的数值求解方法。

本书第1章由辽宁工程技术大学毛君、谢苗编写；第2章、第3章、第5章由辽宁工程技术大学卢进南编写；第4章、第6章、第7章由辽宁工程技术大学陈洪月编写；第8章由辽宁工程技术大学师建国、刘克铭编写。

本书由毛君统稿。沈阳航空航天大学的曹国强教授和辽宁工业大学的何勍教授审阅了本书，并提出了宝贵的意见和建议，在此致以衷心的感谢。

本书在编写过程中得到了辽宁工程技术大学博士研究生张瑜、谢春雪、刘治翔及硕士研究生王鑫、田松、张坤、白雅静、贾灿、许文馨的帮助，他们在本书的排版、绘图及编写程序中做了大量工作。

由于编者水平有限，书中错误和不妥之处在所难免，恳请读者给予批评和指正，不胜感激。

编　者

Contents

目 录

目录

Contents

Contents

目 录

目录

Contents

第1章 绪 论

本章导读

振动问题普遍存在于工业生产和工程的各个领域，振动分析与控制已经成为许多工程项目的必要措施。研究工程振动问题不仅可以解决系统的有害振动，提高系统的可靠性和寿命，还可以有效地利用振动，使之为我们服务。

本章主要内容

(1) 振动系统的类型。

(2) 振动系统的组成要素。

(3) 振动分析的一般步骤。

(4) 等效质量、等效刚度与等效阻尼。

(5) 振动系统的应用。

1.1 振动概述

机械振动是一种特殊形式的运动，通常是指系统在某一平衡位置附近所做的往复运动。从运动学的观点看，机械振动是研究机械系统中某些物理量（如位移、速度、加速度）在某一数值附近随时间 t 变化的规律。振动是普遍存在的现象，人类的大多数活动都含有振动现象，如：血液循环与心脏的振动相关；呼吸与肺的振动相关；听觉与耳道内的鼓膜振动相关等。在工程和日常生活中也存在大量、丰富多彩的振动现象，如：车辆行驶时的振动、发动机运转时的振动、演奏乐器时乐器的振动等。在很多情况下振动是有害的，如机械系统中，振动会加剧机械零部件的磨损，使零部件受交变应力而导致疲劳失效；会使紧固件如螺母等松动脱落；切削金属时，机床和刀具的振动会降低零件的加工精度和表面质量。此外，一旦机械或结构的固有频率与外部激励的频率一致时，还会发生共振现象，从而引起机械或结构的过大变形乃至失效；在许多工程系统中，振动传递给人会引起人的不适及工作效率的降低，如发动机振动产生的噪声会使人感到烦躁，甚至恶心呕吐。所以，振动研究的主要目的之一就是通过适当的结构及基础设计减小振动。

虽然振动有其不利的一面，但在生活和生产实践中也可以被利用，如：振动输送机、振动布料器、振动筛、振动压实机、洗衣机、电动牙刷、牙医用的小电钻、钟表及推拿设备等。振动还可应用在管道的推进、材料的振动测试、振动磨削加工以及滤波电路中，此外，振动还可以提高某些机械加工、锻造和焊接过程的效率。

机械振动学是在力学模型的基础上，应用数学分析、实验测量和数值计算等方法研究结构振动的一般规律，解决实践中的振动问题，它是材料力学在机械系统动力学方面的扩展。

1.2 振动类型

在分析具体振动问题之前，明确问题的类别是非常重要的。振动问题的分类依赖于分类的出发点。一个振动系统包括了三个要素：输入、输出和系统模型（或系统特性）。输入就是动载荷，可以是力、力矩等，也可以是运动量。输出就是响应，包括系统的位移、速度、加速度或内力、应力、应变等。从输入、输出与系统特性三者的关系来说，可以将所研究的振动问题归纳为三大类。

第一类：已知系统模型和外载荷求系统响应，称为响应计算或正问题，这是研究最为成熟的问题。对于比较简单的系统，本书将介绍一些解析方法或近似解析方法求解其响应；对于复杂系统，目前已发展了许多有效的数值方法来进行计算，例如计算一般结构振动的有限元方法、计算复杂结构的子结构方法、计算轴系振动的传递矩阵法等。

第二类：已知输入和输出求系统特性，称为系统识别或参数识别，又称为第一类逆问题。表达系统特性的方式是多种多样的，例如系统的质量、刚度和阻尼，系统的频响函数、脉冲响应函数等都可以反映系统特性。它们彼此在理论上等效，但各有其优点，特别是频响函数等可用测量的方法得到。关键问题是如何从实测数据中精确地估计出我们需要的描述系统特性的参数。如果需要的是频率、阻尼、振型等模态参数，则称为模态参数识别，这方面的研究目前日趋成熟，有许多商品化软件可供使用。如果需要系统在物理坐标下的质量、刚度、阻尼，则称为物理参数识别。求解系统识别问题的目的之一是检验用分析方法所建立的系统模型是否正确和精确，能否用于今后的振动计算。与系统识别，特别是物理参数识别相关的问题是系统动态设计，即根据输入和输出设计系统特性，乃至系统的质量、刚度及其分布，这一类逆问题的解一般不唯一，目前多借助数值优化方法来解决。

第三类：已知系统特性和响应求载荷，称为载荷识别，又称为第二类逆问题。确定系统在实际工况下的振源及其数学描述是振动工程中最棘手的问题，一般需要具体问题具体处理。如：人们一直研究如何从实测的机身响应计算出直升机桨毂作用到机身的三个力和三个力矩，并取得了不小的成果。要使这一类问题取得精确的结果，必须与第一类逆问题紧密结合起来，也就是系统特性应该建立在可靠的基础上。

根据研究侧重点的不同，可以从不同角度对振动现象进行分类。振动现象按系统相应的性质可分为确定振动和随机振动两大类。

（1）对于一个确定系统（不论它是常参数系统，还是变参数系统），在受到确定激励作用时，响应也是确定的，这类振动称为确定振动。

（2）对于确定系统，在受到随机激励作用时，系统的响应是随机的，这类振动称为随机振动，随机振动只能用概率统计的方法描述。

对于随机结构系统来说，无论受到确定激励，还是随机激励作用，其响应均为随机的，这类振动称为随机振动。

此外，还可以按激励的控制方式进行分类：

（1）自由振动：系统受初始激励作用后，不再受外界激励作用的振动。它一般指的是弹性系统偏离平衡状态以后，不再受外界激励作用的情形下所发生的振动。

（2）强迫振动：系统在外界控制的激励作用下的振动，它指的是弹性系统在受外界控制的激励作用下发生的振动。此时，即使振动被完全抑制，激励照样存在。

（3）自激振动：系统在自身控制的激励作用下的振动。它指的是激励受系统振动本身控制的振动，在适当的反馈作用下，系统会自动地激起定幅振动，但一旦振动被抑制，激励也就随之消失。

（4）参激振动：系统本身参数变化激发的振动。这种激励方式是通过周期或随机地改变系统的特性参数实现的。

1.3 振动系统组成要素

机械系统之所以会产生振动是因为它本身具有质量和弹性，阻尼则使振动受到抑制。从能量观来看，质量可储存动能，弹性可储存势能，阻尼则消耗能量。当外界对系统做功时，系统的质量就吸收动能，使质量获得速度，弹簧获得变形能具有了使质量回到原来位置的能力。这种能量的不断转换就导致系统的振动，系统如果没有外界不断地输入能量，则由于阻尼的存在，振动现象将逐渐消失。因此，质量、弹性和阻尼是振动系统的三要素。此外，在重力场中，当质量离开平衡位置后就具有了势能，同样产生恢复力。如单摆，虽然没有弹簧，但可看成等效弹簧系统。

1.3.1 质量

在力学模型中，质量被抽象为不变形的刚体，质量元件对于外力作用的响应表现为一定的加速度。根据牛顿第二运动定律，若对质量作用一力 F，则此力和质量在与 F 相同方向获得的加速度 $\ddot{x}$ 成正比，表示为

$$F=m\ddot{x} \tag{1.1}$$

式中，比例常数 m 为刚体质量，是惯性的一种量度。

对于扭振系统，广义力为扭矩 M，广义加速度为角加速度 $\ddot{\varphi}$，则扭矩与角加速度成正比，表示为

$$M=J\ddot{\varphi} \tag{1.2}$$

式中，比例常数 J 为刚体绕其旋转中心轴的转动惯量。质量 m 和转动惯量 J 是表示力（力矩）和加速度（角加速度）关系的变量。

通常认为质量元件是刚体（即不具有弹性特征），不消耗能量（即不具有阻尼特性），在对实际结构进行振动分析时，如果是突出某一部分的质量而忽略其弹性与阻尼，就得到没有弹性和阻尼的“质块”，同样可得到没有阻尼和质量的“弹簧”以及没有质量与弹簧的“阻尼器”等各种理想化的元件。

1.3.2 弹性

在力学模型中，弹簧被抽象为无质量而具有线性弹性的元件。弹性元件在振动系统中提供使系统恢复到平衡位置的弹性力，弹性力又称恢复力。恢复力与弹性元件两端的相对位移

的大小成正比，即

$$F=-kx \tag{1.3}$$

式中，负号表示弹性恢复力 F 与相对位移的方向相反；k 为比例常数，通常称为弹簧常数或弹簧刚度。扭转弹簧产生的是恢复力矩，扭转弹簧的位移是角度。

图 1－1 所示为弹性元件，对于弹性元件需要指出以下几点：

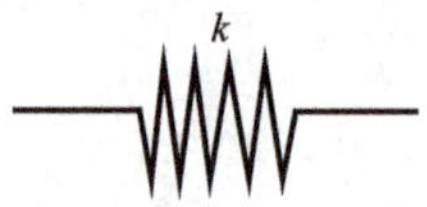

图 1－1　弹性元件

(1) 通常假定弹簧是没有质量的，而实际上，物理系统中的弹簧总是具有质量的，在处理实际问题时，若弹簧质量相对较小，则可忽略不计；若弹簧质量较大，则需对弹簧质量做专门处理或采用连续模型。

(2) 工程实践表明，大多数振动系统的振幅不会超出其弹性元件的线性范围，因此，这种线性化处理符合一般机械系统的实际情况。

(3) 对于角振动的系统，其弹簧为扭转弹簧，其弹簧刚度 k 等于使弹簧产生单位角位移所需施加的力矩，其量纲为 ML^2T^{-2}，通常取单位为(N·m)/rad。

(4) 实际工程结构中的许多构件，在一定的受力范围内都具有作用力与变形之间的线性关系，因此，都可以作为线性弹性元件处理。

1.3.3　阻尼

振动系统的阻尼特性及阻尼模型是振动分析中最困难的问题之一，也是当代振动研究中最活跃的方向之一。

在力学模型中，阻尼器被抽象为无质量而具有线性阻尼系数的元件。在振动系统中，阻尼元件提供系统运动的阻尼力，其大小与阻尼器两端相对速度成正比，即

$$F=-c\dot{x} \tag{1.4}$$

式中，负号表示阻尼力的方向与阻尼器两端相对速度的方向相反；c 为比例常数，称为阻尼系数，满足式 (1.4) 表示的这种阻尼称为黏性阻尼系数。

图 1－2 所示为弹性阻尼元件，对于阻尼元件需要指出以下几点：

(1) 通常假定阻尼器的质量是可以忽略不计的。

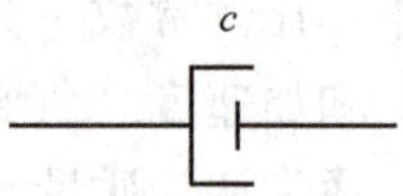

图 1－2　弹性阻尼元件

(2) 对于角振动系统，其阻尼元件为扭转阻尼器，其阻尼系数 c 是产生单位角速度 $\dot{\theta}$ 需施加的力矩，其量纲为 ML^2T^{-1}，通常取单位为 (N·m·s) /rad。

(3) 与弹性元件不同的是，阻尼元件是消耗能量的，它以热能、声能等方式耗散系统的机械能。

1.4　振动分析的一般步骤

研究机械系统的振动问题，一般分为下列几个步骤。

1.4.1 建立力学模型

实际的机械振动系统是很复杂的，为便于分析和计算，必须抓住主要因素，而略去一些次要因素，将实际系统简化和抽象为动力学模型。简化的程度取决于系统本身的复杂程度、要求计算结果的准确性以及采用的计算工具和计算方法等。

动力学模型要表示系统的主要动态特性及外部激振情况。机械系统本身结构的动态特性参数是质量、刚度（或弹性）和阻尼，如何进行简化是值得认真研究的。

图 1-3（a）所示为一辆汽车沿道路行驶时车身振动的力学模型，它是一个二自由度系统，其中弹簧常数就是悬架和轮胎的等效刚度，阻尼器表示减震器、悬架和轮胎的等效阻尼，车身的惯性简化为平移质量 m 和绕质心的转动惯量 J。图 1-3（b）所示为一桥式起重机起吊重物时的情况，研究突然吊起重物时绳索及桥架结构中的动力响应，可简化为双质量弹簧系统，其中 m_1 是小车质量加 1/2 桥架质量，m_2 为重物的质量，k_1 是桥架跨中的刚度，k_2 是绳索的刚度。建立的力学模型与实际的机械系统越接近，则分析的结果与实际情况越接近。

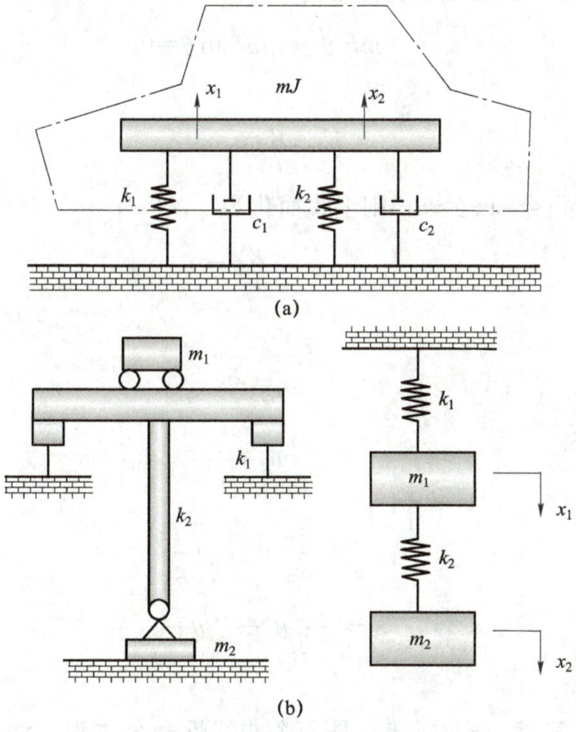

图 1-3 不同实验系统的力学模型

（a）汽车车身振动；（b）起重机起吊重物时的振动

1.4.2 建立数学模型

应用物理定律对所建立的力学模型进行分析，导出描述系统特性的数学方程，通常振动问题的数学模型为微分方程形式。

建立数学模型的目的是揭示系统的全部重要特性，从而得到描述系统动力学行为的控制方程。一个系统的数学模型应该包括足够多的细节，既能用方程描述系统的行为，又不致使其过于复杂。根据基本元件行为的属性，一个振动系统的数学模型可以是线性的，也可以是非线性的。线性模型处理简单、容易求解。非线性模型有时能够揭示线性模型不能够预测到的某些系统特性，所以需要对实际系统做大量的工程判断以得到比较合理的振动系统模型。

有时为了得到更准确的结果，需要对系统的数学模型不断地进行完善。此时可以先用一个比较粗略的模型，以便能够较快地对系统的大体属性有所了解，之后再通过增加更多的元件和细节对模型进行不断改进，以便进一步分析系统的动力学行为。

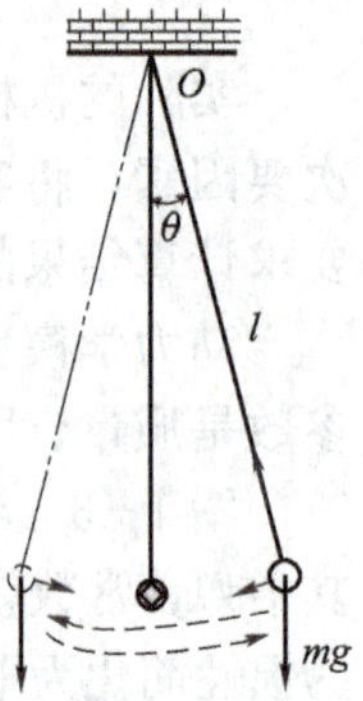

图 1-4　单摆

图 1-4 所示为单摆，可绕水平轴转动的细长杆下端附有重锤，直杆的重量和锤的体积都可以不计，求单摆的运动微分方程及周期。

取偏角 θ 为坐标，从平衡位置出发，以逆时针方向为正，锤的切向加速度为 $l\ddot{\theta}$，故有单摆的运动微分方程为

$$ml^2\ddot{\theta}+mgl\sin\theta=0 \tag{1.5}$$

即

$$\ddot{\theta}+\frac{g}{l}\sin\theta=0$$

当 θ 角很小时，可令 $\sin\theta\approx\theta$，则上式简化为

$$\ddot{\theta}+\frac{g}{l}\theta=0$$

设

$$\omega_n^2=\frac{g}{l}$$

式中，ω_n 为固有频率。

则振动周期为

$$T=\frac{2\pi}{\omega_n}=2\pi\sqrt{\frac{l}{g}}$$

其通解为

$$y=-\frac{g}{6l}\theta^3+C_1\theta+C_2$$

式中，C_1、C_2 为常数。

当 θ 角较大时，显然，式（1.5）是一个非线性微分方程，将其中的 $\sin\theta$ 展成泰勒级数，$\sin\theta=\theta-\frac{1}{3}\theta^3+\frac{1}{5}\theta^5-\cdots$进行求解；但是当 θ 角不是很小，也不十分大，如果不超过 1 弧度时，可删去 $\sin\theta$ 展开式中的前两项，得到

$$\ddot{\theta}+\frac{g}{l}\left(\theta-\frac{1}{6}\theta^2\right)=0$$

其通解为

$$y=-\frac{g}{6l}\theta^3+\frac{1}{72}\theta^4+C_1\theta+C_2$$

可见单摆属于具有软特性的非线性振动系统。

1.4.3 方程求解

为得到描述系统运动的数学表达式，需对数学模型进行必要的求解。通常这种数学表达式是位移为时间的函数形式，它表明系统运动、系统性质和激振（含初始干扰）的关系。求解方程的方法有：拉普拉斯变化方法、矩阵方法和数值计算方法等。

1.4.4 分析结论

根据方程解提供的规律和系统的工作要求及结构特点，可以做出设计和改进的决断，以获得所求问题的最佳解决方案。

1.5 简 谐 振 动

结构振动时，描述振动情况的物理量是随时间变化的，可以表示为时间 t 的函数，如 $X(t)$、$F(t)$等。这种描述振动的方法称为时域描述，而函数 $X(t)$、$F(t)$称为时间历程。

周期振动中最简单的是简谐振动，可以用一个简单的实验来演示简谐振动的特性。图1-5所示为简谐振动，弹簧上悬挂着一个质量块，在静止时给质量块轻轻一击，质量块便在原来静平衡位置附近上下振动。如在质量块上放一个小光源 s，使一束光线照射在一条匀速水平移动的光敏纸带上，记录下质量块的运动过程，则这一运动过程可用下面正弦函数表达。

$$x=A\sin\frac{2\pi}{T}t \tag{1.6}$$

式中，T 为周期；A 为离开静平衡位置的最远距离，称为振幅。这种按时间的正弦函数（或余弦函数）所做的振动，称为简谐振动。

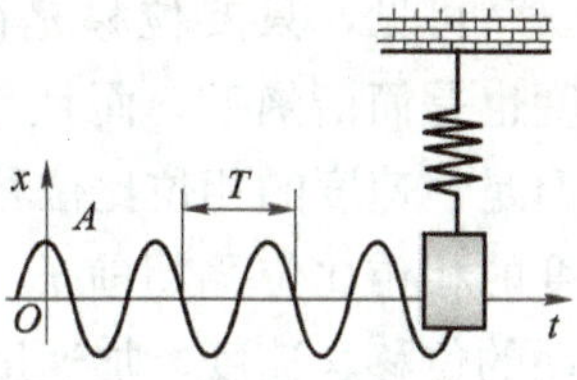

图1-5 简谐振动

上述简谐振动还可以看作一个做等速圆周运动的点在铅垂轴上投影的结果。如图1-6所示，一长度为 A 的直线段 OP，由水平位置开始，以等角速度 ω 绕 O 点转动，任一瞬时 OP 在铅垂轴上的投影为

$$x=A\sin\omega t \tag{1.7}$$

式中，ω 的单位是 rad/s。ωt 称为相位，表示 OP 在时间 t 内的转角。

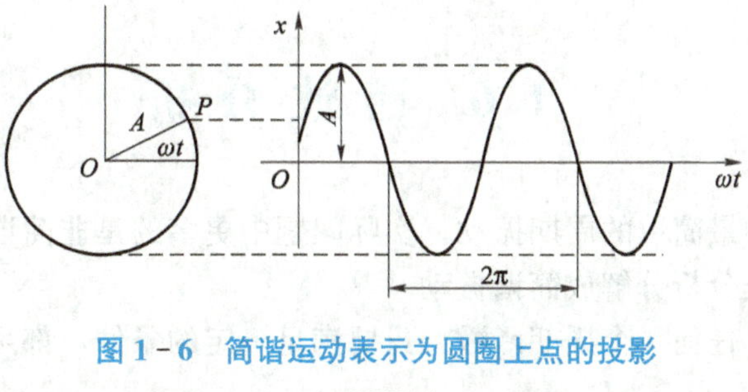

图1-6 简谐运动表示为圆圈上点的投影

因为 OP 转过 2π 为一个周期，故应满足条件

$$A\sin\omega(t+T)=A\sin(\omega t+2\pi)$$

即

$$\omega T=2\pi \text{ 或 } \omega=\frac{2\pi}{T}$$

代入式（1.7）就得到和式（1.6）同样的结果。通常用式（1.7）表示简谐振动。

在周期振动中，周期的倒数定义为频率。

$$f=\frac{1}{T} \tag{1.8}$$

式中，f 的单位为 1/s，亦称赫兹，写作 Hz，即每秒钟振动的次数。它和 ω 的关系显然有：

$$\omega=2\pi f \tag{1.9}$$

当 $f=1/\text{s}$ 时，$\omega=2\pi\ \text{rad/s}$，相当于直线段 OP 每秒转一圈。因此振动理论中把 ω 称为圆频率。

图 1-5 所示的振动，在开始时质量块不在静平衡位置，则其位移表达式将具有一般形式

$$x=A\sin(\omega t+\varphi) \tag{1.10}$$

式中，φ 为初相位；$A\sin\varphi$ 表示质量的初始位置。

简谐振动的速度和加速度分别为位移表达式（1.10）的一阶和二阶导数，即有

$$v=\dot{x}=A\omega\cos(\omega t+\varphi)=A\omega\sin\left(\omega t+\varphi+\frac{\pi}{2}\right) \tag{1.11}$$

$$a=\ddot{x}=-A\omega^2\sin(\omega t+\varphi)=A\omega^2\sin(\omega t+\varphi+\pi) \tag{1.12}$$

可见，只要位移是简谐函数，速度和加速度也是简谐函数，而且与位移具有相同的频率。但是，速度的相位比位移的相位超前 $\pi/2$，加速度的相位比位移超前 π。图 1-7 所示为简谐振动的位移、速度、加速度曲线。

由式（1.12）和式（1.10）可以看出

$$\ddot{x}=-\omega^2 x \tag{1.13}$$

这表明在简谐运动中，加速度的大小和位移成正比，而其方向和位移相反，即始终指向静平衡位置，这是简谐振动的一个重要特性。

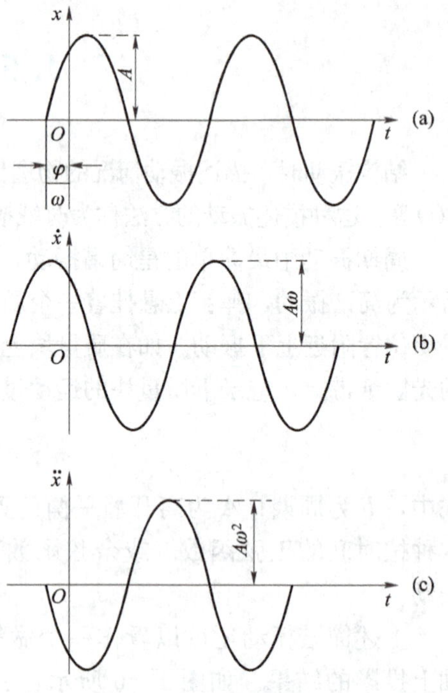

图 1-7　简谐振动的位移、速度、加速度曲线

（a）位移曲线；（b）速度曲线；（c）加速度曲线

1.6　谐 波 分 析

简谐振动是一种最简单的周期振动。实际问题中更多的是非简谐的周期振动。一般的周期振动可以通过谐波分析分解成简谐振动。

按照级数理论，任何一个周期函数，只要满足一定的条件，都可以展开成傅氏级数。这

些条件是：

（1）函数在一个周期内连续或者只有有限个间断点，而且间断点上函数左右极限都存在。

（2）在一个周期内只有有限个极大值和极小值。把一个周期函数展开成一个傅氏级数，即展开成一系列简谐函数之和，称为谐波分析。谐波分析是函数分析中一种常用的方法，用于振动理论便可以把一个周期振动分解为一系列简谐振动的叠加。这对于分析位移、速度和加速度的波形以及分析周期激振力等都是很重要的。

现设有一个周期振动函数为 $F(t)$，它的周期为 T，可以展开成傅氏级数

$$\begin{aligned} F(t) &= \frac{a_0}{2} + a_1\cos\omega t + a_2\cos(2\omega t) + \cdots + b_1\sin\omega t + b_2\sin(2\omega t) + \cdots \\ &= \frac{a_0}{2} + \sum_{n=1}^{\infty}\left[a_n\cos(n\omega t) + b_n\sin(n\omega t)\right] \end{aligned} \tag{1.14}$$

式中，$\omega=\frac{2\pi}{T}$称为基频。a_0、a_n、b_n 均为待定常数。只要函数 $F(t)$ 为已知，就可以用下述方法确定这些常数。求 a_0 时将式（1.14）的两边都乘以 $\mathrm{d}t$，求 a_n 时两边都乘以 $\cos(n\omega t)\mathrm{d}t$，求 b_n 时两边都乘以 $\sin(n\omega t)\mathrm{d}t$，然后依次在 $t=0$ 到 $t=T$ 一个周期内逐项积分，利用三角函数族的正交性，就可得到 a_0、a_n、b_n 之值。

由三角函数正交性

$$\int_0^T \cos(m\omega t)\cos(n\omega t)\mathrm{d}t = \begin{cases} 0 & m \neq n \\ \dfrac{T}{2} & m = n \end{cases}$$

$$\int_0^T \sin(m\omega t)\sin(n\omega t)\mathrm{d}t = \begin{cases} 0 & m \neq n \\ \dfrac{T}{2} & m = n \end{cases}$$

$$\int_0^T \sin(m\omega t)\cos(n\omega t)\mathrm{d}t = \int_0^T \cos(m\omega t)\sin(n\omega t)\mathrm{d}t = 0$$

$$\int_0^T \cos(n\omega t)\mathrm{d}t = 0 \quad n \neq 0$$

$$\int_0^T \sin(n\omega t)\mathrm{d}t = 0$$

由上述的积分结果可知：在等式右边除了 $m=n$ 的一项外，其余各项都等于零，从而得到

$$a_0 = \frac{2}{T}\int_0^T F(t)\mathrm{d}t \quad n \neq 0$$

$$a_n = \frac{2}{T}\int_0^T F(t)\cos(n\omega t)\mathrm{d}t$$

$$b_n = \frac{2}{T}\int_0^T F(t)\sin(n\omega t)\mathrm{d}t$$

将 a_0、a_n 和 b_n 的值代入式（1.14），相应的傅氏级数即可完全确定。

两频率相同的简谐振动可以合成一个简谐振动，即

$$a_n\cos(n\omega t) + b_n\sin(n\omega t) = A_n\sin(n\omega t + \varphi_n) \tag{1.15}$$

式中，$A_n=\sqrt{a_n^2+b_n^2}$；$\tan\varphi_n=\frac{a_n}{b_n}$。

因此式（1.14）也可表达为 $F(t)=\frac{a_0}{2}+\sum_{n=1}^{\infty}A_n\sin(n\omega t+\varphi_n)$，为了把谐波分析的结果形象化，可以把 A_n 和 φ_n 与 ω 之间的变化关系用图形来表示，如图 1－8 所示，因为只有在 $n\omega$（$n=1$，2，3，…）各点 A_n 和 φ_n 才有一定的数值，所以图形是一组离散的垂线，这种图为函数的频谱图。

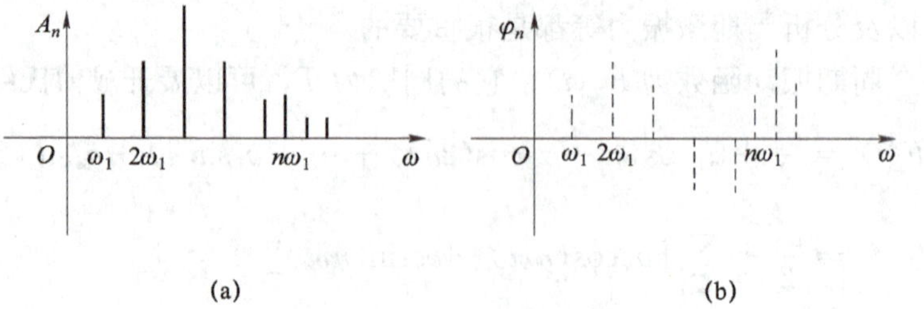

图 1－8　频谱图

（a）幅值响应频谱图；（b）相位响应频谱图

1.7　机械振动学的应用

在机械工业和其他工业部门存在着难以数计的有害振动问题，这些问题常会引起巨大的损失或者隐藏着可怕的祸根。以振动工程的理论、技术和方法来研究与解决这些问题，是当务之急。

大型、高速回转机械，如汽轮发电机组，因动态失稳而造成的重大恶性事故，在国内外都屡见不鲜。在事故中急剧上升的振动可在几十秒钟之内，使大型发电机组彻底解体，甚至祸及厂房，造成巨大的财产损失和人员伤亡。事故的原因或征兆之一，就是机组的强烈振动。

大型工程结构因振动而引起的事故也时有发生。历史上曾经发生过由于正步行进的队伍通过桥梁时，引起桥梁发生共振而突然崩塌的事故。近代还发生过大型桥梁或冷却塔因“风激振动”而断裂、倒塌的事故。十几万吨的油轮也会由于振动而在海上折成两段，究其原因，是船体的固有频率设计不妥。

各种商品从生产厂到达消费者手中，往往要经过漫长的运输过程，在此过程中难免存在冲击与振动。为了使商品完好无损地到达消费者手中，一般都需要设计合适的商品包装，以便缓冲防振，保护商品。因为包装不善，每年所造成的商品损失也是非常巨大的。

此外，过量的振动和因振动而引起的噪声，还会污染环境，损害人们的健康。事实上，可以说振动问题普遍存在于工业生产和工程的各个领域。科学技术发展到今天，对许多工程项目来说，振动分析与控制已经是决定一个项目命运的必要措施。

但是，振动并非只有害处，如能合理运用，亦能造福人类。目前已在很多方面对振动进行了有效的利用，诸如振动加工（超声加工）、振动时效、振动筛、振动破碎、振动夯土、振动检测等。

从上述可知，振动工程作为一门新兴的工程学科，它与工业生产及国民经济紧密相关。现在，振动学已逐渐成为机械工程师、结构工程师必须了解的知识，并已成为高等工程教育的重要内容之一。

第 2 章　单自由度系统振动理论及应用

本章导读

许多工程技术问题在一定条件下，都可以将实际振动系统简化为单自由度振动系统来研究。因此，单自由度系统的振动理论是机械振动学的理论基础，要掌握多个自由度振动的基本规律，必须掌握单自由度系统的基本理论。本章将介绍单自由度系统线性振动的基本理论，主要包括振动方程的建立及其求解、系统固有频率的计算以及等效系统的质量和刚度等。

单自由度系统是振动研究中最简单的一类，仅用一个坐标就可以确定该类系统的运动。求解振动问题的主要目的是要确定在任意时刻系统的位移、速度、加速度等，所以，为解决工程实际中复杂的振动问题，首先从最简单的单自由度振动系统进行。

单自由度线性振动系统的运动规律可以用一个常系数的二阶线性常微分方程描述，单自由度系统在振动理论及其应用中是最基本的，在实际应用中，把结构简化成一个单自由度系统就可以得到初步的、工程上满意的结果。

本章主要内容

(1) 单自由度振动系统的一般方程。
(2) 无阻尼单自由度振动系统及其求解。
(3) 固有频率的计算方法。
(4) 等效质量、等效刚度与等效阻尼。
(5) 有阻尼单自由度振动系统及其求解。
(6) 无阻尼单自由度系统的受迫振动。
(7) 有阻尼单自由度系统的受迫振动。

2.1　单自由度系统振动微分方程

单自由度振动系统通常包括一个定向振动的质量 m、连接于振动质量 m 与基础之间的弹性元件（其刚度为 k）以及运动中的阻尼（阻尼系数为 c）。振动质量 m、弹簧刚度 k 和阻尼系数 c 是振动系统的三个基本要素。如图 2 - 1 所示，考虑混凝土基础的阻尼，且在振动系统中还作用有持续作用的激振力 Q，此激振力 Q 可以是简谐力（以 $Q_0\sin\omega t$ 或 $Q_0\cos\omega t$ 表示），也可以是任意力。机器（振动体）的受力示意图如图 2 - 1 所示。

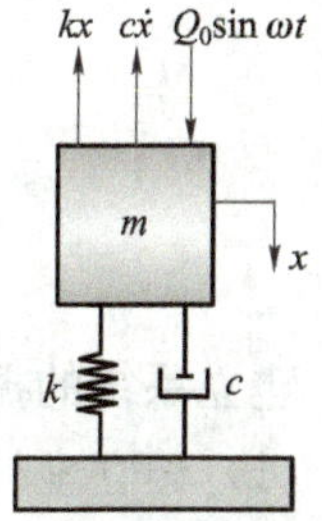

图 2 - 1　振动体受力示意图

系统振动时，振动质量的位移 x、速度 $\dot{x}$ 和加速度 $\ddot{x}$ 会产生弹性力 kx，阻尼力 $c\dot{x}$ 和惯性力 $m\ddot{x}$，它们分别与振动质量的位移、速度和加速度成正比，但方向相反（见图 2 - 1）。

应用牛顿运动定律可以建立运动微分方程式。现取 x 轴向为正，按牛顿定律：作用于质点上所有力的合力等于该质点的质量与沿合力方向的加速度的乘积，则

$$m\ddot{x}=Q_0\sin\omega t-c\dot{x}-kx$$

或

$$m\ddot{x}+c\dot{x}+kx=Q_0\sin\omega t \tag{2.1}$$

式（2.1）即为单自由度线性振动系统运动微分方程式的普通式，它又可以分为以下几种情况：

（1）单自由度无阻尼自由振动

$$m\ddot{x}+kx=0$$

（2）单自由度有黏性阻尼的自由振动

$$m\ddot{x}+c\dot{x}+kx=0$$

（3）单自由度无阻尼的受迫振动

$$m\ddot{x}+kx=Q_0\sin\omega t$$

（4）单自由度有黏性阻尼的受迫振动

$$m\ddot{x}+c\dot{x}+kx=Q_0\sin\omega t$$

下面就分别讨论这几种不同情况的振动。

典型的单自由度振动系统的力学模型如图 2-2 所示，该系统包含质量块、弹簧和阻尼器三个基本元件，在质量块上作用有随时间变化的外力。质量块、弹簧和阻尼器分别描述系统的惯性、弹性和耗能。一个单自由度系统模型是对实际振动系统的高度抽象和概括。例如，升降机吊篮、列车的一节车厢、高楼的一层、弹性体上的一点在某一方向振动都可简化为该模型。用于描述图 2-2 中惯性、弹性和耗能的三个参数分别是质量 m、刚度系数 k 和黏性阻尼系数 c。质量（块）是运动发生的实体，是研究运动的对象，运动方程是针对质量（块）建立的。弹性是质量产生振动的必要因素，刚度系数代表了弹性的大小。黏性阻尼系数的特点是阻尼器产生的阻尼力与阻尼器两端的相对速度成正比。实际振动系统的阻尼不一定是黏性的，但可通过等效方法等效为相应的黏性阻尼。采用线性黏性阻尼可使运动方程的建立和求解得到简化。注：本书的阻尼均为线性阻尼。

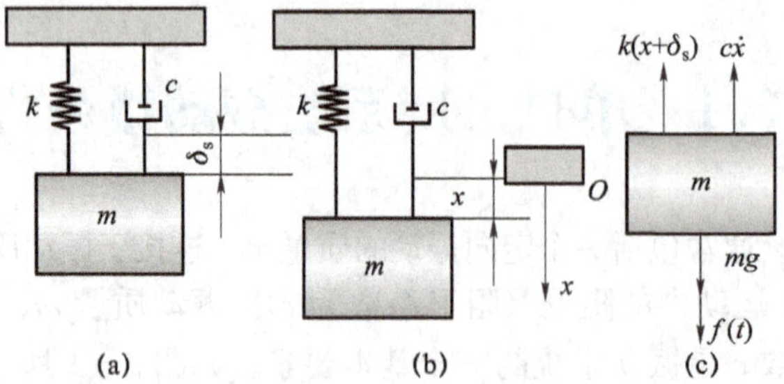

图 2-2　典型的单自由度振动系统的力学模型

（a）简化模型；（b）建立坐标系；（c）受力分析

建立系统的振动方程，通常采用下列步骤：

（1）建立坐标系。通常将坐标系的原点选为相对地面静止的点（绝对坐标系），画出坐标系的正方向。

(2) 将质量块作为分离体进行受力分析，画受力图。画图时，将外力的作用方向与坐标正向相同，惯性力、弹性力和阻尼力的作用方向与坐标正向相反。

(3) 根据牛顿第二定律列出方程。

如图 2-2 所示，取静平衡位置对应的空间中的点为坐标原点 O，建立图示坐标系。对质量块进行受力分析，根据牛顿第二定律可得

$$m\ddot{x}(t) = -k[x(t)+\delta_s] - c\dot{x}(t) + mg + f(t) \tag{2.2}$$

根据静力平衡有

$$mg = k\delta_s \tag{2.3}$$

将式 (2.3) 代入式 (2.2)，整理得

$$m\ddot{x}(t) + c\dot{x}(t) + kx(t) = f(t) \tag{2.4}$$

这就是单自由度系统振动方程的一般形式，它是一个二阶常系数线性非齐次微分方程，其中$\ddot{x}(t)$、$\dot{x}(t)$、$x(t)$分别代表质量块的运动加速度、速度和位移。若上述方程的右端项为零，即系统不受外力作用，可得单自由度系统的自由振动方程

$$m\ddot{x}(t) + c\dot{x}(t) + kx(t) = 0 \tag{2.5}$$

若系统无阻尼且不受外力作用，可得无阻尼单自由度系统的自由振动方程

$$m\ddot{x}(t) + kx(t) = 0 \tag{2.6}$$

这是单自由度系统最简单的振动方程，接下来将研究它的解。

2.2　无阻尼单自由度系统的自由振动

所谓无阻尼自由振动，是指振动系统受到初始扰动（激励）以后即不再受外力作用，也不受阻尼的影响所做的振动。

图 2-3 所示为单自由度系统的自由振动，设振动体的质量为 m，它所受的重力为 W，弹簧刚度为 k。弹簧挂上质量块后的静变形为 δ_j，此时系统处于静平衡状态，平衡位置为 O—O。由静平衡条件知

$$k\delta_j = W \tag{2.7}$$

当系统受到外界的某种初始干扰后，静平衡状态被破坏，则弹性力不再与重力相平衡，而产生弹性恢复力，使系统产生自由振动。

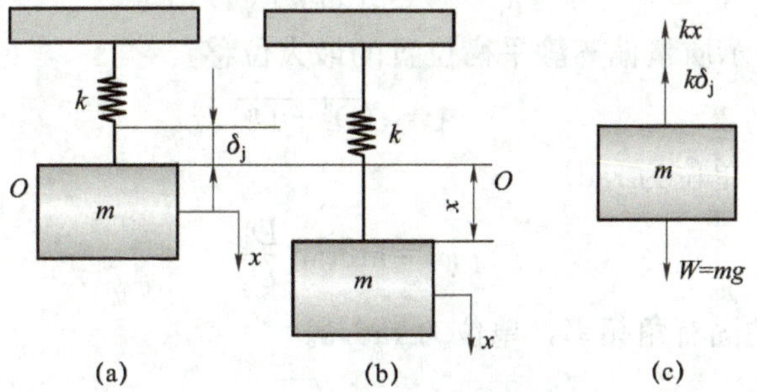

图 2-3　单自由度系统的自由振动

(a) 简化模型；(b) 建立坐标系；(c) 受力分析

取静平衡位置为坐标原点，以 x 表示质量块的位移，并以 x 轴为系统的坐标轴，取向下为正。则当质量块离开平衡位置时，在质量块上作用有重力 W 和弹性恢复力 $-k(\delta_j+x)$，由于受力不平衡，质量块即产生加速度，根据牛顿第二定律建立振动微分方程式

$$m\ddot{x}=W-k(\delta_j+x)$$

即

$$m\ddot{x}+kx=0 \tag{2.8}$$

在建立振动微分方程时，若取静平衡位置为坐标原点，就已经考虑了重力的影响，而在建立振动方程式过程中不必出现重力 W 和静变形 δ_j。

现将式（2.8）改写为

$$\ddot{x}+\frac{k}{m}x=0 \tag{2.9}$$

将 $\frac{k}{m}=\omega_n^2$ 代入上式得

$$\ddot{x}+\omega_n^2x=0 \tag{2.10}$$

这是一个齐次二阶常系数线性微分方程，显然 $x=e^{st}$ 是方程的特解，把它及 $\ddot{x}=s^2e^{st}$ 代入式（2.10）得：$(s^2+\omega_n^2)e^{st}=0$，由于 $e^{st}\neq0$，否则位移为零没有意义，故必有

$$s^2+\omega_n^2=0$$

称为微分方程的特征方程，其特征根为

$$s=\pm i\omega_n$$

式中，$i=\sqrt{-1}$。

故振动微分方程的通解是

$$x=c_1e^{i\omega_n t}+c_2e^{-i\omega_n t}$$

由欧拉公式，可得

$$\begin{aligned}x&=c_1(\cos\omega_n t+i\sin\omega_n t)+c_2(\cos\omega_n t+i\sin\omega_n t)\\&=(c_1+c_2)\cos\omega_n t+i(c_1-c_2)\sin\omega_n t\\&=D_1\cos\omega_n t+D_2\sin\omega_n t\end{aligned} \tag{2.11}$$

式中，$D_1=c_1+c_2$，$D_2=i(c_1-c_2)$，由初始条件确定。

式（2.11）表明，单自由度系统无阻尼自由振动包含两个频率相同的简谐振动，而这两个简谐振动的合成仍是一个简谐振动，可用下式表示

$$x=A\sin(\omega_n t+\varphi_0) \tag{2.12}$$

式中，A 为振幅，表示质量偏离静平衡位置的最大位移。

$$A=\sqrt{D_1^2+D_2^2} \tag{2.13}$$

φ_0 为初相位角，单位为 rad。

$$\varphi_0=\arctan\frac{D_1}{D_2} \tag{2.14}$$

ω_n 为振动系统的固有角频率，单位为 rad/s。

$$\omega_n=\sqrt{\frac{k}{m}} \tag{2.15}$$

将振动的初始条件 $t=0$，$x=x_0$，$\dot{x}=\dot{x}_0$ 代入式（2.11）中，得

$$x_0=D_1;\ \dot{x}_0=D_2\omega_n$$

则得

$$A=\sqrt{x_0^2+\frac{\dot{x}_0^2}{\omega_n^2}};\ \varphi_0=\arctan\frac{x_0\omega_n}{\dot{x}_0}$$

系统每秒钟振动的次数，称为系统的固有频率（Hz），以 f_n 表示

$$f_n=\frac{\omega_n}{2\pi}=\frac{1}{2\pi}\sqrt{\frac{k}{m}} \tag{2.16}$$

振动一次所用的时间称周期（s），用 T 表示，显然，周期 T 是固有频率 f_n 的倒数

$$T=\frac{1}{f_n}=\frac{2\pi}{\omega_n}=2\pi\sqrt{\frac{m}{k}} \tag{2.17}$$

由式（2.15）和式（2.16）可知，系统的固有频率（ω_n 或 f_n）是系统的固有特性，它仅取决于振动系统本身的固有参数（m 和 k），而与系统所受的初始扰动（初动条件）无关。因此，对相同质量的两个系统，弹簧刚度小的固有频率低，弹簧刚度大的固有频率高；而对刚度相同的两个系统，质量大的系统固有频率低，质量小的系统固有频率高。

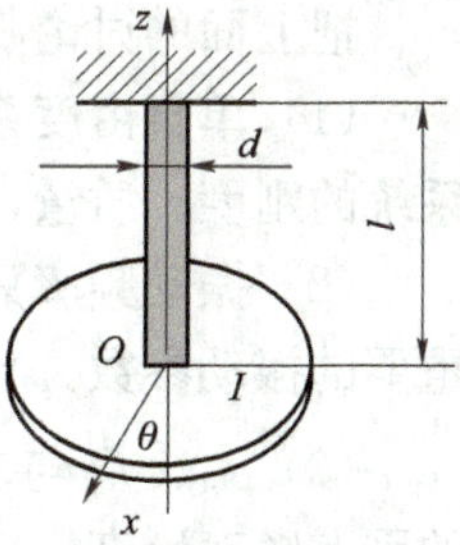

图 2-4　扭转振动

下面介绍单自由度扭转系统的振动特性。

图 2-4 所示为扭转振动，垂直轴的下端固定一个水平圆盘。已知轴长为 l，直径为 d，剪切弹性模量为 G，圆盘的转动惯量为 I（略去轴的质量）。在圆盘平面上施加初始扰动（如一力偶）后，系统做自由扭转振动。若不计阻尼影响，振动将永远继续下去。

由材料力学可知，它的扭转刚度为

$$k_\theta=\frac{\pi d^4 G}{32l}$$

图 2-4 中角位移坐标为 θ，箭头所指方向为正。建立扭转振动微分方程

$$I\ddot{\theta}=-k_\theta\theta \tag{1}$$

即

$$I\ddot{\theta}+k_\theta\theta=0 \tag{2}$$

系统振动的固有角频率

$$\omega_n=\sqrt{\frac{k_\theta}{I}} \tag{3}$$

系统振动的固有频率

$$f_n=\frac{1}{2\pi}\sqrt{\frac{k_\theta}{I}} \tag{4}$$

把 ω_n 代入微分方程（1）得

$$\ddot{\theta}+\omega_n^2\theta=0 \tag{5}$$

式（5）与式（2.10）形式完全相同，方程的通解可表达为

$$\theta=A\sin(\omega_n t+\varphi_0) \tag{2.18}$$

式中，A 为扭转振幅；φ_0 为扭转初相位角。

当 $t=0$ 时，假定 $\theta=\theta_0$，$\dot{\theta}=\dot{\theta}_0$，代入式（2.18）得

$$A=\sqrt{\theta_0^2+\frac{\dot{\theta}_0^2}{\omega_n^2}}$$

$$\varphi_0=\arctan\frac{\theta_0\omega_n}{\dot{\theta}_0}$$

可见扭转振动与线振动在形式上完全相同，只是把线振动质量换成转动惯量、弹簧刚度换成扭转刚度。

理想的无阻尼系统的自由振动是简谐振动，振动一旦开始，就能持久地保持等幅振动，这是一种理想的振动模型。

把上面的讨论归纳起来，有以下结论：

（1）单自由度系统无阻尼自由振动是简谐振动，振幅 A、初始相位 φ 取决于初始条件和系统的刚度、质量，运动的中点就是静平衡位置。

（2）振动频率只与系统的刚度、质量有关。通常称 ω_n、f_n 为系统的固有频率，这是最重要的振动参数。

（3）ω_n、f_n 与$\sqrt{k}$成正比而与$\sqrt{m}$成反比。因此，当系统的质量不变而刚度增加时，系统的固有频率增高；反之，当系统的刚度不变而质量增加时，固有频率降低。这个性质在线性振动系统中具有普遍意义，对连续系统和离散系统都成立，在实际应用中也非常重要。根据这个性质，可通过适当改变系统的刚度和质量来改变系统的固有频率，从而改变系统的振动特性。

（4）振动能够维持的原因是系统有存储动能的惯性元件和储存势能的弹性元件。由于不考虑能量耗散，无阻尼自由振动时机械能守恒，机械能的大小取决于初始条件和系统参数，振动时动能、势能不断相互转换，因此势能有一个最小值。使势能最小的位置正是系统的静平衡位置。系统有稳定的平衡位置，其动能和势能可以相互转化，在外界激励的作用下，才能产生振动。因而，振动总是在平衡位置附近进行。

2.3 固有频率的计算

系统的固有频率是系统振动的重要特性之一，在振动研究中有着十分重要的意义。单自由度系统固有频率的计算常采用以下几种方法。

2.3.1 静变形法

垂直方向振动的弹簧质量系统，当质体处于静平衡状态时，弹簧的弹性恢复力与质体的重力互相平衡。假定质体的重力为 $W=mg$，弹簧的静变形为 δ_j，弹簧刚度为 k，则有

$$W=k\delta_j$$

$$k=\frac{W}{\delta_j}$$

由式（2.15）可得

$$\omega_n=\sqrt{\frac{k}{m}}=\sqrt{\frac{W}{m\delta_j}}=\sqrt{\frac{mg}{m\delta_j}}=\sqrt{\frac{g}{\delta_j}}$$

$$f=\frac{\omega_n}{2\pi}=\frac{1}{2\pi}\sqrt{\frac{g}{\delta_j}} \tag{2.19}$$

从式（2.19）可以看出，只要测出弹簧的静变形 δ_j 就可以计算出系统的固有频率。

例 2-1　一根矩形截面梁抗弯刚度为 EJ，上面支撑一质量为 m 的物体，如图 2-5 所示，假定忽略梁的质量，试用静变形法求该系统的固有频率。

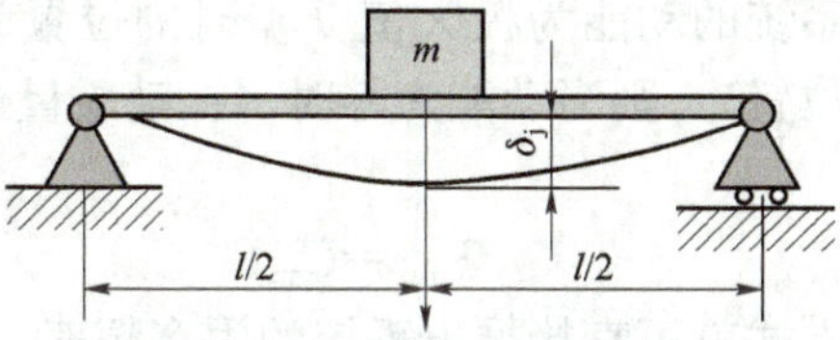

图 2-5　简支梁的静变形

解　根据材料力学，梁上支撑物体处的静挠度为

$$\delta_j=\frac{mgl^3}{48EJ}$$

因此固有角频率为

$$\omega_n=\sqrt{\frac{g}{\delta_j}}=\sqrt{\frac{48EJ}{ml^3}}$$

这是一种简单的工程方法，适用于结构复杂而刚度难以由计算得到的情况。它无须求弹性元件的刚度，只需测量出其静变形 δ_j 即可算出其固有频率。

图 2-6(a)所示为一悬臂梁，其自由端有一集中载荷 mg，梁本身的质量可忽略。图 2-6(b)所示为其等效系统。

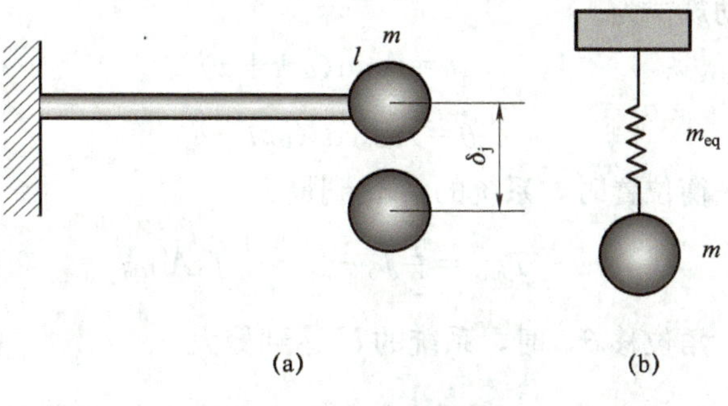

图 2-6　悬臂梁受力简图

（a）悬壁梁；（b）等效系统

由材料力学可知，悬臂梁自由端的静挠度为

$$\delta_j=\frac{mgl^3}{3EI}$$

式中，EI 为梁的抗弯刚度。梁的等效弹性刚度为

$$k_{eq}=\frac{mg}{\delta_j}=\frac{3EI}{l^3}$$

利用等效系统，按式（2.18）即得振动系统的固有频率

$$f_n=\frac{1}{2\pi}\sqrt{\frac{k}{m}}=\frac{1}{2\pi}\sqrt{\frac{3EI}{ml^3}}=\frac{1}{2\pi}\sqrt{\frac{g}{\delta_j}}$$

2.3.2 能量法

对可以忽略阻尼的保守系统，在整个振动过程中，系统的机械能保持不变，即

$$T+U=\text{常数}$$

对于简谐振动，如取系统的动能为极大值 T_{max} 时的位置为零势能位置（即 $U_0=0$ 的位置，此位置通常为静平衡位置），则当动能为零时（振动质量达最大位移时），势能必有极大值 U_{max}。故有

$$T_{max}=U_{max}$$

只要是简谐振动，从上式就可直接推出系统的固有频率。

图 2-7 所示为无定向摆示意图。摆杆对转轴 O 的转动惯量为 J_0，摆杆的另一端装有质量为 m 的小摆，平衡弹簧的刚度为 k。

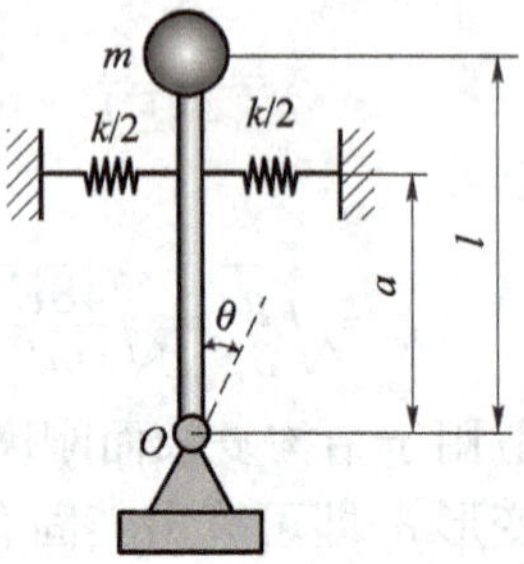

图 2-7　无定向摆示意图

无定向摆的摆动规律为

$$\theta=A\sin(\omega_n t+a)$$

则

$$\dot{\theta}=A\omega_n\cos(\omega_n t+a)$$

当摆杆摆至静平衡位置时，系统的 T 达到最大

$$T_{max}=\frac{1}{2}J_0\dot{\theta}_{max}^2=\frac{1}{2}J_0A^2\omega_n^2 \tag{2.20}$$

当摆杆摆至最大角位移 θ_{max} 时，系统的 U 达到最大

$$U_{max}=2\times\frac{1}{2}ka^2\theta_{max}^2-mgl(1-\cos\theta_{max})$$

$$\approx ka^2A^2-\frac{mgl}{2}A^2$$

代入式（2.20）得

$$T_{max}=\frac{1}{2}J_0A^2\omega_n^2=ka^2A^2-\frac{mgl}{2}A^2$$

$$\omega_n=\sqrt{\frac{2ka^2-mgl}{J_0}}$$

2.3.3　瑞利法

瑞利法是能量法的推广，它把一个分布质量系统简化成一个单自由度系统，简化时考虑到弹性元件的分布质量对振动系统的影响，从而得到振动系统较准确的基频（即系统最低的固有频率）的近似值。

在应用瑞利法时，需先假设振动系统的振动形式。实践证明，以静变形作为振动形式进行计算，结果的精确度对于工程问题是足够的。

图 2－8 所示为一均质等截面的简支梁，其单位长度的质量为 ρ，梁长为 l，在梁的中部有一集中载荷 mg，求其固有频率。

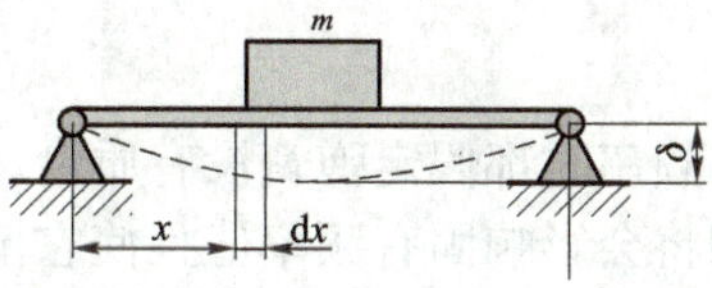

图 2－8　简支梁

假定梁在自由振动时的振型曲线和简支梁中间有一集中静载荷 mg 时的静挠度曲线相似，由材料力学知道，梁（不计质量时）的中间挠度为

$$\delta=\frac{mgl^3}{48EI}$$

而截面 x 处梁的振动形式近似为

$$y(x)=\frac{mg}{48EI}(3l^2x-4x^2)=\frac{3l^2x-4x^2}{l^3}\delta$$

因为是简谐振动，所以质量 m 的振动方程为

$$\delta=A\sin\omega_n t$$

$$\dot{\delta}=A\omega_n\cos\omega_n t$$

梁的振动速度为

$$\dot{y}(x)=\frac{3l^2x-4x^2}{l^3}\dot{\delta}$$

梁的动能为

$$T=2\int_0^{\frac{l}{2}}\frac{\rho}{2}\left(\frac{3l^2x-4x^2}{l^3}\dot{\delta}\right)\mathrm{d}x=\frac{1}{2}\left(\frac{17\rho l}{35}\right)\dot{\delta}$$

整个系统的最大总动能为

$$T_{max}=\frac{1}{2}\left(m+\frac{17\rho l}{35}\right)A^2\omega_n^2$$

梁的最大势能为

$$U_{max}=\frac{1}{2}kA^2=\frac{1}{2}\cdot\frac{48EI}{l^3}A^2$$

由 $T_{max}=U_{max}$ 得

$$\omega_n=\sqrt{\frac{48EI}{\left(m+\frac{17\rho l}{35}\right)l^3}} \tag{2.21}$$

可见，简支梁的质量对振动系统固有频率的影响，相当于在梁的中间再加上梁的等效质量 $m=\frac{17\rho l}{35}$，约为梁总质量 ρl 的一半。

由式（2.21）可以看出，若忽略弹性元件的质量，所得固有频率值是偏高的。故若弹性元件的分布质量在振系总质量中占有一定比例时，就不能再被忽略，必须加以考虑。

2.4　等效质量、等效刚度与等效阻尼

2.4.1　等效质量

到现在为止，在计算固有频率时都假定弹簧没有质量。弹簧和其他运动元件常常占系统总质量的相当部分，略去它们将会影响固有频率值且使它偏高。

为了更好地估算固有频率，计算前应先略去运动元件的附加能量。当然，要假定分布质量运动状态。附加能量的综合影响可以表示为集中质量的速度 $\dot{x}$ 的函数，即

$$T_{\text{add}}=\frac{1}{2}m_{\text{eq}}\dot{x}^2$$

式中，m_{eq} 为附加到集中质量上的等效质量。

实际的机械系统大都是多自由度系统，具有多阶固有频率，但对有些振动系统，当只考虑对振动响应具有决定性影响的基频时，可简化成单自由度系统求解，仍可满足工程上的精度要求。等效质量法就是将非集中质量系统简化成一个与其等效的集中质量系统，上面的简支梁就是一例。等效质量是根据简化前后系统的动能相等来计算的。

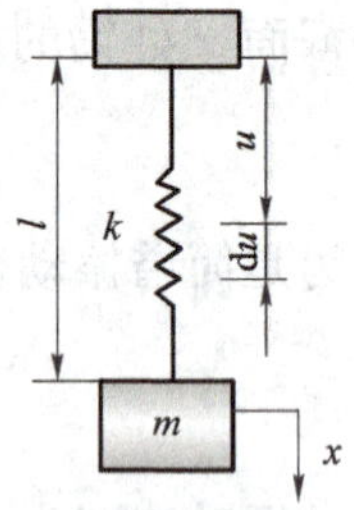

图 2-9　需考虑弹簧质量的振动系统

图 2-9 所示为需考虑弹簧质量的振动系统。设弹簧在静平衡位置的长度为 l，单位长度的质量为 ρ。在振动过程中弹簧各截面的位移与它距固定端的距离成正比（变形假定），故离固定端 u 处的位移为 $\frac{u}{l}x$，其中 x 为弹簧下端的位移。当质量块按 $x=A\sin\omega_n t$ 振动时，其最大速度（过静平衡位置时）为 $A\omega_n$，这时，整个弹簧的最大动能为

$$T_{弹}=\frac{1}{2}\rho\omega_n^2\left(\frac{A}{l}\right)^2\int_0^l u^2\,\mathrm{d}u=\frac{1}{2}\left(\frac{\rho l}{3}\right)(A\omega_n)^2$$

整个振动系统的最大动能为

$$T_{\max}=\frac{1}{2}\left(m+\frac{\rho l}{3}\right)(A\omega_n)^2$$

振动系统的势能仍和忽略弹簧质量时一样

$$U_{\max}=\frac{1}{2}kA^2$$

由 $T_{\max}=U_{\max}$ 可得固有频率

$$\omega_n=\sqrt{\frac{k}{m+\frac{\rho l}{3}}}$$

式中，$\frac{\rho l}{3}$为弹簧的等效质量，即把三分之一的弹簧质量加到质量块上，就已计入弹簧质量对振动系统固有频率的影响。这种近似计算是比较精确的，例如，当 $\rho l=m$ 时，误差约为 0.75%。

2.4.2　等效刚度

在实际振动系统中，经常遇到由若干个弹性元件组成的系统，为了计算固有频率，需先把这种组合弹性系统折算成一个与它们变形等效的弹性元件，这个等效弹性元件的刚度，称为等效刚度 k_{eq}。

由理论力学可知：对 n 个串联弹簧，根据各弹簧受力相等的条件，得 k_{eq} 与各弹簧刚度 k_i 的关系为

$$\frac{1}{k_{eq}}=\sum_{i=1}^{n}\frac{1}{k_i}$$

对 n 个并联弹簧，根据各弹簧变形相等的条件得

$$k_{eq}=\sum_{i=1}^{n}k_i$$

对于轴的扭转系统（见图 2-10），以上两式同样适用。其中各轴的扭转刚度为

$$k_i=\frac{GI}{l}$$

式中，G 为材料的剪切弹性模量；I 为轴的截面极惯矩；l 为轴段长。

图 2-11（a）所示的悬臂梁振动系统可折算成图 2-11（b）所示的等效串联弹簧，悬臂梁的等效刚度为

$$k_1=\frac{3EI}{l^3}$$

由等效系统的静伸长关系

$$\frac{1}{k_{eq}}=\frac{1}{k_1}+\frac{1}{k_2}=\frac{l^3}{3EI}+\frac{1}{k_2}$$

可得振动系统的等效刚度为

$$k_{eq}=\frac{k_1k_2}{k_1+k_2}=\frac{3EIk_2}{3EI+k_2l^3}$$

有时，同一弹性系统，在不同的受力情况下有不同的刚度。如图 2-12（a）所示振动系统的振动微分方程为

$$ml^2\ddot{\theta}+ka^2\theta=0$$

而图 2-12（b）所示振动系统的振动微分方程为

$$ml^2\ddot{\theta}+(ka^2\theta-mgl)\theta=0$$

等效刚度为

$$k_{eq}=ka^2-mgl$$

对较复杂的系统，也可利用势能相等求等效刚度。

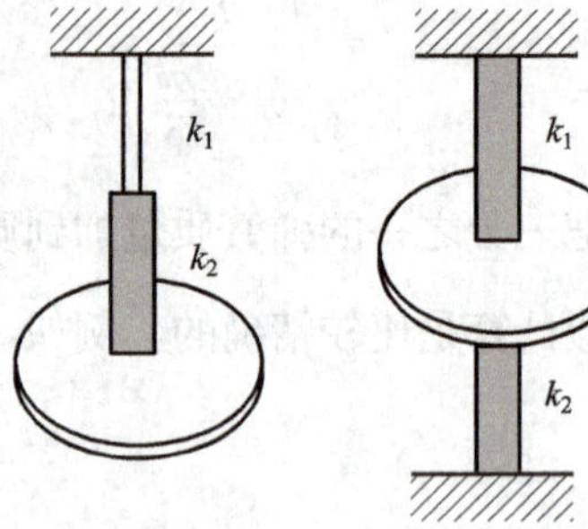

图 2-10 轴的扭转系统

(a) 串联；(b) 并联

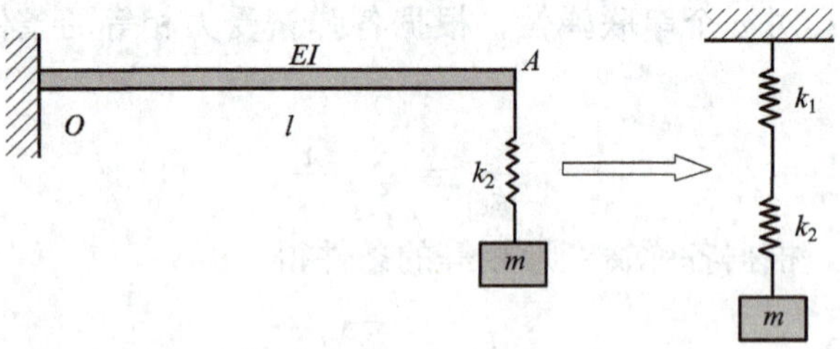

图 2-11 悬臂梁振动系统

(a) 悬臂梁振动系统；(b) 等效串联弹簧

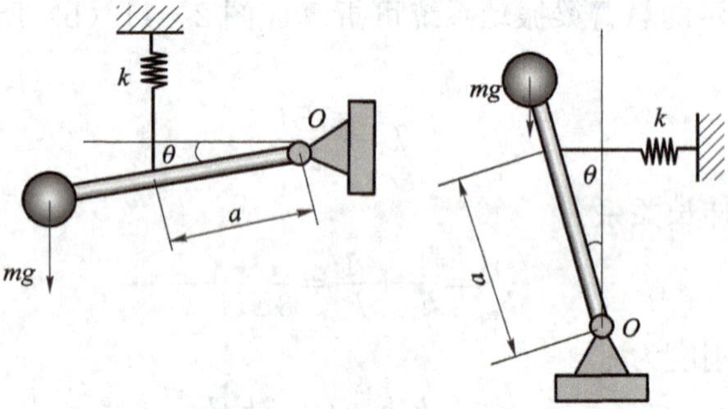

图 2-12 弹性系统振动示意图

(a) 水平单摆振动势能；(b) 竖直单摆振动势能

2.4.3 等效阻尼

实际阻尼种类繁多，机理复杂，但鉴于阻尼的作用是耗能，在振动分析中常采用能量等效的原则，将复杂的阻尼简化为线性黏性阻尼。

1. 阻尼的等效

工程上常用等效黏性阻尼来近似表示其他类型的阻尼。等效的原则是：等效黏性阻尼与其他类型的阻尼在一个简谐振动周期内消耗的能量相等。为此需要首先计算黏性阻尼在一个周期内消耗的能量。设系统做简谐振动，即

$$u(t)=a\sin(\omega t+\varphi) \tag{2.22}$$

则黏性阻尼力在一个振动周期内消耗的能量为

$$W=\int_0^T c\,\dot{u}\;\dot{u}\,\mathrm{d}t=c\omega a^2\int_0^{2\pi}\cos^2\xi\mathrm{d}\xi=a^2c\omega\pi \tag{2.23}$$

根据等效原则，若其他类型的阻尼在一个振动周期内消耗的能量也为 W，则其对应的等效黏性阻尼系数为

$$c_{\mathrm{eq}}=\frac{W}{a^2\omega\pi} \tag{2.24}$$

2. 几种阻尼的等效实例

1）低黏度流体阻尼

当物体以较高速度在低黏度流体中运动时，阻尼力与物体运动速度的平方成正比，即

$$f_{\mathrm{d}}=\beta\dot{u}^2(t) \tag{2.25}$$

式中，β 为低黏度阻尼系数。

在一个振动周期内，这种阻尼所消耗的能量为

$$W=4\beta\int_0^{\frac{T}{4}}\dot{u}^3(t)\mathrm{d}t=4\beta\omega^2a^3\int_0^{\frac{T}{2}}\cos^3\xi\mathrm{d}\xi=\frac{8}{3}\beta\omega^2a^3 \tag{2.26}$$

根据式（2.24），低黏度流体阻尼的等效阻尼系数为

$$c_{\mathrm{eq}}=\frac{8}{3\pi}\beta\omega a \tag{2.27}$$

2）Coulomb 干摩擦阻尼

当物体沿两个干燥表面接触并产生相对运动时，接触面间产生干摩擦力

$$f_{\mathrm{d}}=\mu N \tag{2.28}$$

式中，μ 为滑动摩擦系数；N 为接触面间的正压力。在一个振动周期内，这种阻尼所消耗的能量为

$$W=4\mu Na \tag{2.29}$$

根据式（2.24），得到 Coulomb 干摩擦的等效阻尼系数为

$$c_{\mathrm{eq}}=\frac{4\mu N}{a\omega\pi} \tag{2.30}$$

3）结构阻尼

结构或机械系统振动时，其内部产生交变的应变，通过材料内摩擦而消耗能量，这种阻尼称为结构阻尼。在振动中，结构阻尼会造成应力滞后于应变，故又称结构阻尼为迟滞阻尼。图 2－13 所示为简谐应变下应力的迟滞曲线，箭头表示了加载与卸载过程。这条迟滞曲线所包围的面积是振动一周结构阻尼所消耗的能量。

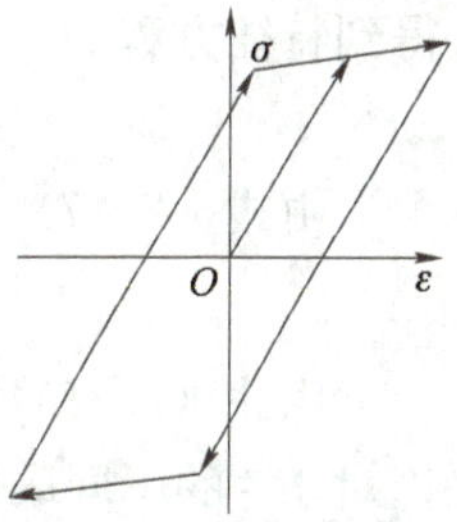

图 2－13　简谐应变下应力的迟滞曲线

试验证明，在很宽的频率范围内，该能耗几乎与振动频率无关，而仅与振幅的平方成正比。因此，振动一周的阻尼能耗为

$$W=\beta a^2 \tag{2.31}$$

式中，β是一常数，称为迟滞阻尼系数。对于金属材料，$\beta=2\sim3$，代入式（2.24），得结构阻尼的等效阻尼系数为

$$c_{eq}=\frac{\beta}{\omega\pi} \tag{2.32}$$

2.5 具有黏性阻尼单自由度系统的自由振动

2.5.1 具有黏性阻尼的自由振动

图 2-14 所示为单自由度有黏性阻尼的自由振动系统，其运动微分方程为

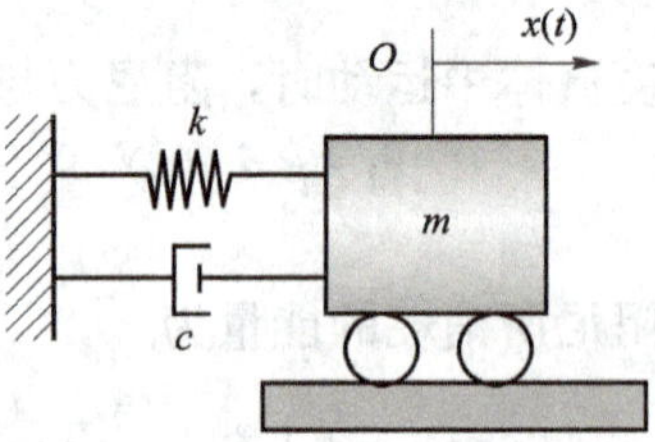

图 2-14 单自由度有黏性阻尼的自由振动系统

$$m\ddot{x}(t)+c\dot{x}(t)+kx(t)=0 \tag{2.33}$$

或

$$\ddot{x}(t)+2\xi\omega_n\dot{x}(t)+\omega_n^2x(t)=0 \tag{2.34}$$

式中

$$\omega_n=\sqrt{\frac{k}{m}},\ \xi=\frac{c}{2m\omega_n}=\frac{c}{2\sqrt{mk}} \tag{2.35}$$

ω_n 的意义同前；ξ 称为黏性阻尼因子或阻尼率，它是量纲为 1 的量。设式（2.34）的通解为

$$x(t)=Xe^{st} \tag{2.36}$$

式中，X，s 为待定常数，这里将 X 视为实数，而 s 为复数。将式（2.36）代入式（2.34），得到特征方程为

$$s^2+2\xi\omega_n s+\omega_n^2=0 \tag{2.37}$$

由式（2.37）可解得两个特征根

$$s_{1,2}=(-\xi\pm\sqrt{\xi^2-1})\omega_n \tag{2.38}$$

由式（2.38）可见，特征根 s_1、s_2 与 ξ、ω_n 有关，但其性质主要取决于 ξ，下面分别讨论对于 ξ 的不同取值的情况。

1. 无阻尼（$\xi=0$）情况

显然，$\xi=0$ 即是 $c=0$，由式（2.38）得此时的两特征根为虚数：

$$s_{1,2}=\pm i\omega_n \tag{2.39}$$

则由式（2.38）得运动微分方程的两个解为 $X_1e^{s_1t}$，$X_2e^{s_2t}$，而由于方程（2.34）是齐次的，因此以上两解之和仍为原方程的解，故得通解为

$$x(t)=X_1e^{i\omega_n t}+X_2e^{-i\omega_n t}$$

根据欧拉公式将上式展开并整理有

$$x(t)=(X_1+X_2)\cos\omega_n t+i(X_1-X_2)\sin\omega_n t$$

式中，X_1，X_2 为两个待定的常数。若以另两个常数 X 与 φ 取代 X_1，X_2，其间关系为

$$\begin{aligned}X_1+X_2&=X\cos\varphi\\ i(X_1-X_2)&=X\sin\varphi\end{aligned}\tag{2.40}$$

则可将 $x(t)$写为

$$x(t)=X\cos(\omega_n t-\varphi)\tag{2.41}$$

可见式（2.41）与无阻尼式完全一致，其中 X，φ 的值由初始条件决定。如图 2-15 所示，这种情况下特征根，$s_1=i\omega_n$，$s_2=-i\omega_n$ 在复平面的虚轴上，且处于与原点对称的位置。此时 $x(t)$为等幅振动，如图 2-16（a）所示。

2. 小阻尼（$0<\xi<1$）情况

由式（2.37）解得此时的两特征根为共轭复根

$$s_{1,2}=(-\xi\pm i\sqrt{1-\xi^2})\omega_n$$

或

$$s_{1,2}=-\xi\omega_n\pm i\omega_d\tag{2.42}$$

式中

$$\omega_d=\sqrt{1-\xi^2}\,\omega_n\tag{2.43}$$

称为有阻尼自然角频率，或简称为阻尼自然频率。将 s_1，s_2 代入式（2.36），有

$$\begin{aligned}x(t)&=X_1e^{(-i\omega_n+i\omega_d)t}+X_2e^{(-i\omega_n+i\omega_d)t}\\&=e^{-i\omega_n t}[(X_1+X_2)\cos\omega_d t+i(X_1-X_2)\sin\omega_d t]\end{aligned}$$

采用式（2.40）的记法，并整理，有

$$x(t)=Xe^{-i\omega_n t}\cos(\omega_d t-\varphi)\tag{2.44}$$

式中，X，φ 为由初始条件 x_0，$\dot{x}_0$ 确定的常数，

$$\left.\begin{aligned}X&=\sqrt{x_0^2+\frac{(\dot{x}_0^2+\xi\omega_n x_0)^2}{\omega_d^2}}\\ \varphi&=\tan^{-1}\frac{\dot{x}_0^2+\xi\omega_n x_0}{x_0\omega_d}\end{aligned}\right\}\tag{2.45}$$

显然，当 $\xi=0$ 时，式（2.44）即退化为式（2.41）的形式。

分析上述结果，有：

（1）系统的特征根 s_1，s_2 为共轭复数，具有负实部，分别位于复平面左半面与实轴对称的位置上，如图 2-15 所示。

（2）在式(2.44)中，若将 $Xe^{-i\omega_n t}$ 视为振幅，则表明有阻尼系统的自由振动是一种减幅振动，其振幅按指数规律衰减，阻尼率 ξ 值越大，振幅衰减越快，其时间历程如图 2-16(b)所示。

表现在旋转向量图中，则是旋转向量的长度按指数规律缩短，其端点划出一对数螺线，而且，振幅的衰减程度完全由系统本身的特性所决定。

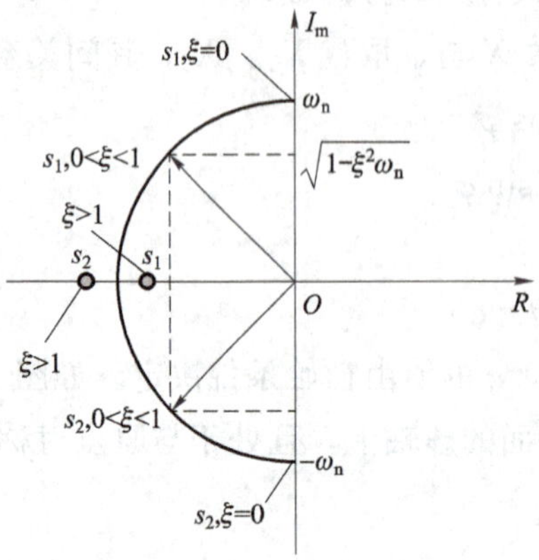

图 2-15　实数域坐标示意图

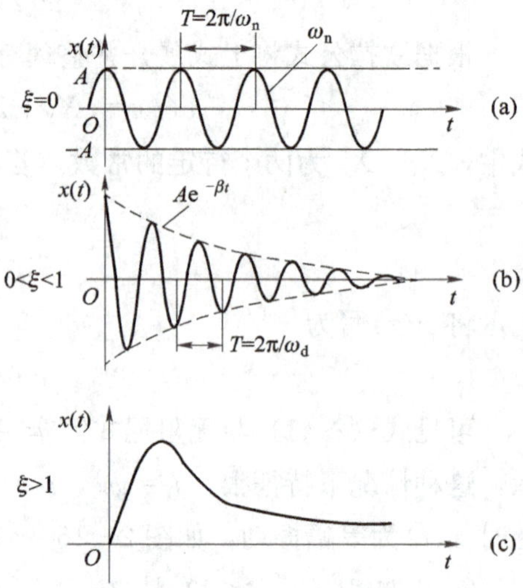

图 2-16　振动衰减示意图

(a) 无阻尼振动；(b) 小阻尼振动；(c) 过阻尼振动

(3) 特征根虚部的取值决定了自由振动的频率，且由式（2.43）可见，阻尼自然频率也完全由系统本身的特性所决定。该式表明 $\omega_d<\omega_n$，即阻尼自然频率低于无阻尼自然频率。表现在旋转向量图中，则是由于阻尼的作用减慢了向量旋转的角速度。

(4) 初始条件 x_0 与 $\dot{x}_0$ 只影响有阻尼自由振动的初始振幅 X 与初相角 φ，如式（2.45）所示。

3. 过阻尼（$\xi>1$）情况

由式（2.38）解得特征根为实数

$$s_{1,2}=(-\xi\pm i\sqrt{\xi^2-1})\omega_n\ (\xi\geqslant1) \tag{2.46}$$

则由式（2.36）有

$$x(t)=X_1e^{s'_1}+X_2e^{s'_2} \tag{2.47}$$

式中，X_1，X_2 为由初始条件确定的常数。这种条件下，s_1，s_2 均为负实数，处于复平面的实数轴上，如图 2-15 所示。这时系统不产生振动，很快就趋近到平衡位置，如图 2-16（c）所示。从物理意义上来看，表明阻尼较大时，由初始激励输入给系统的能量很快就被消耗掉了，而系统来不及产生往复振动。

4. 临界阻尼（$\xi=1$）情况

临界阻尼是前述两种情况之间的分界线，由式（2.35）的第二式，有 $c_0=2\sqrt{mk}$，即临界阻尼系数 c_0 由系统的参数确定。将上式再代回式（2.35），有 $\xi=\frac{c}{c_0}$，这可看成阻尼率的一种定义。

由式（2.38），特征根为两重根（$-\omega_n$），可以验证此时式（2.34）的解为

$$x(t)=(A_1+A_2t)e^{-\omega_n t}$$

式中，A_1，A_2 是待定常数，显然，这种情况下的运动也是非周期性的，以初始条件 x_0，$\dot{x}_0$ 代入上式，消去 A_1，A_2，得

$$x(t)=e^{-\omega_n t}[x_0+(\dot{x}_0+\omega_n x_0)t]$$

此外，还有一种负阻尼（$\xi<0$）情况，这时 s_1，s_2 处于复平面的右半平面（见图 2-15 上未画出），而 $x(t)$ 表现为一种增幅振动。

在上述各种情况中，振动分析所关心的主要是小正阻尼系统的振动。

2.5.2　黏性阻尼对自由振动的影响

与自然频率 ω_d 一样，阻尼率 ξ 也是表征振动系统特性的一个重要参数。而且，一般来说，ω_d 可以由实验准确地测定或辨识出，而对 ξ 的测定或辨识则较为困难。利用自由振动的衰减曲线计算 ξ 是一种常用的方法。

图 2-17 所示为单自由度系统自由振动的减幅振动曲线，这一曲线可在冲击激振实验中记录到。在间隔一个振动周期 T 的任意两时刻 t_1、t_2 时，相应的振动位移为 $x(t_1)$、$x(t_2)$，由式（2.43）有

$$x(t_1)=Xe^{-i\omega_n t_1}\cos(\omega_d t_1-\varphi)$$
$$x(t_2)=Xe^{-i\omega_n t_2}\cos(\omega_d t_2-\varphi)$$

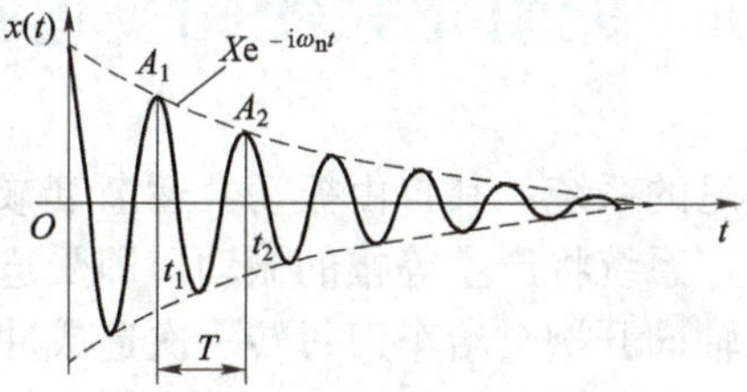

图 2-17　单自由度系统自由振动的减幅振动曲线

由于 $t_2=t_1+T=t_1+2\pi/\omega_d$，有

$$x(t_2)=Xe^{-i\omega_n (t_1+T)}\cos(\omega_d t_1-\varphi)$$

即有

$$\frac{x(t_1)}{x(t_2)}=e^{-i\omega_n T}$$

通常为了提高测量与计算的准确度，可将 $x(t_1)$、$x(t_2)$ 分别选在相应的峰值处，如图 2-17 所示，于是

$$\frac{A_1}{A_2}=e^{-i\omega_n T}$$

对于正阻尼恒有 $x(t_1)>x(t_2)$，上式表示，振动波形按 $e^{i\omega_n T}$ 的比例衰减且当阻尼率 ξ 越大时，衰减越快。对上式取自然对数，有

$$\delta=\ln A_1-\ln A_2=\xi\omega_n T=\xi\omega_n \frac{2\pi}{\omega_d}=\frac{2\pi\xi}{\sqrt{1-\xi^2}} \tag{2.48}$$

式中，δ 为对数衰减率。当由实验记录曲线测出 $x(t_1)$，$x(t_2)$后，容易算出对数衰减率 δ，再根据 δ 就可算出 ξ，为

$$\xi=\frac{\delta}{\sqrt{4\pi^2+\delta^2}} \tag{2.49}$$

当 ξ 很小时，$\delta^2\ll 1$，与 $4\pi^2$ 相比可略去，故 ξ 的近似计算公式为

$$\xi=\frac{\delta}{2\pi}$$

上面是根据相邻两个波形的幅值进行计算的，但由于单个 T 周期不易测得准确，实际应用时可测量间隔 j 个振动周期 jT 的波形，以便更精确地计算出 δ 值。由于相邻两振动波形的衰减比例均为 $e^{-i\omega_n T}$，故有

$$\frac{x(t_1)}{x(t_1+jT)}=x\frac{x(t_1)}{x(t_1+T)}\cdot\frac{x(t_1+T)}{x(t_1+2T)}\cdot\cdots\cdot\frac{x[t_1+(j-1)T]}{x(t_1+jT)}=e^{ji\omega_n T}$$

对上式取对数，并根据式（2.47）有

$$\delta=\frac{1}{j}\ln\frac{x(t_1)}{x(t_1+jT)}$$

这样，取足够大的 j，测取振动位移 $x(t_1)$与 $x(t_1+jT)$，即可按上式与式（2.49）算出 ξ。

2.6　无阻尼系统的受迫振动

如前所述，具有黏性阻尼的系统，其自由振动会逐渐衰减。但是，当系统受到外界动态作用力持续、周期的作用时，系统将产生等幅的振动，即受迫振动，这种振动就是系统对外力的响应。例如，工件上的轴向开槽会给车刀每转一次造成冲击，磨床砂轮的不平衡会对工件施加周期压力，皮带的接口周期性地给传动轴的冲击等，就不是像自由振动那样只在开始瞬时给系统以扰动，而是持续不断地给系统以扰动，故而产生受迫振动。

作用在系统上持续的激振力，按它们随时间变化的规律，可以归为三类：简谐激振力、非简谐周期性激振力和随时间任意变化的非周期性激振力。

(1) 简谐激振力，即按正弦或余弦函数规律变化的力，如偏心质量引起的离心力、载荷不均或传动不均衡产生的冲击力等。

(2) 非简谐周期性激振力，如凸轮旋转产生的激振、单缸活塞—连杆机构的激振力等。

(3) 随时间任意变化的非周期性激振力，如爆破载荷的作用力、提升机紧急制动的冲击力等。

对系统持续激振的作用形式可以是力直接作用到系统上，也可以是位移（如持续的支承运动、地基运动等）、速度或加速度。

外界的激振所引起系统的振动形态，称为对激振的响应，系统的响应也可以是位移、速度或加速度等，而一般以位移的形式表达。

本节只讨论简谐激振力产生的受迫振动。

如图 2-18(a)所示，在简支梁的中点装有双轴惯性激振器。忽略阻尼简化为图 2-18 (b)

所示的力学模型。激振器的质量为 m，梁的跨度为 l，刚度为 k。激振器为两个以 ω 为角速度反方向转动的偏心圆盘。偏心质量产生的离心惯性力 Q 的水平分量互相平衡，设垂直分量叠加为激振力 $Q_0\sin\omega t$ 作用在质量上，使系统产生受迫振动。

质量的受力情况如图 2－18（c）所示。忽略阻尼的影响时，振动方程式表示为

$$m\ddot{x}+kx=Q_0\sin\omega t \tag{2.50}$$

式中，Q_0 为激振力幅值，单位为 N；ω 为激振频率，单位为 rad/s。

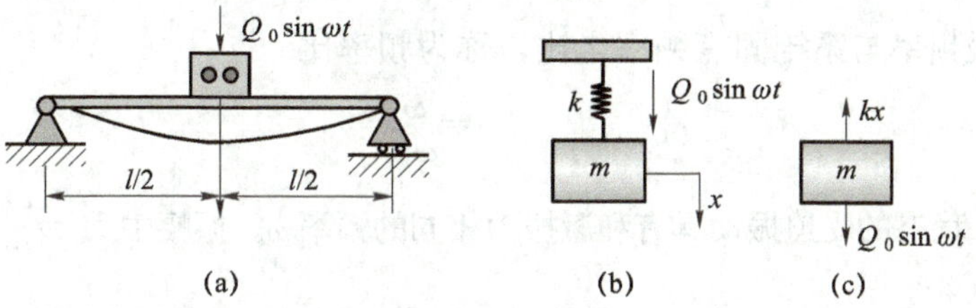

图 2－18　受迫振动系统及力学模型

（a）受迫振动系统；（b）力学模型；（c）受力情况

方程式（2.50）是一个二阶常系数非齐次线性微分方程，它的解由对应的齐次方程的通解和非齐次方程的特解两部分组成。把它改写成

$$\ddot{x}+\frac{k}{m}x=\frac{Q_0}{m}\sin\omega t \tag{2.51}$$

令 $\frac{k}{m}=\omega_n^2$，$\frac{Q_0}{m}=q$，代入式（2.40）中，得

$$\ddot{x}+\omega_n^2x=q\sin\omega t \tag{2.52}$$

式中，ω_n 为系统的固有频率。设 $x=B\sin\omega t$ 为式（2.52）的特解，代入式（2.52）可解得 $B=\frac{q}{\omega_n^2-\omega^2}$，故微分方程式（2.52）的通解可表达为

$$x=c_1\cos\omega_n t+c_2\sin\omega_n t+\frac{q}{\omega_n^2-\omega^2}\sin\omega t \tag{2.53}$$

式（2.53）表明，系统的振动为自由振动（前两项）与受迫振动（第三项）的合成。

2.6.1　受迫振动的稳态振动

在振动的前几个周期里，自由振动和受迫振动同时存在。由于系统中不可避免地存在着阻尼，因而自由振动逐渐衰减，经过若干个周期之后，系统的受迫振动达到稳态。首先研究式（2.53）中第三项，受迫振动的稳态振动为

$$x=\frac{q}{\omega_n^2-\omega^2}\sin\omega t=\frac{q}{\omega_n^2}\times\frac{1}{1-\left(\frac{\omega}{\omega_n}\right)^2}\sin\omega t$$

$$=\frac{Q_0}{k}\times\frac{1}{1-\left(\frac{\omega}{\omega_n}\right)^2}\sin\omega t=B\sin\omega t$$

式中，振幅

$$B=\frac{Q_0}{k}\times\frac{1}{1-\left(\frac{\omega}{\omega_n}\right)^2}$$

令$\frac{Q_0}{k}=B_s$，则上式可改写为

$$\frac{B}{B_s}=\frac{1}{1-\left(\frac{\omega}{\omega_n}\right)^2}=\frac{1}{1-z^2}$$

式中，z 为激振频率与系统固有频率之比，称为频率比

$$z=\frac{\omega}{\omega_n}$$

可以看出，稳态的受迫振动具有和激振力相同的频率 ω。振幅中 $B_s=\frac{Q_0}{k}$是相当于激振力幅值 Q_0 静作用在弹簧上产生的静变形。这说明受迫振动的振幅 B 和激振力幅值 Q_0 成正比；而$\frac{B}{B_s}$是受迫振动的振幅和静变形之比，称为振幅比或振幅的放大因子。振幅比仅仅决定于频率比 z。$\frac{B}{B_s}$与 z 的关系可用图 2－19 表示，称为幅频响应曲线。从图中可以看出：当 z 很小（$\omega\ll\omega_n$）时，振幅比$\frac{B}{B_s}\approx1$，即 $B\approx B_s$。这时的振幅几乎与激振力幅值 Q_0 静作用在弹簧上引起的静变形差不多，系统的静态特性是主要的。

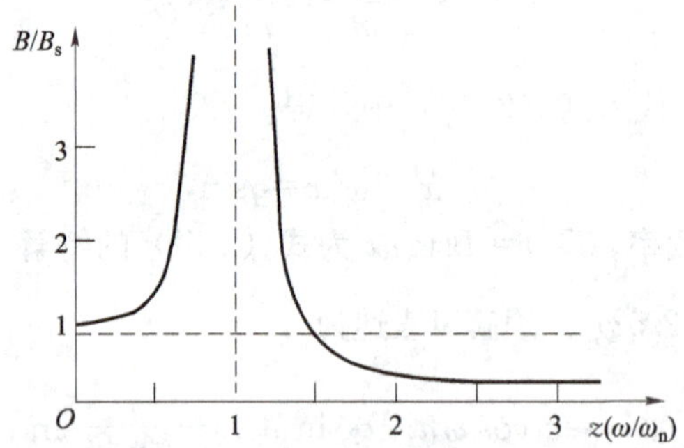

图 2－19　幅频响应曲线

当 z 增加（ω 增大）时，振幅比$\frac{B}{B_s}$也相应地增加，系统的振幅增大。

当 $z=1(\omega=\omega_n)$时，振幅比$\frac{B}{B_s}$变成无穷大，即受迫振动的振幅将达到无穷大。这就是“共振”现象。共振在振动问题中占特别重要的地位。许多因振动遭到破坏的机器，有相当一部分是由于处在共振状态附近运转所致。因此，各种机器（除在共振状态下工作的振动机械外）和结构，在设计时均应做振动分析，以达到避开共振的目的。

当 $z\gg1(\omega\gg\omega_n)$时，振幅比$\frac{B}{B_s}$趋近于零。这也就是说，当激振频率 ω 远远超过系统的固有频率 ω_n 时，振幅反而很小。

当 $z<1(\omega<\omega_n)$时，振幅比$\frac{B}{B_s}$为正，受迫振动与激振力同相，所以受迫振动与激振力

之间的相位角 $\varphi=0$。

图 2-20 所示为相位角 φ 与频率比 z 之间的关系，称为相频响应曲线。

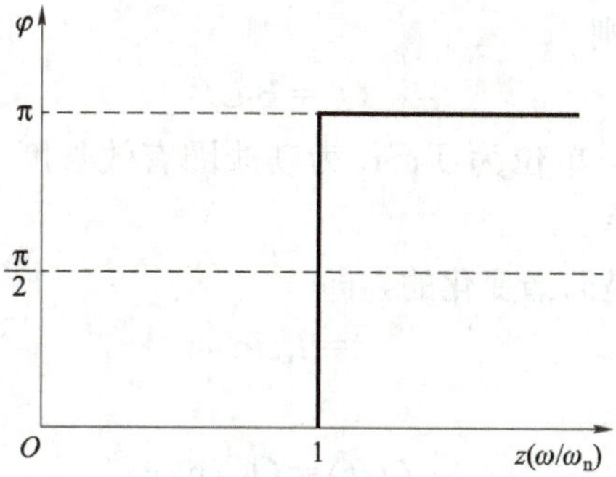

图 2-20　相频响应曲线

当 $z>1(\omega>\omega_n)$ 时，振幅比 $\frac{B}{B_s}$ 为负，受迫振动与激振力反相，$\varphi=\pi$ 在 $z=1(\omega=\omega_n)$ 的前后，相位角 φ 分别为零和 π。在 $\omega=\omega_n$ 时，φ 突然变化。在共振的情况下，即 $z=1$ 时，振动微分方程式可改写成

$$\ddot{x}+\omega_n^2 x=q\sin\omega_n t$$

设微分方程的特解为 $x=Bt\sin(\omega_n t-\varphi)$，代入上式，可得

$$B=\frac{q}{2\omega_n},\ \varphi=\frac{\pi}{2}$$

则特解为

$$x=\frac{q}{2\omega_n}t\sin\left(\omega_n t-\frac{\pi}{2}\right)$$

可以看到，当 $\omega=\omega_n$ 时，系统的振幅随着时间 t 的增加而增大。不管激振力的幅值 Q_0 是多么小，只要时间一直延续下去，系统的振幅可以达到无穷大，这一结论与前面分析的结果是一致的。

综上所述，无阻尼受迫振动的频率与激振力的频率相同，而振幅决定于激振力的幅值 Q_0、频率 ω 及振动系统的固有特性 ω_n（即系统的质量 m 和弹簧刚度 k）。

例 2-2　在一质量—弹簧系统的质量上作用一电磁激振力。电磁激振力是由电磁激振器产生的，如图 2-21（a）所示，其力学模型如图 2-21（b）所示。试分析电磁激振器的参数对系统受迫振动的影响。

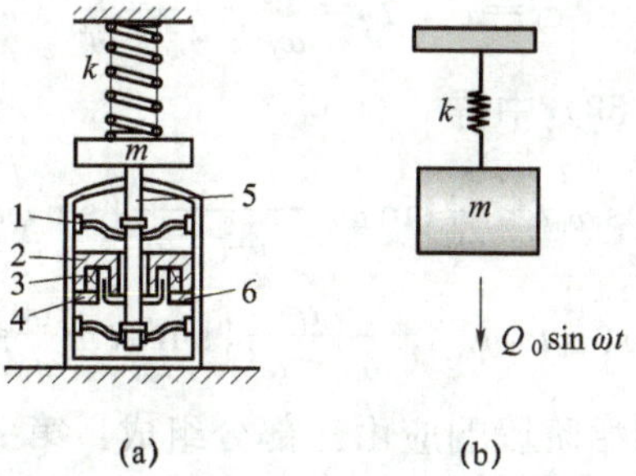

图 2-21　质量—弹簧系统及其力学模型

（a）质量—弹簧系统；（b）力学模型

1—弹簧；2—中心磁极；3—励磁线圈；4—动线圈；5—顶杆；6—壳体

解 根据电磁激振器的激振原理可知：当励磁线圈 3 中通入直流电时形成一磁场，同时动线圈 4 中输入频率为 ω 的交流电流 i。激振器的激振力就是通电导线在磁场中的受力。若这一电磁力的幅值为 Q_0，则

$$Q_0 = B_i L I_i$$

式中，B_i 为电磁感应强度，单位为 T；L 为动线圈有效长度，单位为 m；I_i 为通过动线圈的交流电流幅值，单位为 A。

通过动线圈的交流电是简谐变化的，即

$$i = I_i \sin \omega t$$

所以激振力 $Q(t)$ 可表达为

$$Q(t) = Q_0 \sin \omega t$$

在电磁激振力 $Q(t)$ 的作用下，系统的受迫振动可表示为

$$x = \frac{Q_0}{k} \times \frac{1}{1-\left(\frac{\omega}{\omega_n}\right)^2} \sin \omega t$$

如前所述，受迫振动的振幅除取决于系统的固有特性外，还取决于激振力幅值 Q_0 和频率 ω。

当供给激振器动线圈的交流电为某一固定频率时，要想改变（即调节）受迫振动振幅，只要改变激振力的幅值（即改变交流电的电流或电压）就可以了。

一般情况下，交流电是由信号发生器经功率放大器获得一定功率（能量）后才输入到激振器动线圈上，所以只要调节信号发生器输出电压的大小和频率，就能很方便地调节电磁激振器的力幅和频率。

2.6.2 受迫振动的过渡过程

受迫振动的初始阶段，自由振动和受迫振动同时存在于系统之中，存在自由振动的这一阶段称为受迫振动的瞬态振动，如式（2.53）所示。式中 c_1、c_2 是由初始条件确定的常数。

当 $t=0$ 时，$x=x_0$，$\dot{x}=\dot{x}_0$，可求出

$$c_1 = x_0，\quad c_2 = \frac{\dot{x}_0}{\omega_n} - \frac{q\left(\frac{\omega}{\omega_n}\right)}{\omega_n^2-\omega^2}$$

将 c_1，c_2 的值代入式（2.53）中得

$$\begin{aligned} x &= x_0 \cos \omega_n t + \frac{\dot{x}_0}{\omega_0} \sin \omega_n t + \frac{q}{\omega_n^2-\omega^2}\left(\sin \omega t - \frac{\omega}{\omega_n} \sin \omega_n t\right) \\ &= A \sin(\omega_n t + \varphi_0) + \frac{q}{\omega_n^2-\omega^2}\left(\sin \omega t - \frac{\omega}{\omega_n} \sin \omega_n t\right) \end{aligned}$$

上式表明，受迫振动的初始阶段响应由三部分组成：第一项是初始条件产生的自由振动；第二项是简谐激振力产生的受迫振动；第三项是不论初始条件如何都伴随受迫振动而产生的自由振动，其称为伴生自由振动。同时，系统中不可避免地存在着阻尼，自由振动将是不断地衰减。因此，受迫振动初始阶段响应是很复杂的。

当 $t=0$ 时，$x_0=\dot{x}_0=0$，上式可简化为

$$x=\frac{q}{\omega_n^2-\omega^2}\left(\sin\omega t-\frac{\omega}{\omega_n}\sin\omega_n t\right) \tag{2.54}$$

在有阻尼情况下，其伴生自由振动在一段时间内也逐渐衰减，系统的振动逐渐变成稳态的振动，这一阶段称为受迫振动的过渡过程。

图 2-22（a）所示为 $\omega<\omega_n$ 时的瞬态振动，图中虚线代表等幅受迫振动，实线代表伴生自由振动和稳态受迫振动的叠加。

图 2-22（b）所示为 $\omega>\omega_n$ 时的瞬态振动，图中虚线代表伴生自由振动，实线代表伴生自由振动和稳态受迫振动的叠加。

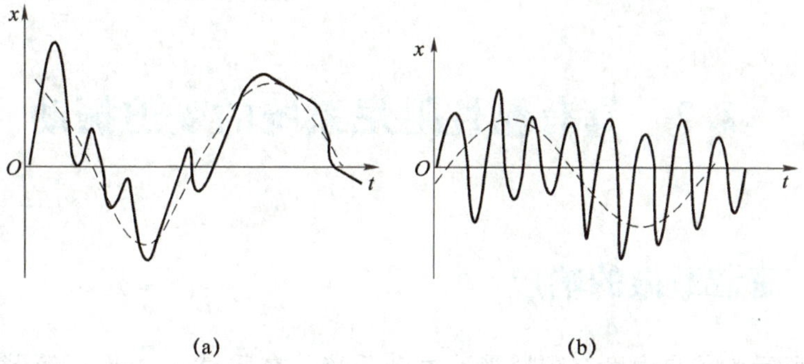

图 2-22　瞬态振动

（a）$\omega<\omega_n$；（b）$\omega>\omega_n$

2.6.3　“拍振”现象

当激振频率 ω 与固有频率 ω_n 很接近时，振动的振幅周期性增长又周期性减小，产生“拍振”现象。

令 $\omega_n-\omega=2\varepsilon$ 并代入式（2.54）得

$$\begin{aligned}x&=\frac{\frac{q}{\omega_n}}{\omega_n(\omega_n^2-\omega^2)}\left[\frac{\omega_n+\omega}{2}(\sin\omega t-\sin\omega_n t)+\frac{\omega_n-\omega}{2}(\sin\omega t+\sin\omega_n t)\right]\\&=-\frac{q}{\omega_n(\omega_n^2-\omega^2)}\left[(\omega_n+\omega)\sin\varepsilon t\cos\left(\frac{\omega_n+\omega}{2}\right)t-2\varepsilon\left(\frac{\omega_n+\omega}{2}\right)t\cos t\right]\end{aligned}$$

当 ε 很小时，可略去括号中后一项；当 $\omega\approx\omega_n$ 时，$\frac{\omega+\omega_n}{2}\approx\omega_n$，则

$$x\approx\frac{-q}{2\varepsilon\omega_n}\sin\varepsilon t\omega_n t$$

上式表示的“拍振”现象如图 2-23 所示，最大振幅是$\frac{q}{2\varepsilon\omega_n}$，最小振幅是$\frac{q}{2\omega_n^2}$。当 ω 趋近 ω_n 时，ε 趋近于零，拍振的振幅和周期都将逐渐变成无限大，这就是共振现象。

除了上面讨论的一种自由振动和一种受迫振动叠加形成拍振外，两种自由振动或者两种受迫振动，只要两种振动频率很接近，都可能产生拍振现象。如果拍振的最大振幅大于容许值，则必须消除或衰减。

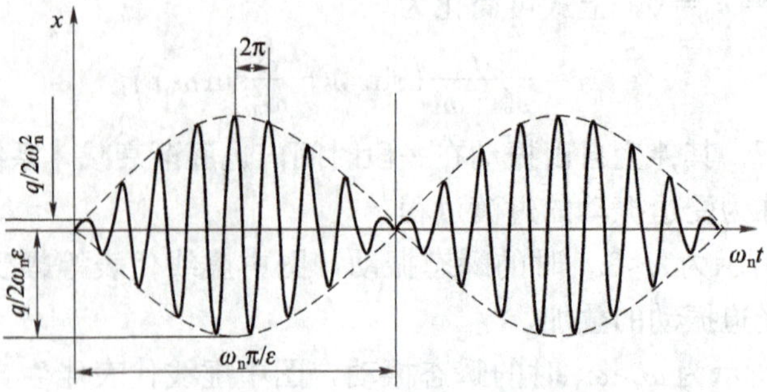

图 2-23　“拍振”现象

2.7　具有黏性阻尼系统的受迫振动

2.7.1　简谐激振的响应

图 2-24 所示为单自由度有阻尼受迫振动系统，在质量 m 上作用简谐激振力 $Q_0\sin\omega t$。现规定质量 m 的位移为 $x(t)$，其正方向如图 2-24 所示，速度为 $\dot{x}(t)$，加速度为 $\ddot{x}(t)$。作用在质量 m 上的弹簧恢复力为 $-kx$，阻尼力为 $-c\dot{x}$，激振力为 $Q_0\sin\omega t$。根据牛顿第二定律建立振动微分方程式

$$m\ddot{x}+c\dot{x}+kx=Q_0\sin\omega t \tag{2.55}$$

令 $\frac{k}{m}=\omega_n^2$，$\frac{c}{m}=\eta$，$\frac{Q_0}{m}=q$ 并代入式（2.44）中，得

$$\ddot{x}+\eta\dot{x}+\omega_n^2x=q\sin\omega t \tag{2.56}$$

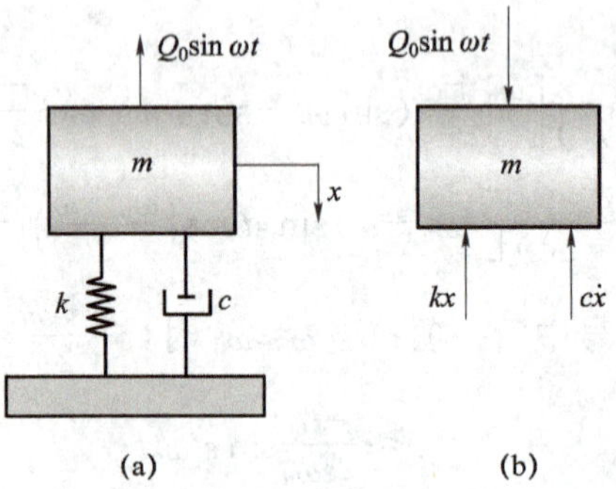

图 2-24　单自由度有阻尼受迫振动系统

(a) 振动模型；(b) 受力模型

运动方程式也是一个二阶线性常系数非齐次的微分方程式。它的通解可以用二阶线性常系数齐次微分方程式的通解 $x_1(t)$ 和方程式（2.56）的特解 $x_2(t)$ 之和来表示。

$$x=x_1(t)+x_2(t)$$

式中，$x_1(t)$代表有阻尼自由振动，在小阻尼的情况下，$x_1=Ae^{-nt}\sin(\omega t+\varphi)$是一个衰减振动，只在开始振动后某一较短时间内有意义，随着时间的增加，它将衰减下去。当仅研究受迫振动中持续的等幅振动时，可以略去$x_1(t)$。

$x_2(t)$表示系统的受迫振动，称为系统的稳态解。从微分方程式非齐次项是正弦函数这一性质，可知特解的形式亦为正弦函数，它的频率与激振频率相同。因此，可以设此特解为

$$x_2(t)=B\sin(\omega t-\varphi)$$

式中，B为受迫振动的振幅；φ为位移落后于激振力的相位角。

将$x_2(t)$及其一阶、二阶导数代入式（2.55）中，可解出B与φ

$$B=\frac{q}{\sqrt{(\omega_n^2-\omega^2)^2-4\eta^2\omega^2}}$$

$$\varphi=\arctan\frac{2\eta\omega}{\omega_n^2-\omega^2}$$

令$\dfrac{\omega}{\omega_n}=z$，$\dfrac{\eta}{\omega_n}=\xi$，得

$$B=\frac{Q_0}{k}\frac{1}{\sqrt{(1-z^2)^2-(2\xi z)^2}}$$

$$\varphi=\arctan\frac{2\xi z}{1-z^2} \tag{2.57}$$

可以看出，具有黏性阻尼的系统受到简谐激振力作用时，受迫振动也是一个简谐振动，其频率和激振频率ω相同，振幅B、相位角φ决定于系统本身的性质（质量m、弹簧刚度k、黏性阻尼系数c和激振力的幅值Q_0），频率ω与初始条件无关。

2.7.2　影响振幅的主要因素

影响振幅的因素主要是Q_0、z和ξ。

1. Q_0的影响

受迫振动的振幅B与激振力幅值Q_0成正比。因此，要想改变受迫振动的振幅B，只需改变激振力的幅值Q_0。例如电磁振动给料机，当需要调节给料箱的振幅时，只要调节电磁激振器产生的激振力幅值Q_0即可。而电磁激振力与电流参数有关，因此只要调节电流的参数即能达到调节给料箱振幅的目的。

2. z的影响

令$\dfrac{Q_0}{k}=B_s$，B_s即相当于激振力的幅值Q_0静作用在弹簧上产生的静变形。$\dfrac{B}{B_s}=\dfrac{1}{\sqrt{(1-z^2)^2-(2\xi z)^2}}$称为振幅比或振幅的放大因子。对于不同的$\xi$值可绘出如图 2 - 25 所示的曲线族，称为幅频响应曲线。从幅频响应曲线可以看出z对振幅的影响规律。当z很小时，$\dfrac{B}{B_s}\approx1$，即$B\approx B_s$，振幅B几乎与激振力幅值引起弹簧的静变形B_s相等。当$z\gg1$时，$\dfrac{B}{B_s}$趋近于零，振幅B很小。当$z\approx1$，即$\omega\approx\omega_n$时，在ξ较小的情况下，振幅B可以很大（即比B_s大很多倍），在没有阻尼的情况下，即$\xi=0$时，振幅B就会变成无限大（共振）。

3. ξ 的影响

有阻尼的幅频响应曲线均在 $\xi=0$ 时的幅频响应曲线的下方，这说明阻尼的存在使振幅 B 变小。从图 2-25 中可以看出，当 $z\ll1$ 或 $z\gg1$ 时，阻尼衰减振幅的作用是不大的。因此，在 $\omega\ll\omega_n$，$\omega\gg\omega_n$ 时，计算振幅可以不计阻尼的影响。但是在 $\omega\approx\omega_n$ 的区域内，系统的振幅随着阻尼的增加明显减小，这时必须计入阻尼。当 $\xi>0.7$ 时，幅频响应曲线变成了一平坦的曲线，这说明，阻尼对共振振幅有明显的抑制作用。

在给定阻尼比 ξ 的情况下，求最大振幅所对应的频率比 z 时，可将振幅的表达式对 z 求导并使之等于零即可求出，求解的结果：$z=\sqrt{1-2\xi^2}$。可见，最大振幅所对应的频率比 z 随 ξ 的增大而左移。

当 ξ 较小（$\xi=0.05\sim0.2$）时，可近似地认为共振（$\omega\approx\omega_n$）时的振幅就是最大振幅。共振时振幅为

$$B=\frac{B_s}{2\xi}=\frac{Q_0}{c\omega_0}$$

相位角 φ 与 z 和 ξ 的关系曲线称为相频响应曲线，如图 2-26 所示。

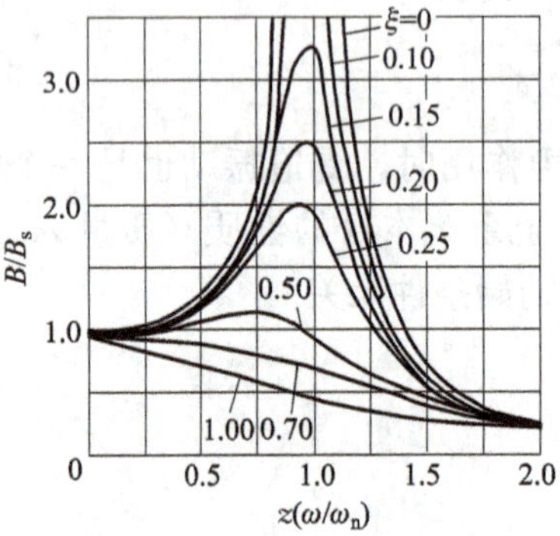

图 2-25　幅频响应曲线

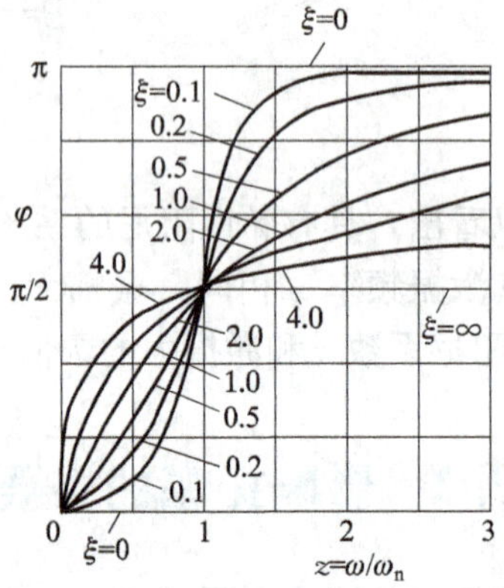

图 2-26　相频响应曲线

由式（2.57）看出，相位角 φ 和阻尼比 ξ 成正比。当 $\xi=0$ 时，相位角 φ 与频率比 z 的关系如图 2-26 所示，当 $z<1$ 时，$\varphi=0$；当 $z>1$ 时，$\varphi=\pi$；当 $z=1$ 时，共振点前后相位角突然变化。当阻尼很小时，在 $z\ll1$ 的低频范围内，$\varphi\approx0$，即位移 x_2 与激振力 Q 差不多同相；当 $z\gg1$ 时，$\varphi\approx\pi$，即在高频范围内，位移 x_2 与激振力 Q 差不多异相。上述情况表明，阻尼很小时，它对相位角 φ 的影响也很小；当阻尼较大时，相位角 φ 随 z 增加而增大。当 $z=1$（即共振）时，相位角 $\varphi=\frac{\pi}{2}$，与阻尼大小无关，这是共振时的一个重要特征。

2.7.3　引起的受迫振动实例

下面讨论旋转机械的振动和支承运动引起的受迫振动。

例 2-3　图 2-27 所示为由弹簧（刚度为 k）和阻尼器（阻尼系数为 c）支撑的旋转机械力学模型。旋转机械的总质量为 M，转子的偏心质量为 m，偏心距为 e，转动角速度为 ω。

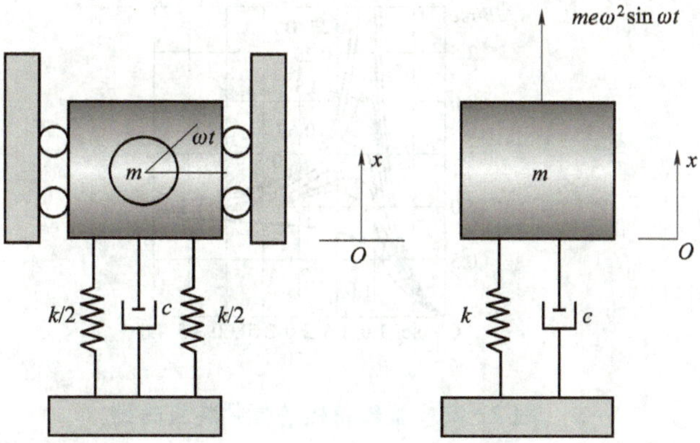

图 2-27　旋转机械的振动

若只研究机器在垂直方向的振动，其位移表示为 x，则偏心质量 m 的位移为 $x+e\sin\omega t$，系统的振动方程式可写成

$$(M-m)\ddot{x}+m\frac{\mathrm{d}^2}{\mathrm{d}t^2}(x+e\sin\omega t)=-kx-c\dot{x}$$

整理后得

$$M\ddot{x}+r\dot{x}+kx=me\omega^2\sin\omega t$$

方程式的稳态解为

$$x=B\sin(\omega t-\varphi)$$

以 $\ddot{x}$、$\dot{x}$ 代入方程解得振幅

$$B=\frac{me\omega^2}{\sqrt{(k-M\omega^2)^2+c^2\omega^2}}=\frac{me}{M}\times\frac{z^2}{\sqrt{(1-z^2)^2+(2\xi z)^2}} \tag{2.58}$$

$$\varphi=\arctan\frac{2\xi z}{1-z^2}$$

从式（2.58）可以看出，由偏心质量 m 引起的受迫振动振幅 B 与偏心质量 m、偏心距 e 成正比。因此，离心式通风机、离心式水泵和离心式压缩机的转动部件（通常称它为转子），在出厂前都要做平衡试验，使其质量分布尽量均匀，减小转子的偏心质量 m 和偏心距 e，以减小旋转机械的振动。

将式（2.58）做如下变换

$$\frac{B}{\frac{me}{M}}=\frac{BM}{me}=\frac{z^2}{\sqrt{(1-z^2)^2+(2\xi z)^2}}$$

以 $\frac{BM}{me}$ 为纵坐标，z 为横坐标，对于不同的 ξ 值画出的曲线图，为该旋转机械的幅频响应曲线（见图 2-28）。

由图 2-28 可见，当 $z\ll1$（$\omega\ll\omega_n$）时，激振力幅值 $me\omega^2$ 很小，振幅 $B\approx0$，即在低频范围内，振幅 B 几乎等于零；当 $z\gg1$（$\omega\gg\omega_n$）时，振幅 $B\approx\frac{me}{M}$，就是说在高频范围内，振幅接近常数，幅频曲线以振幅 $\frac{me}{M}$ 为渐近线；当 $z=1$（$\omega=\omega_n$）时，振幅 $B=\frac{me}{2\xi M}$，系统的振幅受到阻尼的限制。当阻尼很小时，振幅很大，振动强烈，这就是共振现象。

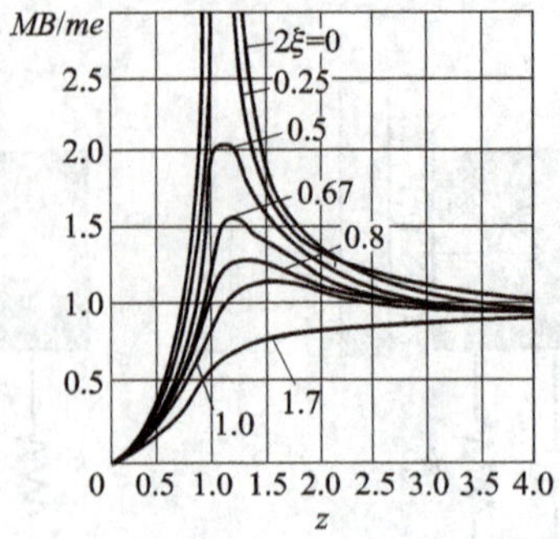

图 2-28　旋转机械的幅频响应曲线

例 2-4　图 2-29 所示为支承运动引起的受迫振动。支承运动规律 $x_H=H\sin\omega t$，式中 H 为支承运动的幅值，ω 为频率，x_H 正方向如图所示。

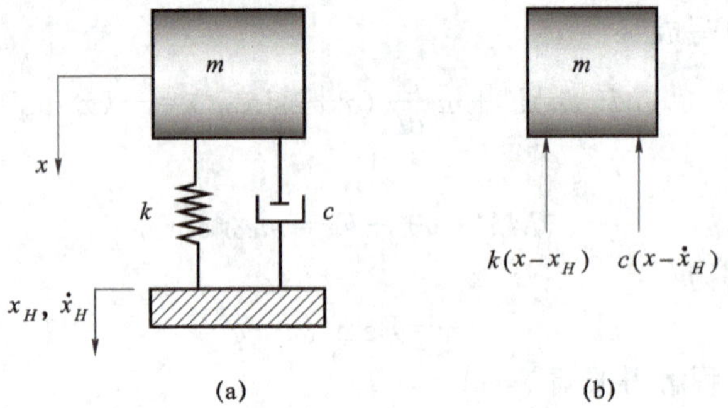

图 2-29　支承运动引起的受迫振动

(a) 振动系统；(b) 力学模型

假定质量的运动和支承的运动方向相同。弹簧的变形为 $x-x_H$，阻尼器的速度即为相对速度 $\dot{x}-\dot{x}_H$，作用在质量 m 上的作用力有弹簧力 $-k(x-x_H)$，阻尼力 $-c(\dot{x}-\dot{x}_H)$。根据牛顿第二定律建立振动微分方程式

$$m\ddot{x}=-k(x-x_H)-c(\dot{x}-\dot{x}_H)$$

即

$$m\ddot{x}+c\dot{x}+kx=kx_H+c\dot{x}_H$$

把 x_H、$\dot{x}_H$ 值代入上式中，得

$$m\ddot{x}+c\dot{x}+kx=kH\sin\omega t+c\omega H\cos\omega t \tag{2.59}$$

可以看出，作用在系统质量 m 上的激振力由两部分组成：一是弹簧传给质量 m 的力 $kH\sin\omega t$；二是阻尼器传给质量 m 的力 $c\omega H\cos\omega t$。可用矢量合成的方法求出合成激振力的大小为

$$Q=Q_0\sin(\omega t+\alpha)$$

而

$$Q_0=\sqrt{(kH)^2+(c\omega H)^2}=H\sqrt{k^2+c^2\omega^2}$$

$$\tan\alpha=\frac{c\omega}{k} \text{或} \alpha=\arctan\frac{c\omega}{k}$$

于是式（2.59）可写成

$$m\ddot{x}+c\dot{x}+kx=H\sqrt{k^2+c^2\omega^2}\sin(\omega t+\alpha) \tag{2.60}$$

微分方程式（2.60）和方程式（2.54）在形式上是一样的，所以方程式（2.60）的稳态解可表示为

$$x=B\sin(\omega t-\varphi)$$

振幅

$$B=\frac{H\sqrt{k^2+c^2\omega^2}}{\sqrt{(k-m\omega^2)^2+c^2\omega^2}}=\frac{H\sqrt{1+(2\xi z)^2}}{\sqrt{(1-z^2)^2+(2\xi z)^2}}$$

以$\dfrac{B}{H}$为纵坐标，z 为横坐标，对不同的阻尼可作出如图 2-30 所示的幅频响应曲线。可以看出，支承运动引起的受迫振动振幅决定于支承运动的幅值 H、频率比 z 和阻尼比 ξ。

相位角

$$\begin{aligned}\varphi&=\arctan\frac{\tan(\alpha+\varphi)-\tan\alpha}{\tan\alpha\tan(\alpha+\varphi)+1}\\&=\arctan\frac{2\xi z^3}{1-z^2+(2\xi z)^2}\end{aligned}$$

式中，$\tan(\alpha+\varphi)=c$，$\tan\alpha=\dfrac{c\omega}{k}$。

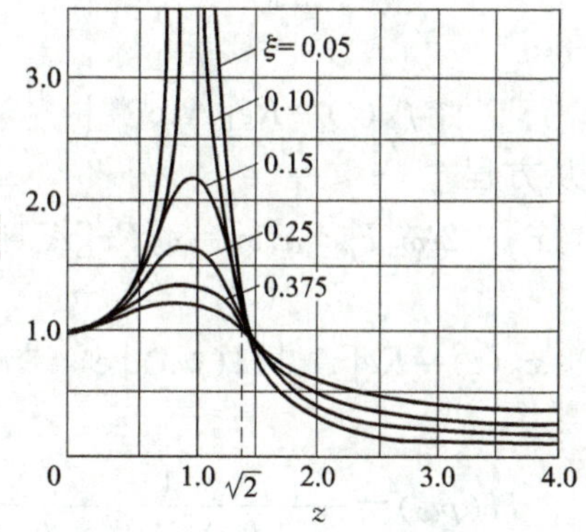

图 2-30　幅频响应曲线

图 2-31 所示为系统各力的矢量关系。

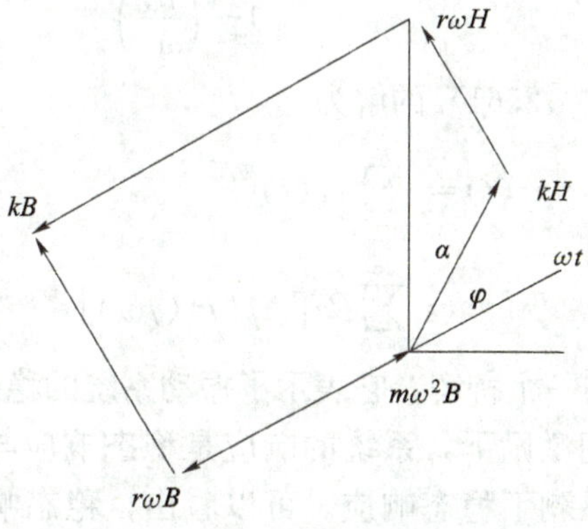

图 2-31　系统各力的矢量关系

从图可以看出，曲线都交于（$\sqrt{2}$，1）这一点，这说明当激振频率与系统固有频率之比等于$\sqrt{2}$时，无论多大的阻尼，振幅 B 都等于支承运动的幅值 H。当 $z \gg \sqrt{2}$时，由支承运动引起的受迫振动很小，这就是被动隔振的理论基础。

2.8 系统对周期激振的响应

非简谐的周期激励在工程结构的振动中大量存在。旋转机械失衡产生的激励多半是周期激励。一般来说，如果周期激励中某一谐波的幅值比其他谐波的幅值大得多，可作为简谐激励。反之，则应按周期激励求解。求解周期激励下系统的响应问题需要将激励展为傅里叶级数，然后分别求出各谐波所引起的响应，再利用叠加原理得到系统响应。

设单自由度振动系统受到一个周期为 T 的激励 $F(t)$ 作用，令 $F(t)=kf(t)$，则系统运动微分方程可写成

$$\ddot{x}+2\xi\omega_n\dot{x}+\omega_n^2x=\omega_n^2f(t) \tag{2.61}$$

把 $f(t)$ 展成傅里叶级数

$$f(t)=\sum_{p=0}^{\infty}Re[A_pe^{ip\omega t}]$$

式中，第 p 项为

$$f_p(t)=Re[A_pe^{ip\omega t}]$$

它所引起的响应为 $x_p(t)$，从方程

$$\ddot{x}_p+2\xi\omega_n\dot{x}_p+\omega_n^2x_p=\omega_n^2Re[A_pe^{ip\omega t}]$$

可求得响应为

$$x_p(t)=Re[A_p|H(p\omega)|e^{i(p\omega t-\varphi_p)}]$$

这里

$$H(p\omega)=\frac{1}{1-\left(\frac{p\omega}{\omega_n}\right)^2+i\left(2\xi\frac{p\omega}{\omega_n}\right)}$$

$$\varphi_p=\arctan\frac{2\xi\frac{p\omega}{\omega_n}}{1-\left(\frac{p\omega}{\omega_n}\right)^2}$$

根据叠加原理，方程式（2.61）的解为

$$\begin{aligned}x(t)&=\sum_{p=0}^{\infty}x_p(t)\\&=\sum_{p=0}^{\infty}Re[A_p|H(p\omega)|e^{i(p\omega t-\varphi_p)}]\end{aligned}$$

这是方程式（2.61）的一个特解，它表示了振动系统的稳态振动。方程式（2.61）的全解中要加上瞬态解。在周期激励下，系统的响应是稳态响应与瞬态响应之和，由于存在阻尼，瞬态响应很快消失，只剩下稳态响应。可以看出，稳态响应也是周期数，其周期仍为 T，并且激励的每个谐波只引起与自身频率相同的响应，这是线性振动系统的特点。

对于简谐强迫振动，系统固有频率与外激励频率接近时会发生共振。在周期激励时，只要系统固有频率与激励中某一谐波频率接近就会发生共振。因此，周期激励时要避开共振区就比简谐激励时要困难。通常用适当增加系统阻尼的方法来减振。

2.9　系统对任意激振的响应

带有黏性阻尼的单自由度系统运动微分方程的一般形式为

$$\ddot{x}+2\xi\omega_n\dot{x}+\omega_n^2x=\frac{1}{m_{eq}}F(t) \tag{2.62}$$

卷积积分提供了方程（2.62）并满足 $x(0)=0$，$\dot{x}(0)=0$ 的一般解，对任意的 $F(t)$，其卷积响应为

$$x(t)=\int_0^t F(\tau)h(t-\tau)\mathrm{d}\tau$$

式中，$h(t)$是在$t=0$ 时系统受到单位脉冲时的响应，对欠阻尼的自由振动系统，有

$$h(t)=\frac{1}{m_{eq}\omega_n}\mathrm{e}^{-\xi\omega_n t}\sin\omega_d t$$

式中

$$\omega_d=\omega_n\sqrt{1-\xi^2}$$

是有阻尼的固有频率，因此欠阻尼系统的响应为

$$x(t)=\frac{1}{m_{eq}\omega_d}\int_0^t F(\tau)\mathrm{e}^{-\xi\omega_n(t-\tau)}\sin[\omega_d(t-\tau)]\mathrm{d}\tau$$

2.10　单自由度振动理论的工程应用

2.10.1　单圆盘转子的临界转速

如图 2－32 所示，在转轴中部有一质量分布不均的圆盘，其质量为 m，它的质心是 G，偏心距为 e，回转中心是 O，几何中心是 O_1，假定转轴的质量忽略不计，它的横向刚度为 k，支承是绝对刚性的，系统的阻尼认为是黏性阻尼，阻尼系数为 c。

当转轴以 ω 角速度转动时，可写出振动方程式。

在 x 方向

$$m\frac{\mathrm{d}^2}{\mathrm{d}t^2}(x+e\cos\omega t)=-k_x x-c_x\dot{x}$$

在 y 方向

$$m\frac{\mathrm{d}^2}{\mathrm{d}t^2}(y+e\sin\omega t)=-k_y y-c_y\dot{y}$$

或者

$$m\ddot{x}+c_x\dot{x}+k_x x=me\omega^2\cos\omega t \tag{2.63}$$

$$m\ddot{y}+c_y\dot{y}+k_y y=me\omega^2\sin\omega t \tag{2.64}$$

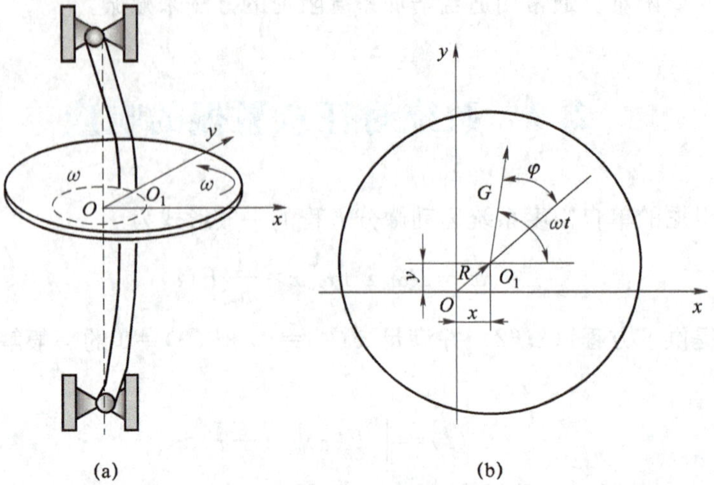

图 2-32 单盘转子

(a) 振动系统；(b) 力学模型

式（2.63）、式（2.64）和前面受迫振动方程式相比较，得稳态解

$$x=B_x\sin(\omega t-\varphi_x)$$

$$B_x=\frac{ez_x^2}{\sqrt{(1-z_x^2)^2-(2\xi z_x)^2}},\quad \varphi_x=\arctan\frac{2\xi z_x}{1-z_x^2}$$

$$y=B_y\sin(\omega t-\varphi_y)$$

$$B_y=\frac{ez_y^2}{\sqrt{(1-z_y^2)^2-(2\xi z_y)^2}},\quad \varphi_y=\arctan\frac{2\xi z_y}{1-z_y^2}$$

式中，z_x、z_y 为 x 方向和 y 方向的频率比

$$z_x=\frac{\omega}{\omega_{nx}},\quad z_y=\frac{\omega}{\omega_{ny}}$$

式中，ω_{nx}与ω_{ny}分别为系统在 x 方向和 y 方向的固有角频率；ξ 为转子系统的阻尼比；φ_x，φ_y 分别为 x 方向和 y 方向位移落后激振力的相位角。

通常认为，转轴及轴承在各方向的刚度是相同的，即

$$k_x=k_y=k$$

所以

$$\omega_{nx}=\omega_{ny}=\omega_n,\quad z_x=z_y=z$$

则

$$B_x=B_y=B=\frac{ez^2}{\sqrt{(1-z^2)^2-(2\xi z)^2}},\quad \varphi=\arctan\frac{2\xi z}{1-z^2}$$

转子在 x 和 y 方向的受迫振动可表示为

$$x=B\cos(\omega t-\varphi)$$

$$y=B\sin(\omega t-\varphi)$$

圆盘在 x、y 方向做等幅等频的简谐振动，二者的相位角为 $\pi/2$。因此，这两个方向振动合成之后，形心 O_1 的轨迹是一个圆，圆心在坐标原点 O，半径为 $R=\sqrt{x^2+y^2}=ez^2/\sqrt{(1-z^2)^2-(2\xi z)^2}$。形心 O_1 绕 O 点转动的角速度为 ω，圆盘自转的角速度也是 ω，这种既自转又公转的运动称为“弓状回转”。

在不考虑其他影响因素时，转动角速度数值上与转轴横向弯曲振动固有频率相等，即 $\omega=\omega_n$ 时的转速称为临界转速，记为 ω_c（$n_c=60\omega_c/2\pi$）。但是“弓状回转”与横向振动完全不同，“弓状回转”对转轴本身不产生交变应力，所以不是振动。而不转动的轴做横向弯曲振动时，轴内将产生交变应力。“弓状回转”对轴承作用着一个交变力并导致支承系统发生受迫振动，这就是机器通过临界转速时感到剧烈振动的原因。

2.10.2　隔振原理及应用

机器运转时由于各种激振因素的存在，振动常常是不可避免的。因此，有效地隔离振动在现代工业中逐渐为人们所重视。

根据振源的不同，隔振一般分为两类，即主动隔振和被动隔振。

对于本身是振源的机器或结构，为了减少它对周围机器、仪表及建筑物的影响，需将它与地基隔离开来，这种隔振措施称为主动隔振或积极隔振（见图 2-33）。

对于需要保护的精密仪器和机器设备，为了避免周围振源对它的影响，需将它与振源隔离开来，这种隔振措施称为被动隔振或消极隔振（见图 2-34）。

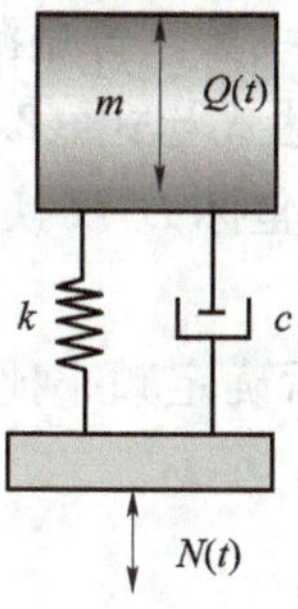

图 2-33　主动隔振原理示意

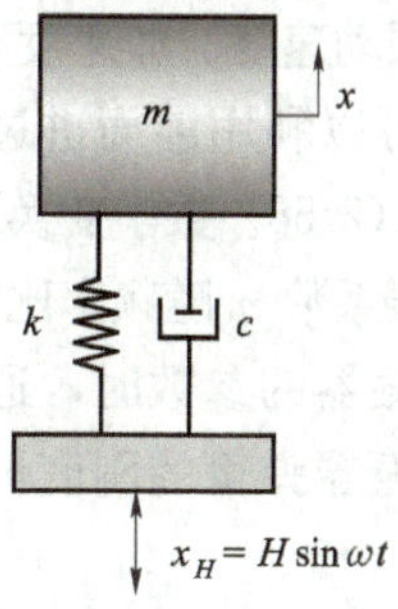

图 2-34　被动隔振原理示意

积极隔振的振源是机器本身工作时产生的激振力，设机器未隔振时传给地基的动载荷幅值为 Q_0，隔振后传给地基的动载荷 $N(t)$ 的幅值为 N_0，则 N_0 和 Q_0 之比 $\eta_b=\dfrac{N_0}{Q_0}$ 表示隔振效果，称为隔振系数（或传递系数）。若振源是简谐激振力 $Q_0\sin\omega t$，机器的位移 x 和相位角 φ 分别为

$$x=\frac{Q_0}{k\sqrt{(1-z^2)^2-(2\xi z)^2}}\sin(\omega t-\varphi)$$

$$\varphi=\arctan\frac{2\xi z}{1-z^2}$$

而速度

$$\dot{x}=\frac{Q_0\omega}{k\sqrt{(1-z^2)^2-(2\xi z)^2}}\cos(\omega t-\varphi)$$

传给地基的动载荷 $N(t)$ 应是弹性力与阻尼力的叠加，即

$$\begin{aligned}N(t)&=kx+c\dot{x}\\&=\frac{Q_0}{\sqrt{(1-z^2)^2-(2\xi z)^2}}[\sin(\omega t-\varphi)+2\xi z\cos(\omega t-\varphi)]\\&=Q_0\frac{\sqrt{1+(2\xi z)^2}}{\sqrt{(1-z^2)^2-(2\xi z)^2}}\sin(\omega t-\varphi+\alpha)\\&=N_0\sin(\omega t-\varphi+\alpha)\end{aligned}$$

式中

$$\alpha=\arctan(2\xi z)$$

所以隔振系数

$$\eta_b=\frac{N_0}{Q_0}=\frac{\sqrt{1+(2\xi z)^2}}{\sqrt{(1-z^2)^2-(2\xi z)^2}} \tag{2.65}$$

当无阻尼（$\xi=0$）时，隔振系数可表达为如下简单形式

$$\eta_b=\frac{1}{|1-z^2|}$$

当 η_b 选定后，所需频率比可按下式计算

$$z^2=\frac{1}{\eta_b}+1$$

消极隔振的振源是支承的运动。隔振效果用设备隔振后的振幅（或振动速度、加速度）与振源振幅（或振动速度、加速度）的比值 η_b 来表示，也称为隔振系数。若振源为简谐运动 $x_H=H\sin\omega t$，则可以利用前面讲过的方法求出隔振系数 η_b，其表达式与式（2.65）完全相同。式（2.65）和式（2.58）数学变换形式一样，因而若把图 2－30 的纵坐标 B/H 换成 η_b，则此图也可以表示为隔振系数 η_b 随频率比 z 变化的特性曲线。

设计隔振器的参数时，通常先选定隔振系数的大小，然后确定频率比 z 和阻尼比 ξ，最后计算出隔振器弹簧的刚度。

2.10.3 单自由度系统的减振

为了使系统中可能出现的振动得到迅速衰减，通常在这些系统中设有减震器。较常见的为液体阻尼减震器。图 2－35 所示为液体阻尼减震器的工作原理。它是利用与振动体相连的运动件在阻尼液中的黏性阻尼来消耗振动的能量，以衰减其振动的。

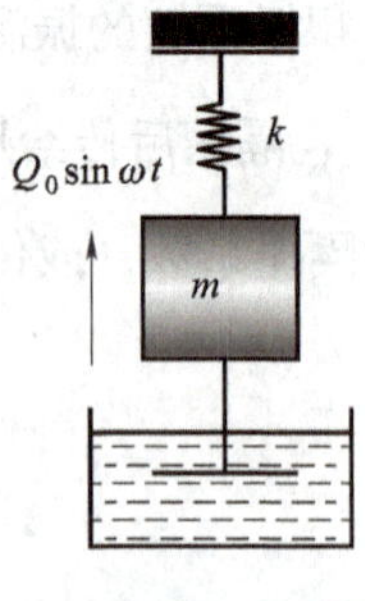

图 2－35 液体阻尼减震器的工作原理

设计减震器时，应按振动衰减速度的快慢来选择适当的阻尼，例如选择 $n\leqslant\omega_n$ 或 $n\geqslant\omega_n$，当系统的质量 m 和弹簧刚度 k 已知时，阻尼系数用下式计算：

$$r\leqslant2\sqrt{mk}\text{ 或 }r\geqslant2\sqrt{mk}$$

为了减少振动体的振幅，通常采用以下三种办法：

(1) 增加适当大小的阻尼。

（2）减少或平衡振源的激振力（力矩）。

（3）调整系统的固有频率（改变振动质量或改变弹性元件的刚度），以免产生共振。

减振之后的振幅与未经减振的受迫振动的振幅之比

$$\frac{B_2}{B_1}=\frac{B_{s2}}{B_{s1}}\times\frac{\sqrt{(1-z_1^2)^2-(2\xi z_1)^2}}{\sqrt{(1-z_2^2)^2-(2\xi z_2)^2}} \tag{2.66}$$

式（2.66）符号意义同前，脚标 1、2 分别代表减振前后的参数。B_2/B_1 的比值越小，减振效果越好。因此，可以根据实际需要来确定振源的激振力、弹簧刚度、频率比及阻尼比的大小。

1. 示波器振子阻尼的合理选择

如图 2－36 所示，振子通电后在磁场中受到电磁力矩 $T_m-f(i)=A_0 i$（A_0 为常数）的作用转动 θ 角，要求 θ 只随信号大小变化，当信号恒定时，θ 也应是一个定值。但是由于振子的惯性，振子偏转时会产生自由振动。这样，偏转角就不是一个定值，振子无法使用。为此，将振子放在装满油的容器里，油的阻尼使振子的自由振动迅速衰减，以保证振子的偏转角能够正确地反映信号的变化规律。但是由于阻尼的存在，振子的偏转角落后于信号一个相位角 φ。当阻尼过大时，相位角 φ 也大，产生失真；当阻尼过小时，φ 也小，又不足以衰减振子的自由振动。

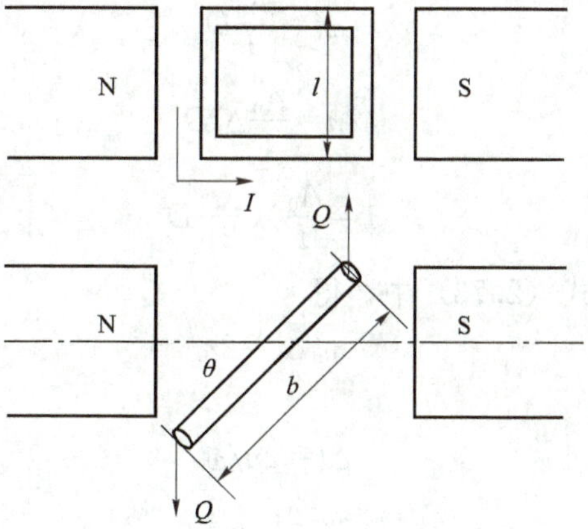

图 2－36　振子阻尼

振子扭转振动的微分方程式可表达为

$$I\ddot{\theta}+r_\theta\dot{\theta}+k_\theta\theta=T_{nm}=A_0 i \tag{2.67}$$

式中，T_{nm} 为使振子转动的电磁力矩，与电流 i 成正比，$T_{nm}=A_0 i$；I 为振子的转动惯量；r_θ 为黏性阻尼系数；k_θ 为系统扭转弹簧刚度。

θ 和 i 的变化规律如图 2－37 所示。θ 落后 i 的相位角 φ。令 D 表示 θ 和 i 两纵坐标的比例系数，则有

$$D\theta(t+\Delta t)=i(t) \tag{2.68}$$

式中，$\Delta t\approx\varphi/\omega_n$。

将 $\theta(t+\Delta t)$ 等于展开成泰勒级数，即

$$\theta(t+\Delta t)=\theta(t)+\frac{\Delta t}{1}\dot{\theta}(t)+\frac{\Delta t^2}{2!}\ddot{\theta}(t)+\frac{\Delta t^3}{3!}\dddot{\theta}(t)+\cdots \tag{2.69}$$

现取式（2.69）右边的前三项近似地表示 $\theta(t+\Delta t)$，并代入到式（2.68）中，得

$$D\left(\theta+\Delta t\dot{\theta}+\frac{\Delta t^2}{2!}\ddot{\theta}\right)=i(t) \tag{2.70}$$

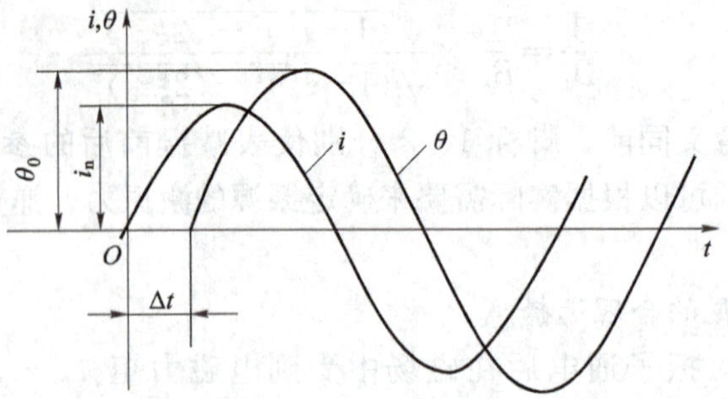

图 2-37 θ 和 i 的变化规律

将式（2.70）中 $i(t)$ 的值代入到式（2.67）中，则

$$\ddot{\theta}+2n\dot{\theta}+\omega_n^2\theta=\frac{A_0}{I}D\left(\frac{\Delta t^2}{2!}\ddot{\theta}+\Delta t\dot{\theta}+\theta\right) \tag{2.71}$$

比较上式等号两边 θ、$\dot{\theta}$、$\ddot{\theta}$ 的系数，可得

$$\omega_n^2=\frac{A_0}{I}D \tag{2.72}$$

$$2n=\frac{A_0}{I}\Delta tD \tag{2.73}$$

$$1=\frac{A_0}{I}\times\frac{\Delta t^2}{2!}D \tag{2.74}$$

将式（2.72）代入到式（2.73）中，得

$$\omega_n^2\Delta t=2n$$

即

$$\Delta t=2n/\omega_n^2 \tag{2.75}$$

$$\frac{\omega_n^2\Delta t^2}{2}=1 \tag{2.76}$$

将式（2.75）代入到式（2.76）中，得

$$\frac{4n^2}{\omega_n^4}\times\frac{\omega_n^2}{2}=1$$

$$n=\frac{\sqrt{2}}{2}\omega_n$$

即

$$\xi=\frac{\sqrt{2}}{2},\quad r_\theta=2In=\sqrt{2}I\omega_n \tag{2.77}$$

式（2.77）表明，当选择阻尼系数 $r=\sqrt{2}I\omega_n$ $\left(\text{或阻尼比 }\xi=\frac{\sqrt{2}}{2}\right)$，示波器记录下来的波形曲线能够反映实际电流信号变化规律。

当 $r=\sqrt{2}I\omega_n$ 时，由式（2.61）得减幅系数

$$\eta_a=\frac{A_1}{A_2}=e^{\frac{2\pi n}{\omega_n}}=e^{\frac{2\pi\xi}{\sqrt{1-\xi^2}}}=e^{\frac{2\pi\sqrt{2}/2}{\sqrt{1-1/2}}}=e^{2\pi}=535.5$$

表明振子的自由振动会在很短的时间内衰减掉。

示波器的油阻尼振子 $\xi=0.6\sim0.8$。实际使用时，若要求能正确测出瞬时冲击信号等瞬态过程，可选择 $\xi=0.8$ 的振子；而要求有宽的工作频带时，可选择 $\xi=0.6$ 的振子。我国制造的油阻尼振子的阻尼比 $\xi=0.7$，电磁阻尼振子也按 $\xi=0.7$ 给出外电阻 R 值。

2. 采用离心摆消除转轴的扭转振动——动力消振

如图 2-38 所示的转子以 ω 角速度转动，由于脉动扭矩（即激振扭矩）T_{nm} 的作用，转子产生扭转振动 $\varphi=\varphi_0\sin(n\omega t)$（$n$ 是转子每转简谐激振的次数）。为了消减该扭转振动，采用一离心摆，它铰接于圆盘的 B 点，$OB=R$，摆的当量长为 l，质量为 m，e 为偏心量。

当忽略阻尼时，系统的振动微分方程为

$$I\ddot{\theta}+k_\theta\theta=T_{nm}\sin\omega t$$

若圆盘转速较高，重力对摆的影响与离心力相比可以忽略不计；图 2-39 所示为离心摆模型，质量 m 产生的惯性力是 $me\omega^2$，它在 L 法线方向的分量是 $me\omega^2\sin\beta$，由图 2-39 中几何关系得

$$\frac{R}{\sin\beta}=\frac{e}{\sin(180°-\theta)}=\frac{e}{\sin\theta}=\frac{L}{\sin\varphi} \tag{2.78}$$

当摆动角 θ 较小时

$$\sin\beta=\frac{R}{e}\sin\theta\approx\frac{R}{e}\theta \tag{2.79}$$

所以

$$me\omega^2\sin\beta\approx me\omega^2R\theta$$

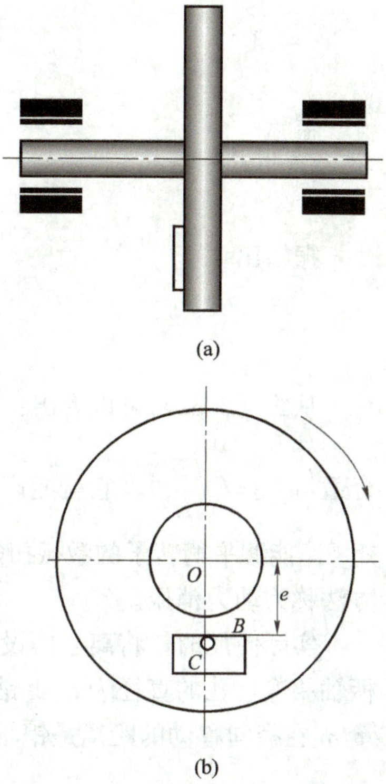

图 2-38　摆式减震器结构简图

(a) 主视图；(b) 侧视图

质量 m 的切向加速度是 $L\ddot{\theta}+(R+L)\ddot{\varphi}$，二力对 B 点取力矩的合力应等于零

$$m[L\ddot{\theta}+(R+L)\ddot{\varphi}]L-m\omega^2RL\theta=0 \tag{2.80}$$

将 $\ddot{\varphi}=-(n\omega)^2\varphi_0\sin(n\omega t)$ 代入式（2.80）并整理得

$$mL^2\ddot{\theta}+m\omega^2RL\theta=m(R+L)L(n\omega)^2\varphi_0\sin(n\omega t) \tag{2.81}$$

式（2.81）与无阻尼受迫振动方程式比较，得

$$I=mL^2,\quad k_\theta=m\omega^2RL,\quad T_{nm}=m(R+L)L(n\omega)^2\varphi_0$$

系统的固有频率

$$\omega_n^2=\frac{k_\theta}{I}=\frac{m\omega^2RL}{mL^2}=\frac{R}{L}\omega^2$$

频率比

$$z=n\omega/\omega_n$$

设方程式（2.71）稳态解

$$\theta=\theta_0\sin(n\omega t)$$

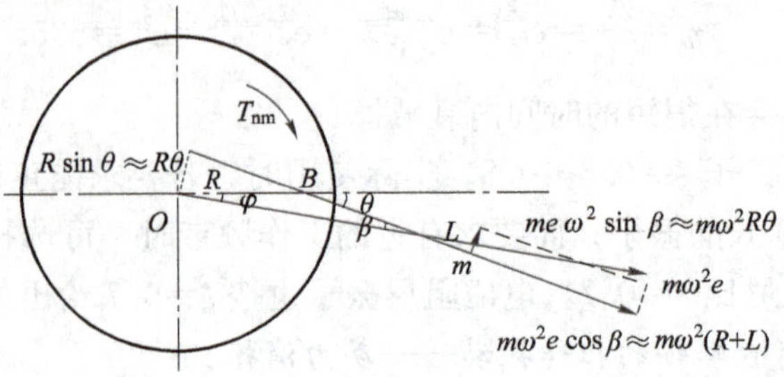

图 2-39　离心摆模型

振幅

$$\theta_0-\frac{T_{nm}}{k_\theta}\frac{1}{1-z^2}=\frac{(R+L)n^2\varphi_0}{R-Ln^2}$$

振幅比

$$\frac{\varphi_0}{\theta_0}=\frac{R-Ln^2}{n^2\ (R+L)} \tag{2.82}$$

从式（2.82）可以看出：若 $n=\sqrt{\frac{R}{L}}$，振幅比 $\frac{\varphi_0}{\theta_0}=0$，其物理意义是：只要单摆调整的合适$\left(即\ n=\sqrt{\frac{R}{L}}\right)$，它就能产生一个有限的摆幅 θ_0 使 φ_0 变得很小。这时单摆产生的惯性力矩 T_{om} 能够平衡转子的激振扭矩 T_{nm}，这种单摆称为离心摆。使用离心摆来消除转子扭振的方法称为动力消振。

实际使用时，将离心摆设计成如图 2-40（a）所示的形式。质量 m 通过两个销轴与曲柄轴相连，孔的直径为 d_1，销轴的直径为 d_2，如图 2-40（b）所示。当曲柄轴转动时，质量 m 在径向移动的距离是销轴与孔之间的间隙 d_1-d_2，即为离心摆的摆长 L。

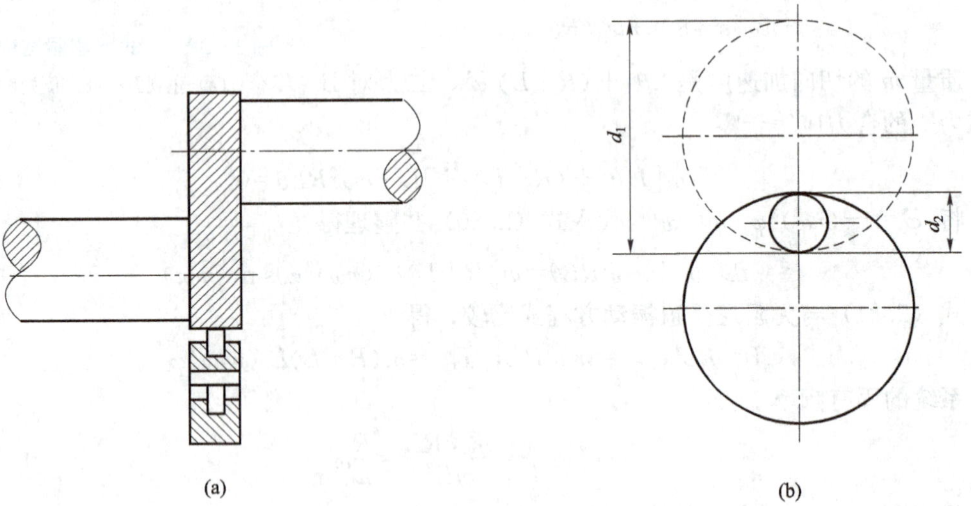

图 2-40　离心摆

（a）离心摆；（b）力学模型

2.11　思考与习题

2-1　质量为 60 kg、直径为 40 cm 的圆筒，盛有质量密度为 1 100 kg/m^3 的废料，圆筒被直径为 30 mm 的钢缆所吊起（$E=210\times109$ N/m^2）。当圆桶被吊起 10 m 时，测出系统的固有频率为 40 Hz，求圆桶中的废料的容量。

答案：$V=0.158$ m^3

2-2　铁路的缓冲器被设计成黏性缓冲器与一个弹簧并联。当这个阻尼器工作在一个 20 000 kg的火车上并有 2×10^5 N/m 的刚度时，要使系统阻尼比为 1.25，问缓冲的阻尼系数应为多少?

答案：$c=1.58\times10^5$ (N·s)/m

2-3　空火车的质量为 4 500 kg。当题 2-2 中的缓冲器安装在空车时，问系统的固有频率和阻尼比为多少?

答案：$\omega_n=6.67$ rad/s，$\xi=2.63$

2-4　问当 m 为多大时，图 2-41 所示系统才会发生共振?

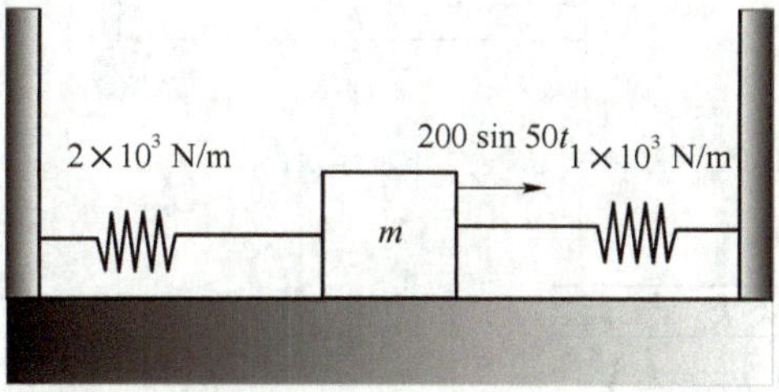

图 2-41

答案：$m=120$ kg

2-5　如图 2-42 所示，某洗衣机机器部分重 $W=2.2\times10^3$ N，用四根螺旋弹簧在对称位置支承，每个弹簧的螺圈平均半径 $R=5.1$ cm，弹簧丝直径 $d=1.8$ cm，圈数 $n=10$，剪切弹性模量 $G=8\times10^5$ N/cm^2。同时装有四个阻尼器，总的相对阻尼系数为 $\xi=0.1$。在脱水时转速 $N=600$ r/min，此时衣物偏心重 $\omega=10$ N，偏心距 $e=40$ cm。

试求：

(1) 洗衣机的最大振幅；

(2) 隔振系数。

答案：(1) $X=0.189$ cm

(2) $\eta=0.064$

2-6　确定图 2-43 所示系统的固有频率，滑轮质量为 M。

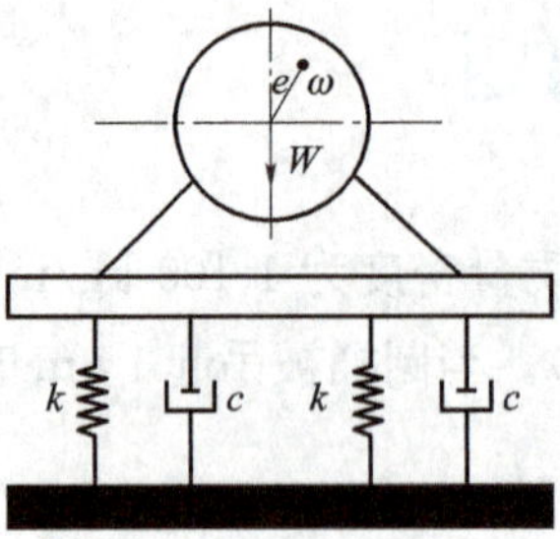

图 2-42

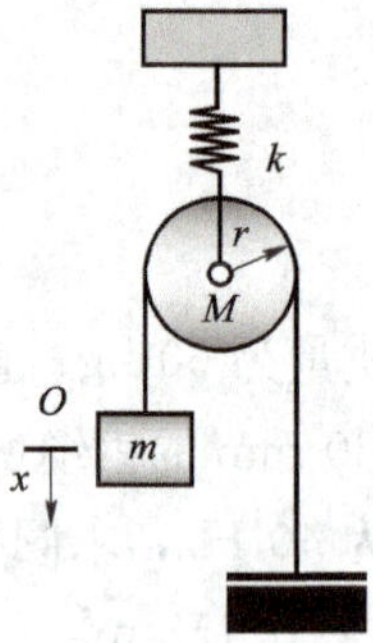

图 2-43

答案：$\omega_n=\sqrt{\dfrac{k}{4m+3M/2}}$

2-7　确定图 2-44 所示系统的固有频率（略去杆的质量）。

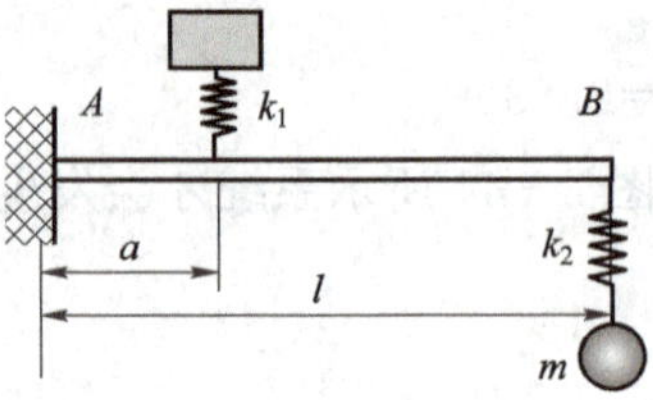

图 2-44

答案：$\omega_n=\sqrt{\dfrac{k_1k_2}{m\left[k_1+k_2\left(\dfrac{l}{a}\right)^2\right]}}$

2-8　建立图 2-45 所示系统的运动方程，试确定：

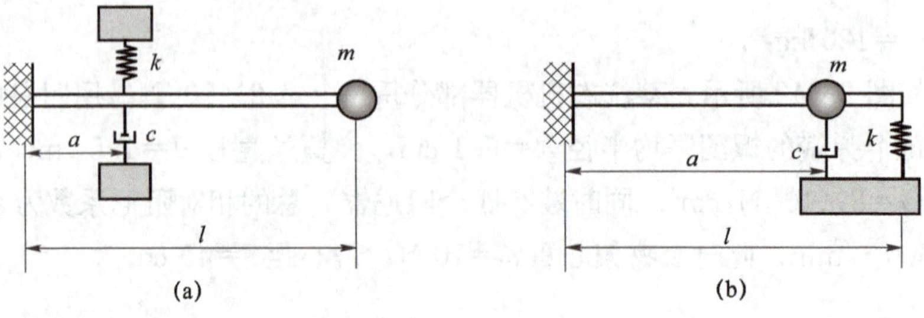

图 2-45

(1) 临界阻尼系数；

(2) 有阻尼固有频率。

答案：$c_c=\dfrac{2l}{a}\sqrt{km}$，$\omega_n=\dfrac{a}{l}\sqrt{\dfrac{k}{m}-\left(\dfrac{ca}{2ml}\right)}$ [对于图 2-45 (a)]

$c_c=\dfrac{2l}{a}\sqrt{km}$，$\omega_n=\dfrac{a}{l}\sqrt{\dfrac{k}{m}\left(\dfrac{l}{a}\right)^2-\left(\dfrac{c}{2m}\right)^2}$ [对于图 2-45 (b)]

第 3 章　二自由度系统振动理论及应用

本章导读

系统的自由度数就是描述系统运动所必需的独立坐标数，二自由度系统就是指需要两个独立坐标才能描述其运动的振动系统，二自由度系统虽然只比单自由度系统多了一个自由度，但却是最少的多自由度系统。本章以单自由度系统振动理论和方法为基础，研究二自由度振动系统，因其具有多自由度系统的基本特征和规律，所以掌握二自由度系统的振动理论可以为学习多自由度系统振动理论打下基础。

本章主要内容

(1) 二自由度振动系统的一般方程。

(2) 无阻尼二自由度振动系统及其求解。

(3) 阻尼二自由度振动系统及其求解。

3.1　二自由度系统振动微分方程

一个二自由度系统要用两个微分方程描述其运动，每一个运动微分方程分别与每一个质量块对应，或者更准确地说与每一个自由度对应。图 3-1 所示为二自由度系统，其中图 3-1 (a) 为双质量弹簧系统，表示在一定条件下车辆的前部或后部，m_1 为车身，m_2 为车轿，k_1 为悬架刚度，而 k_2 是轮胎的刚度，两个独立坐标 x_1 和 x_2 可完全确定系统在空间的几何位置；图 3-1 (b) 虽然是单质量弹簧系统，但是它既有上下运动，还有绕质心 c 的转动，因此需用 x 和 θ 两个独立坐标来描述；图 3-1 (c) 是扭振系统，扭轴轴心在纸面内，其扭转刚度分别为 k_{t1} 和 k_{t2}，圆盘转动惯量分别为 I_1 和 I_2，垂直于扭轴轴线，两圆盘绕扭轴线做扭转振动，用 θ_1 和 θ_2 来描述，因此它也是二自由度系统。

例 3-1　图 3-2 所示为有阻尼双质量弹簧系统，质量块 m_1 和 m_2 在水平方向用刚度分别为 k_1 和 k_2 的弹簧连接起来，阻尼器 c_1 和 c_2 如弹簧一样连接在两质量块上。k_1 和 k_2 另一端与支承连接；随时间变化的激振力 $F_1(t)$和 $F_2(t)$分别作用在 m_1 和 m_2 上；两个质量块只限于沿水平光滑平面做往复直线运动。以静平衡位置为坐标原点，两个独立坐标分别为 x_1 和 x_2。对两质量块的振动过程中任一瞬时取分离体，并对每一质量块应用牛顿第二运动定律，可得如下两个方程：

$$m_1\ddot{x}_1=F_1(t)-c_1\dot{x}_1-k_1x_1+c_2(\dot{x}_2-\dot{x}_1)+k_2(x_2-x_1)$$

$$m_2\ddot{x}_2=F_2(t)-c_2(\dot{x}_2-\dot{x}_1)-k_2(x_2-x_1)$$

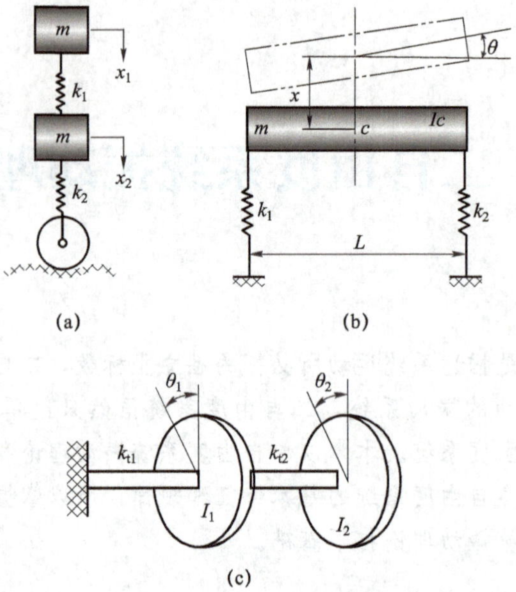

图 3-1　二自由度系统

(a) 双质量弹簧系统；(b) 单质量弹簧系统；(c) 扭振系统

经整理后得

$$\begin{cases} m_1\ddot{x}_1+(c_1+c_2)x_1-c_2x_2+(k_1+k_2)x_1-k_2x_2=F_1(t) \\ m_2\ddot{x}_2-c_2\dot{x}_1+c_2\dot{x}_2-k_2x_1+k_2x_2=F_2(t) \end{cases} \tag{3.1}$$

上述方程组（3.1），即是图 3-2 所示二自由度系统的振动微分方程组，组成方程组的两个微分方程都不是独立的，它们各自都包含着两个变量及其一、二阶导数，每个方程不能单独求解。

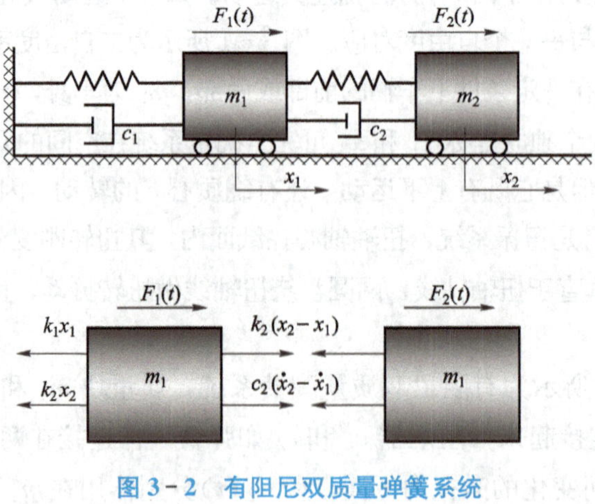

图 3-2　有阻尼双质量弹簧系统

现将方程组（3.1）用矩阵形式表示为

$$[M]\{\ddot{x}\}+[C]\{\dot{x}\}+[K]\{x\}=\{F(t)\} \tag{3.2}$$

式中，$[M]$为系统的质量矩阵；$[C]$为系统的阻尼矩阵；$[K]$为系统的刚度矩阵；$\{x\}$为系统的位移矩阵；$\{\dot{x}\}$、$\{\ddot{x}\}$分别为位移的一、二阶导数矩阵；$\{F(t)\}$为系统的激振力矩阵。

图 3-2 所示系统各矩阵具体形式如下：

$$[M]=\begin{bmatrix} m_{11} & m_{12} \\ m_{21} & m_{22} \end{bmatrix}=\begin{bmatrix} m_1 & 0 \\ 0 & m_2 \end{bmatrix}$$

$$[C]=\begin{bmatrix} c_{11} & c_{12} \\ c_{21} & c_{22} \end{bmatrix}=\begin{bmatrix} c_1+c_2 & -c_2 \\ -c_2 & c_2 \end{bmatrix}$$

$$[K]=\begin{bmatrix} k_{11} & k_{12} \\ k_{21} & k_{22} \end{bmatrix}=\begin{bmatrix} k_1+k_2 & -k_2 \\ -k_2 & k_2 \end{bmatrix}$$

$$\{x\}=\begin{Bmatrix} x_1 \\ x_2 \end{Bmatrix},\ \{\dot{x}\}=\begin{Bmatrix} \dot{x}_1 \\ \dot{x}_2 \end{Bmatrix}$$

$$\{\ddot{x}\}=\begin{Bmatrix} \ddot{x}_1 \\ \ddot{x}_2 \end{Bmatrix},\ \{F(t)\}=\begin{Bmatrix} F_1(t) \\ F_2(t) \end{Bmatrix}$$

习惯上，将例 3-1 这种在各个离散质量上建立的坐标系称为描述系统的物理坐标系，在此坐标系下系统的质量矩阵、阻尼矩阵和刚度矩阵为系统的物理参数，并且方阵的阶数等于系统的自由度个数。质量矩阵、阻尼矩阵和刚度矩阵完全决定了系统的性质。从上面的例子可以看出，这三个矩阵均为对称矩阵，即

$$m_{ij}=m_{ji},\ c_{ij}=c_{ji},\ k_{ij}=k_{ji}$$

图 3-2 所示系统的动能、势能和能量耗散函数的表达式与系统质量矩阵、阻尼矩阵和刚度矩阵的关系如下：

系统的动能为

$$\begin{aligned} E_{\mathrm{T}} &= \frac{1}{2}m_1\ddot{x}_1^2+\frac{1}{2}m_2\ddot{x}_2^2 \\ &= \frac{1}{2}\{\ddot{x}_1,\ \ddot{x}_2\}\begin{bmatrix} m_1 & 0 \\ 0 & m_2 \end{bmatrix}\begin{Bmatrix} \ddot{x}_1 \\ \ddot{x}_2 \end{Bmatrix} \\ &= \frac{1}{2}\{\ddot{x}\}^{\mathrm{T}}\{M\}\{\ddot{x}\} \end{aligned}$$

它是质量矩阵的二次型。

系统的势能为两个弹性元件势能之和

$$\begin{aligned} U &= \frac{1}{2}k_1x_1^2+\frac{1}{2}k_2\ (x_2-x_1)^2 \\ &= \frac{1}{2}\{x_1,\ x_2\}\begin{bmatrix} k_1+k_2 & -k_2 \\ -k_2 & k_2 \end{bmatrix}\begin{Bmatrix} x_1 \\ x_2 \end{Bmatrix} \\ &= \frac{1}{2}\{x\}^{\mathrm{T}}[K]\{x\} \end{aligned}$$

它是刚度矩阵的二次型。

系统的能量耗散函数为两个阻尼元件的能量耗散函数之和

$$\begin{aligned} D &= \frac{1}{2}c_1\dot{x}_1^2+\frac{1}{2}c_2\dot{x}_2^2 \\ &= \frac{1}{2}\{\dot{x}_1,\ \dot{x}_2\}\begin{bmatrix} c_1+c_2 & -c_2 \\ -c_2 & c_2 \end{bmatrix}\begin{Bmatrix} \dot{x}_1 \\ \dot{x}_2 \end{Bmatrix} \\ &= \frac{1}{2}\{\dot{x}\}^{\mathrm{T}}[C]\{\dot{x}\} \end{aligned}$$

它是阻尼矩阵的二次型。

利用这三个函数可以分别求出三个矩阵的各个元素

$$m_{ij}=\frac{\partial^2 E_{\mathrm{T}}}{\partial \dot{x}_i \partial \dot{x}_j},k_{ij}=\frac{\partial^2 U}{\partial x_i \partial x_j},c_{ij}=\frac{\partial^2 D}{\partial \dot{x}_i \partial \dot{x}_j} \tag{3.3}$$

根据式（3.3）可以得到系统运动微分方程的一种比较简单的方法。可以先求出系统的动能、势能和能量耗散函数，然后利用式（3.3）求出系统的质量矩阵、阻尼矩阵和刚度矩阵，最终求出系统的运动微分方程。这样做的好处：由于系统的动能、势能和能量耗散函数是标量，故可以不考虑力的方向，免去了许多麻烦。

根据惯性元件、弹性元件和阻尼元件的性质可以知道，动能、势能和能量耗散函数均是非负的。也就是说，对任意的位移 $x\neq 0$，任意的速度 $\dot{x}\neq 0$，必然有

$$E_{\mathrm{T}}=\frac{1}{2}\dot{x}^{\mathrm{T}}M\dot{x}\geqslant 0$$

$$U=\frac{1}{2}x^{\mathrm{T}}Kx\geqslant 0$$

$$D=\frac{1}{2}\dot{x}^{\mathrm{T}}C\dot{x}\geqslant 0$$

由此可知，质量矩阵、阻尼矩阵和刚度矩阵均是正定或半正定矩阵。一般来说，工程振动问题中遇到的质量矩阵一般都是正定矩阵。对于静定和超静定结构，刚度矩阵也是正定矩阵。

上面关于质量矩阵、阻尼矩阵和刚度矩阵情况的讨论完全可以推广到任意的二自由度系统和 n 自由度系统。

从例 3-1 可以看出，将 m_1、m_2 连接在一起的弹性元件 k_2 和阻尼元件 c_2 使系统的两个质量的振动相互影响，并使刚度矩阵和阻尼矩阵不是对角矩阵。一般来说，多自由度系统的运动微分方程中的质量矩阵、阻尼矩阵和刚度矩阵都可能不是对角矩阵，这样微分方程存在耦合。如果质量矩阵是非对称矩阵，称方程存在惯性耦合。如果质量矩阵、阻尼矩阵和刚度矩阵都是对角矩阵，则系统的运动微分方程没有任何耦合，变为两个彼此独立的单自由度方程，各个未知量可以单独求解。因此，如何消除方程的耦合是求解多自由度系统运动微分方程的关键。从数学上讲，就是怎样使系统的质量矩阵、阻尼矩阵和刚度矩阵在某一坐标系下同时成为对角矩阵。

振动系统中，所选的描述系统的广义坐标决定着方程是否存在耦合和存在什么种类的耦合，不是由系统的本身性质决定。

即使是对同一个二自由度系统，也可以选取不同的独立坐标来描述它的运动，从而得到不同的运动微分方程。值得注意的是，当采用不同的坐标时，运动方程表现为不同的耦合方式，甚至表现为耦合的有无，以下通过一个例子来说明这一问题。

如图 3-3 所示系统可看作是车辆的车身、前后车轮及其悬挂装置构成的系统或机器与其隔振装置组成的系统。

设刚性杆质量为 m，绕质心 c 的转动惯量为 I_c。质心与弹簧 k_1、k_2 的距离分别为 l_1、l_2，取质心 c 的铅垂位移 x 和绕质心的转角 θ 为坐标，x 的坐标原点取在系统的静平衡位置。假设 x 和 θ 都是微小位移，对刚性杆应用质心运动定律和刚体转动定律，得到关于 x 和 θ 的两个运动微分方程

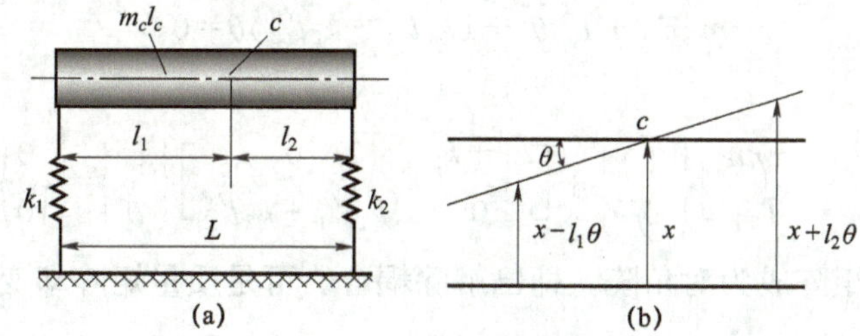

图 3-3　机器与隔振装置组成的系统

(a) 系统简化模型；(b) 系统的平衡位置

$$-k_1(x-l_1\theta)-k_2(x+l_2\theta)=m\ddot{x}$$

$$k_1(x-l_1\theta)l_1-k_2(x+l_2\theta)l_2=I_c\ddot{\theta} \tag{3.4}$$

或者

$$m\ddot{x}+(k_1+k_2)x-(k_1l_1-k_2l_2)=0$$

$$I_c\ddot{\theta}-(k_1l_1-k_2l_2)x+(k_1l_1^2+k_2l_2^2)\theta=0 \tag{3.5}$$

其矩阵形式为

$$\begin{bmatrix} m & 0 \\ 0 & I_c \end{bmatrix}\begin{Bmatrix} \ddot{x} \\ \ddot{\theta} \end{Bmatrix}+\begin{bmatrix} k_1+k_2 & -(k_1l_1-k_2l_2) \\ -(k_1l_1-k_2l_2) & k_1l_1^2+k_2l_2^2 \end{bmatrix}\begin{Bmatrix} x \\ \theta \end{Bmatrix}=\begin{Bmatrix} 0 \\ 0 \end{Bmatrix} \tag{3.6}$$

由于在一般情况下 $k_1l_1\neq k_2l_2$，因而刚度矩阵是非对角的，即两方程通过坐标 x 和 θ 而相互耦合，这种耦合称为弹性耦合或静力耦合。

现在选取不同的坐标来建立该系统的运动方程。选取另一组坐标 x_1 和 θ，如图 3-4 (b) 所示，θ 仍为杆在图示平面中的转角，x_1 是杆上 O 点的铅垂位移，而 O 点是当刚性杆在铅垂方向平动时弹簧 k_1、k_2 合力的作用点，k_1、k_2 满足条件 $k_1l'_1=k_2l'_2$。设 I_0 为杆对 O 点的转动惯量，对系统分别采用质心运动定律和刚体转动定律有：

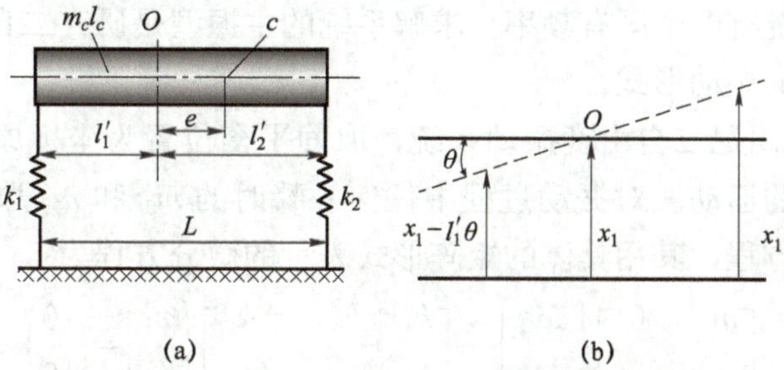

图 3-4　不同坐标的系统

(a) 系统简化模型；(b) 系统的平衡位置

$$-k_1(x_1-l'_1\theta)-k_2(x_1+l'_2\theta)=m\left[\ddot{x}_1-(l_1-l'_1)\ddot{\theta}\right]$$

$$k_1(x_1-l'_1\theta)l'_1-k_2(x_1+l'_2\theta)l'_2+m(l_1-l'_1)\ddot{x}_1=I_0\ddot{\theta} \tag{3.7}$$

设 $e=l_1-l'_1$，e 为 O、c 两点之间的距离，式 (3.7) 可整理成

$$m\ddot{x}_1 - me\ddot{\theta} + (k_1 + k_2)x_1 = 0$$

$$-me\ddot{x}_1 + I_0\ddot{\theta} + (k_1 l_1'^2 + k_2 l_2'^2)\theta = 0 \tag{3.8}$$

或写成矩阵形式

$$\begin{bmatrix} m & -me \\ -me & I_0 \end{bmatrix}\begin{Bmatrix} \ddot{x}_1 \\ \ddot{\theta} \end{Bmatrix} + \begin{bmatrix} k_1 + k_2 & 0 \\ 0 & k_1 l_1'^2 + k_2 l_2'^2 \end{bmatrix}\begin{Bmatrix} x_1 \\ \theta \end{Bmatrix} = \begin{Bmatrix} 0 \\ 0 \end{Bmatrix} \tag{3.9}$$

此式（3.9）刚度矩阵成为对角阵，即已解除耦合。可是质量矩阵却变成了非对角矩阵，即两方程通过加速度 $\ddot{x}_1$ 与 $\ddot{\theta}$ 而相互耦合，这种耦合称为惯性耦合或动力耦合。

比较（3.6）与（3.9）两组方程可见，耦合的方式（是弹性耦合，还是惯性耦合）是依所选取的坐标而定的，而坐标选取是研究者的主观抉择，并非系统的本质特性。从这个意义上讲，这里应该说“坐标的耦合方式”或“运动方程的耦合方式”，而不应该说“系统的耦合方式”。

一般情况下，运动方程中既存在弹性耦合，又存在惯性耦合，即刚度矩阵和质量矩阵都是非对角的，读者不妨自行验证。当取两弹簧处的铅垂位移作为独立坐标时，正是这种情况。那么，从另一个角度提一个问题：对于一个系统，是否存在一组特定的坐标，使运动方程既无弹性耦合，又无惯性耦合，即刚度矩阵与质量矩阵均成为对角矩阵呢？答案是肯定的，这一组特定的坐标称为“自然坐标”或“主坐标”。

3.2　无阻尼二自由度系统的振动

3.2.1　无阻尼二自由度系统的自由振动

求系统的固有频率是研究自由振动的主要目的。系统的固有频率与系统的自由度数是一致的，故二自由度系统有两个固有频率，求解系统的主振型是研究二自由度系统自由振动的另一个目的，即系统的振动形式。

图 3-5 所示为无阻尼二自由度振动系统，取静平衡位置为坐标原点，用 x_1 和 x_2 两个独立坐标来描述系统的运动。对振动过程中任何一瞬时的 m_1 和 m_2 取分离体，应用牛顿运动定律，可得其运动方程，其用具体的矩阵形式表示的微分方程为

$$\begin{bmatrix} m_1 & 0 \\ 0 & m_2 \end{bmatrix}\begin{Bmatrix} \ddot{x}_1 \\ \ddot{x}_2 \end{Bmatrix} + \begin{bmatrix} k_1 + k_2 & -k_2 \\ -k_2 & k_2 \end{bmatrix}\begin{Bmatrix} x_1 \\ x_2 \end{Bmatrix} = \begin{Bmatrix} 0 \\ 0 \end{Bmatrix} \tag{3.10}$$

方程式（3.10）为二阶常系数线性齐次微分方程组，设其一组解为

$$x_1 = A_1\sin(\omega_n t + \varphi) \tag{a}$$

$$x_2 = A_2\sin(\omega_n t + \varphi) \tag{b}$$

该组解意味着两个质量块均服从具有相同频率 ω_n 和相同相角 φ 的同步谐振，式中 A_1 和 A_2 分别为质量块 m_1 和 m_2 的振幅，现将该组解及其二阶导数代入方程式（3.10），并消去 $\sin(\omega_n t + \varphi)$ 可得

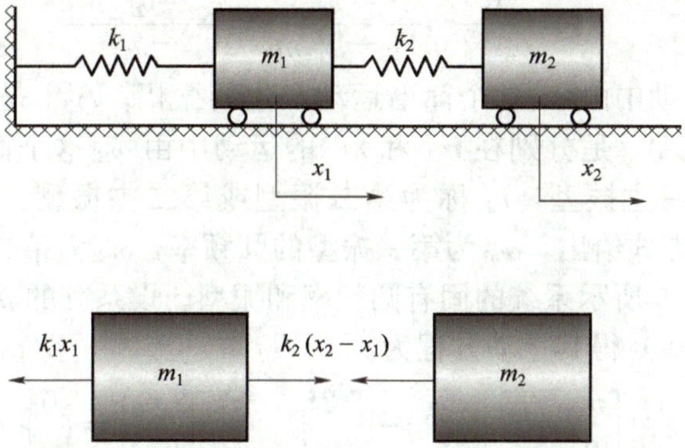

图 3-5　无阻尼二自由度振动系统

$$\begin{bmatrix} k_{11} & k_{12} \\ k_{21} & k_{22} \end{bmatrix}\begin{Bmatrix} A_1 \\ A_2 \end{Bmatrix}-\omega_n^2\begin{bmatrix} m_1 & 0 \\ 0 & m_2 \end{bmatrix}\begin{Bmatrix} A_1 \\ A_2 \end{Bmatrix}=\begin{Bmatrix} 0 \\ 0 \end{Bmatrix} \tag{3.11}$$

$$\{[K]-\omega_n^2[M]\}\{A\}=\{0\} \tag{3.12}$$

式中，$\{A\}$为振幅列阵。

将式（3.12）写成展开形式

$$\begin{bmatrix} k_{11}-m_1\omega_n^2 & k_{12} \\ k_{21} & k_{22}-m_2\omega_n^2 \end{bmatrix}\begin{Bmatrix} A_1 \\ A_2 \end{Bmatrix}=\begin{Bmatrix} 0 \\ 0 \end{Bmatrix} \tag{3.13}$$

振幅向量不能全等于零，则式（3.13）成立的条件是振幅向量列阵的系数矩阵行列式应等于零，即

$$\begin{vmatrix} k_{11}-m_1\omega_n^2 & k_{12} \\ k_{21} & k_{22}-m_2\omega_n^2 \end{vmatrix}=0 \tag{3.14}$$

方程（3.14）称为特征方程，展开此行列式得

$$\begin{aligned} &(k_{11}-m_1\omega_n^2)(k_{22}-m_2\omega_n^2)-k_{12}^2=0 \\ &m_1m_2\ (\omega_n^2)^2-(m_1k_{22}+m_2k_{11})\omega_n^2+k_{11}k_{22}-k_{12}^2=0 \end{aligned} \tag{3.15}$$

这个特征方程为 ω_n^2 的二次方程，其根称为系统的特征值，即系统的固有频率的平方。应用代数中的二次公式求解方程（3.15），得

$$\omega_{n1,2}^2=\frac{-b\pm\sqrt{b^2-4ac}}{2a} \tag{3.16}$$

式中，$a=m_1m_2$；$b=-(m_1k_{22}+m_2k_{11})$；$c=k_{11}k_{22}-k_{12}^2=|K|$。

就其物理性质而言，ω_{n1}^2、ω_{n2}^2必定是正的，另外 b^2-4ac 的展开式总是正的，故 ω_{n1}^2、ω_{n2}^2 是两个实数根。现规定：若 $\omega_{n1}<\omega_{n2}$，则 ω_{n1}^2 称为第一阶固有频率，也称基频，ω_{n2}^2 称为第二阶固有频率。显然，二自由度系统共有两个固有频率，且固有频率同样取决于系统本身的物理性质(m_i，k_i，$i=1$，2)。

如果行列式$|K|$不是负的，必然 $0<\sqrt{b^2-4ac}<b$，将 ω_{n1}^2、ω_{n2}^2代入式（3.13），可知：不能求得振幅 A_1 和 A_2 的确定值，但可得对应于 ω_{n1}^2 和 ω_{n2}^2 的两个振幅的比值，称为振幅比。振幅比决定了振动的振型。振幅比的表达式如下：

$$r_1=\frac{A_1^{(1)}}{A_2^{(1)}}=\frac{-k_{12}}{k_{11}-\omega_{n1}^2m_1}=\frac{k_{22}-\omega_{n1}^2m_2}{-k_{21}} \tag{3.17a}$$

$$r_2=\frac{A_1^{(2)}}{A_2^{(2)}}=\frac{-k_{12}}{k_{11}-\omega_{n2}^2 m_1}=\frac{k_{22}-\omega_{n2}^2 m_2}{-k_{21}} \tag{3.17b}$$

式中，$A_1^{(1)}$ 是 m_1 的运动中由 ω_{n1} 这个简谐运动产生的振幅；$A_2^{(1)}$ 是 m_2 的运动中由 ω_{n1} 产生的振幅；同样 $A_1^{(2)}$ 和 $A_2^{(2)}$ 是分别在 m_1 和 m_2 的运动中由 ω_{n2} 这个简谐运动产生的振幅。r_1 称为第一振型或称第一主振型，r_2 称为第二振型或第二主振型。系统的固有圆频率由式（3.16）按 $\omega_{n1}\ll\omega_{n2}$ 的方式给出，ω_{n1} 为第一振型的圆频率，ω_{n2} 为第二振型的圆频率。

例 3－2 求图 3－6 所示系统的固有圆频率和振型。设系统的 $m_1=m_2=m$，$k_1=k_2=k$。

解 由方程（3.10）得其运动方程为

$$\begin{bmatrix} m & 0 \\ 0 & m \end{bmatrix}\begin{Bmatrix} \ddot{x}_1 \\ \ddot{x}_2 \end{Bmatrix}+\begin{bmatrix} 2k & -k \\ -k & k \end{bmatrix}\begin{Bmatrix} x_1 \\ x_2 \end{Bmatrix}=\begin{Bmatrix} 0 \\ 0 \end{Bmatrix}$$

即 $k_{11}=2k$，$k_{12}=k_{21}=-k$，$k_{22}=k$，$a=m^2$，$b=-3mk$，$c=k^2$。

应用式（3.16）可求得

$$\omega_{n1}^2=\frac{3mk-\sqrt{9m^2k^2-4m^2k^2}}{2m^2}=0.382\frac{k}{m}$$

$$\omega_{n2}^2=\frac{3mk+\sqrt{9m^2k^2-4m^2k^2}}{2m^2}=2.618\frac{k}{m}$$

将 ω_{n1}^2 和 ω_{n2}^2 分别代入式（3.17a）和式（3.17b），即得第一、二阶振型。

第一振型：

$$r_1=\frac{A_1^{(1)}}{A_2^{(1)}}=\frac{2}{1+\sqrt{5}}=\frac{-1+\sqrt{5}}{2}=0.618$$

第二振型：

$$r_2=\frac{A_1^{(2)}}{A_2^{(2)}}=\frac{2}{1-\sqrt{5}}=\frac{-1-\sqrt{5}}{2}=-1.618$$

图 3－6（a）表示两个质量按 ω_{n1} 振动的振型图，两个质量块同向运动；图 3－6（b）表示两个质量按 ω_{n2} 振动的振型图，两个质量按反向运动。上述两种振型中的振幅都是以第二个质量的运动为参照。

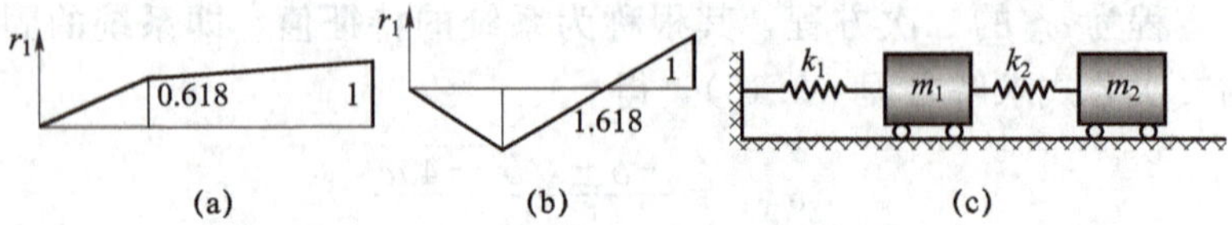

图 3－6 无阻尼二自由度系统

（a）第一振型；（b）第二振型；（c）无阻尼二自由度系统

从振型图中可见，系统具有两种可能的同步运动，每一同步运动对应一个固有频率，系统在一般情况下的运动则是两种同步运动的叠加，即

$$\begin{cases} x_1=A_1^{(1)}\sin(\omega_{n1}t+\varphi_1)+A_1^{(2)}\sin(\omega_{n2}t+\varphi_2) \\ x_2=A_2^{(1)}\sin(\omega_{n1}t+\varphi_1)+A_2^{(2)}\sin(\omega_{n2}t+\varphi_2) \end{cases}$$

或

$$\begin{cases} x_1=r_1A_2^{(1)}\sin(\omega_{n1}t+\varphi_1)+r_2A_2^{(2)}\sin(\omega_{n2}t+\varphi_2) \\ x_2=A_2^{(1)}\sin(\omega_{n1}t+\varphi_1)+A_2^{(2)}\sin(\omega_{n2}t+\varphi_2) \end{cases}$$

或写成矩阵形式

$$\begin{Bmatrix} x_1 \\ x_2 \end{Bmatrix}=\begin{bmatrix} r_1 & r_2 \\ 1 & 1 \end{bmatrix}\begin{Bmatrix} A_2^{(1)}\sin\ (\omega_{n1}t+\varphi_1) \\ A_2^{(2)}\sin\ (\omega_{n2}t+\varphi_2) \end{Bmatrix} \tag{3.18}$$

式中，$\begin{bmatrix} r_1 & r_2 \\ 1 & 1 \end{bmatrix}$称为振型矩阵，展开式（3.17），得

$$\begin{cases} x_1=r_1(c_1\cos\omega_{n1}t+c_2\sin\omega_{n1}t)+r_2(c_3\cos\omega_{n2}t+c_4\sin\omega_{n2}t) \\ x_2=c_1\cos\omega_{n1}t+c_2\sin\omega_{n1}t+c_3\cos\omega_{n2}t+c_4\sin\omega_{n2}t \end{cases} \tag{3.19}$$

式中，c_1、c_2、c_3 及 c_4 为常量，决定于两个坐标的初始位移和初始速度。设 $t=0$ 时，$x_1=x_{10}$，$x_2=x_{20}$，$\dot{x}_1=\dot{x}_{10}$，$\dot{x}_2=\dot{x}_{20}$，则由式（3.19）可求得

$$c_1=\frac{x_{10}-r_2x_{20}}{r_1-r_2},\quad c_2=\frac{\dot{x}_{10}-r_2\dot{x}_{30}}{\omega_{n1}(r_1-r_2)}$$

$$c_3=\frac{r_1x_{20}-x_{10}}{r_1-r_2},\quad c_4=\frac{r_1\dot{x}_{20}-\dot{x}_{10}}{\omega_{n2}(r_1-r_2)} \tag{3.20}$$

将 c_1、c_2、c_3 及 c_4 代入式（3.18）中，即得双质量弹簧系统在上述初始干扰下的响应。归纳起来，固有振型按（a）式和（b）式的形式假设，可使齐次微分方程（3.10）变换为一个代数方程组（3.12），令振幅系数矩阵的行列式等于零，就可得到特征方程并求出固有频率与振型，最后利用初始条件求出 4 个常数，则系统的总响应就确定了。

例 3-3　设例 3-1 系统的初始条件为 $t=0$ 时，$x_{10}=x_{20}=1$，$\dot{x}_{10}=\dot{x}_{20}=0$，求该系统在初始条件下的响应。

解　已求得该系统的固有频率为

$$\omega_{n1}^2=0.382\frac{k}{m},\quad \omega_{n2}^2=2.618\frac{k}{m}$$

第一、二阶振型分别为

$$r_1=0.618,\quad r_2=-1.618$$

由式（3.19）求得

$$c_1=1.171,\quad c_2=0,\quad c_3=-0.171,\quad c_4=0$$

将求得的常数代入式（3.11），得系统的响应为

$$x_1=r_1c_1\cos\omega_{n1}t+r_2c_3\cos\omega_{n2}t=0.724\cos\omega_{n1}t+0.277\cos\omega_{n2}t$$

$$x_2=c_1\cos\omega_{n1}t+c_3\cos\omega_{n2}t=1.171\cos\omega_{n1}t-0.171\cos\omega_{n2}t$$

在此情况下，系统的响应只有余弦项，如果初始位移为零，而初始速度为非零，则在响应中只出现正弦项，这和单自由度系统的响应是一致的，在这里两个频率对响应都有贡献。如果初始位移之比恰与第一振型的振幅比相等（$\frac{x_{10}}{x_{20}}=r_1$），且 $\dot{x}_{10}=\dot{x}_{20}=0$，则其响应为

$$x_1=x_{10}\cos\omega_{n1}t,\quad x_2=x_{20}\cos\omega_{n1}t$$

即系统的响应只由第一振型组成，只有第一固有频率对响应有贡献。

3.2.2　与自由振动有关的几种现象

图 3-7 所示为用弹簧连接的一对单摆，对于这个系统的自由振动，其运动方程用矩阵形式表示为

$$\begin{bmatrix} mL^2 & 0 \\ 0 & mL^2 \end{bmatrix}\begin{Bmatrix} \ddot{\varphi}_1 \\ \ddot{\varphi}_2 \end{Bmatrix}+\begin{bmatrix} kh^2+mgh & -kh^2 \\ -kh^2 & kh^2+mgh \end{bmatrix}\begin{Bmatrix} \varphi_1 \\ \varphi_2 \end{Bmatrix}=\begin{Bmatrix} 0 \\ 0 \end{Bmatrix} \tag{3.21}$$

质量矩阵中各项为

$$m_{11}=m_{22}=mL^2$$

刚度矩阵包括重力影响系数的各项为

$$K_{11}=K_{22}=kh^2+mgL，K_{12}=K_{21}=-kh^2$$

将上述各项代入式（3.16），求得固有频率为 $\omega_{n1}=\sqrt{\dfrac{g}{L}}$，$\omega_{n2}=\sqrt{\dfrac{g}{L}+\dfrac{2kh^2}{mL^2}}$。从式（3.17）求出两个主振型为 $r_1=1$，$r_2=-1$。

这两种振型如图 3-8 所示，图中的振幅是以右边的摆为参照点。在第一振型中，摆以相同的方向和相同的振幅摆动，弹簧无变形。在第二振型中，它们以相反方向和相等的振幅摆动，弹簧周期性地伸长和压缩。

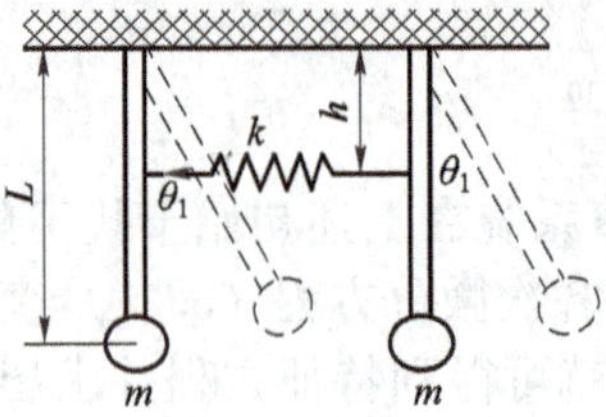

图 3-7　弹簧连接的一对单摆

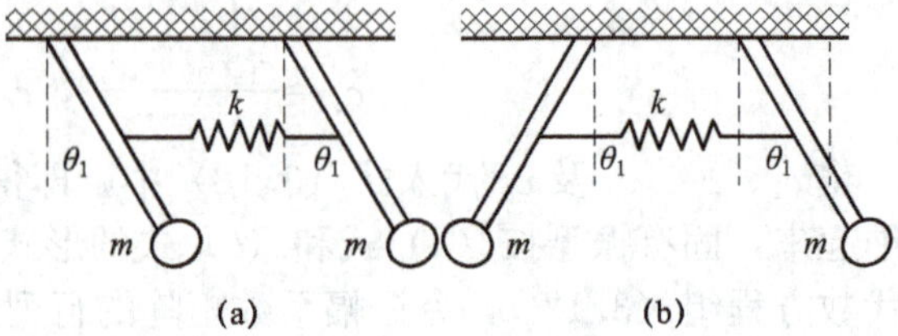

图 3-8　弹簧连接的单摆振动图

（a）第一振型；（b）第二振型

如果用弹簧连接的摆不受重力场作用，则两个固有频率分别为

$$\omega_{n1}=0，\omega_{n2}=\frac{h}{L}\sqrt{\frac{2k}{m}}，$$

由此可见，由刚体运动组成该系统的第一振型，这种刚体振型固有频率为零，其周期为无穷大。仅有正根的特征方程，称为正定的。若其中有一个或多个零根，则称为半正定的。故具有一个或多个刚体振型的振动系统，有时称为半正定系统。但如果连接两个摆的弹簧有很小的刚度，则该系统的两部分是联系的。在此情况下，第二振型的频率，假如有如下的初始条件：当 $t=0$ 时，$\varphi_{10}=\varphi_0$，$\varphi_{20}=0$，$\dot{\varphi}_{10}=\dot{\varphi}_{20}=0$，则可应用式（3.20）算出

$$c_1=-c_3=\frac{\varphi_0}{2}，c_2=c_4=0$$

并从式（3.19）求出在此初始条件下的响应

$$\left.\begin{aligned}\varphi_1&=\frac{\varphi_0}{2}(\cos\omega_{n1}t+\cos\omega_{n2}t)\\ \varphi_2&=\frac{\varphi_0}{2}(\cos\omega_{n1}t+\cos\omega_{n2}t)\end{aligned}\right\}$$

上式还可以写成

$$\left.\begin{aligned}\varphi_1&=\varphi_0\cos\frac{\omega_{n2}-\omega_{n1}}{2}t\cos\frac{\varphi_{n2}+\omega_{n1}}{2}t\\ \varphi_2&=\varphi_0\sin\frac{\omega_{n2}-\omega_{n1}}{2}t\sin\frac{\varphi_{n2}+\omega_{n1}}{2}t\end{aligned}\right\}$$

因为连接两摆的弹簧刚度 k 很小，因此两个固有频率很接近，可令 $\omega_{n2}-\omega_{n1}=\Delta\omega$，$\omega_{n2}+\omega_{n1}=\omega_a$，则上式可写成

$$\left.\begin{aligned}\varphi_1 &= \omega_0 \cos \frac{\Delta\omega}{2} t \cos \frac{\omega_a}{2} t \\ \varphi_2 &= \omega_0 \sin \frac{\Delta\omega}{2} t \sin \frac{\omega_a}{2} t\end{aligned}\right\}$$

上式说明，φ_1 是频率分别为 $\Delta\omega$ 和 ω_a 的两个余弦波的乘积。因为 $\Delta\omega$ 远小于 ω_a，故可以把 φ_1 看作是频率为$\frac{\omega_a}{2}$、振幅为 $\omega_0 \cos \frac{\Delta\omega}{2} t$ 缓慢变化的余弦波被频率为$\frac{\Delta\omega}{2}$ 的余弦波所调制；φ_2 的运动也类似，不过是频率为$\frac{\omega_a}{2}$的正弦波被频率为$\frac{\Delta\omega}{2}$的正弦波所调制。φ_1 和 φ_2 的波形如图 3-9 所示。由图可见，从 $t=0$ 开始，首先左侧摆的摆角从最大幅值逐渐减少至零，而右侧摆的摆角则从平衡位置开始逐渐增大至最大值。然后开始相反的运动，并不断地重复，能量在两个摆之间传递。系统如无阻尼，则守恒系统的这种能量传递可以一直继续下去，这种现象称为“拍”，$\Delta\omega$ 称为拍频。拍的周期为 $T=\frac{2\pi}{\Delta\omega}=\frac{2\pi m\sqrt{gL^3}}{kh^2}$。

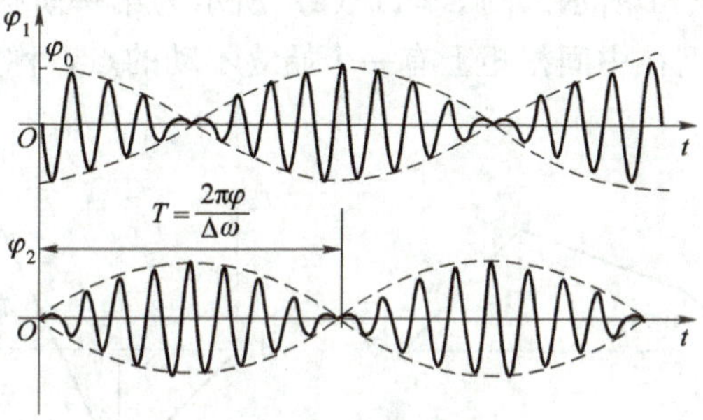

图 3-9　拍现象

可见，中间连接的弹簧的刚度越小，则周期就越长。

拍是一种比较普遍的现象。凡是由两个频率相近的简谐振动合成的振动，都可能产生拍现象。

例 3-4　在图 3-10 所示的二自由度扭转系统扭轴系统中，假设其轴的每一部分具有相同的扭转刚度 k，且 $J_2=2J_1$，如果整个系统以等角速度旋转，试确定，当轴突然从两端卡住后的自由振动响应。

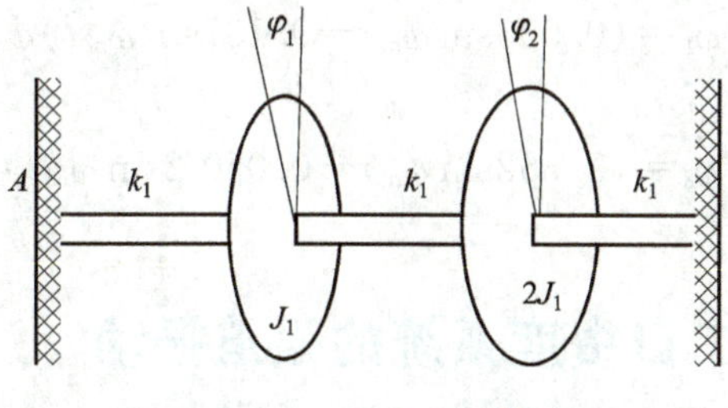

图 3-10　二自由度扭转系统

解　可知，$m_1=J_1$，$m_2=2J_1$，$K_{11}=K_{22}=2K_1$，$K_{12}=K_{21}=-k_1$，$K_{12}=K_{21}=-k_1$，将这些值代入运动方程中，得系统的运动方程为

$$\begin{bmatrix} J_1 & 0 \\ 0 & 2J_1 \end{bmatrix}\begin{Bmatrix} \ddot{\varphi}_1 \\ \ddot{\varphi}_2 \end{Bmatrix}+\begin{bmatrix} 2k_1 & -k_1 \\ -k_1 & 2k_1 \end{bmatrix}\begin{Bmatrix} \varphi_1 \\ \varphi_2 \end{Bmatrix}=\begin{Bmatrix} 0 \\ 0 \end{Bmatrix}$$

由式（3.9）求得其固有频率为

$$\omega_{n1}^2=\frac{(3-\sqrt{3}k_1)}{2J_1}=0.634\frac{k_1}{J_1}$$

$$\omega_{n2}^2=\frac{(3+\sqrt{3}k_1)}{2J_1}=2.366\frac{k_1}{J_1}$$

由式（3.17）求得两振型分别为

$$r_1=\frac{2}{1+\sqrt{3}}=0.732$$

$$r_2=\frac{2}{1-\sqrt{3}}=-2.732$$

以横坐标表示扭矩系统各点的静平衡位置，纵坐标表示轴上各点的振型（振幅比），可作出主振型图，如图 3-11 所示。图 3-11（a）所示为第一阶振型，图 3-11（b）所示为第二阶振型。第二阶振型在中间扭矩上有一个始终不动的点，称为节点。振型中的节点数为阶数减一。

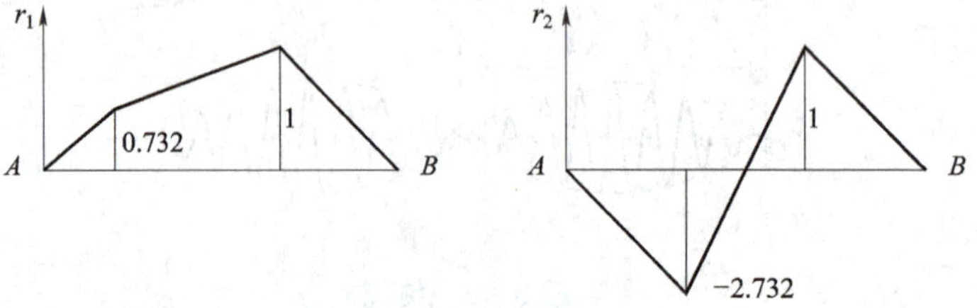

图 3-11　扭轴的振动形态

（a）第一阶振型；（b）第二阶振型

根据题意，$t=0$ 时，$\varphi_{10}=\varphi_{20}=0$，$\dot{\varphi}_{10}=\dot{\varphi}_{20}=\dot{\varphi}_0$，由式（3.19）求得

$$c_1=c_3=0,\ c_2=1.352\varphi_0\sqrt{\frac{J_1}{k_1}},\ c_4=-0.050\,2\varphi_0\sqrt{\frac{J_1}{k_1}}$$

将求得的 r_1、r_2、c_2 和 c_4 代入式（3.19），得系统在所得初始条件下自由振动的响应为

$$\varphi_1=(0.990\sin\omega_{n1}t-0.137\sin\omega_{n2}t)\dot{\varphi}_0\sqrt{\frac{J_1}{k_1}}$$

$$\varphi_2=(1.352\sin\omega_{n1}t-0.050\,2\sin\omega_{n2}t)\dot{\varphi}_0\sqrt{\frac{J_1}{k_1}}$$

3.2.3　无阻尼二自由度系统的强迫振动

图 3-12 所示为无阻尼二自由度强迫振动系统的力学模型，质量 m_1 上作用有激振力 $F_1\sin\omega t$，质量 m_2 上作用有激振力 $F_2\sin\omega t$，根据牛顿第二定律，其运动方程为

$$\begin{bmatrix} m_1 & 0 \\ 0 & m_2 \end{bmatrix}\begin{Bmatrix} \ddot{x}_1 \\ \ddot{x}_2 \end{Bmatrix}+\begin{bmatrix} k_{11} & k_{12} \\ k_{21} & k_{22} \end{bmatrix}\begin{Bmatrix} x_1 \\ x_2 \end{Bmatrix}=\begin{Bmatrix} F_1 \\ F_2 \end{Bmatrix}\sin \omega t \tag{3.22}$$

写成简洁的形式为

$$[M]\{\ddot{x}\}+[K]\{x\}=\{F\}\sin \omega t \tag{3.23}$$

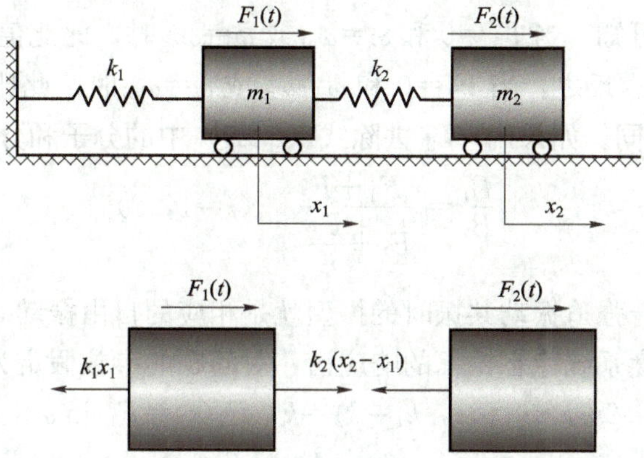

图 3-12 无阻尼二自由度强迫振动系统的力学模型

式（3.23）的解由齐次方程的通解（自由振动，见式（3.18））与非齐次方程的特解（即稳态振动）叠加而成。系统稳态振动的频率与激振频率 ω 相同，特解可取为

$$x_1=B_1\sin \omega t,\quad x_2=B_2\sin \omega t$$

或简写为

$$\{x\}=\{B\}\sin \omega t$$

式中，B_1，B_2 为稳态振动振幅。将所设解代入式（3.21），并消去 $\sin \omega t$，得到下列代数方程

$$\begin{bmatrix} k_{11}-\omega^2 m_1 & k_{12} \\ k_{21} & k_{22}-\omega^2 m_2 \end{bmatrix}\begin{bmatrix} B_1 \\ B_2 \end{bmatrix}=\begin{Bmatrix} F_1 \\ F_2 \end{Bmatrix} \tag{3.24}$$

振幅表达式为

$$\begin{bmatrix} B_1 \\ B_2 \end{bmatrix}=\begin{bmatrix} k_{11}-\omega^2 m_1 & k_{12} \\ k_{21} & k_{22}-\omega^2 m_2 \end{bmatrix}^{-1}\begin{Bmatrix} F_1 \\ F_2 \end{Bmatrix}$$

简写为

$$\{B\}=[Z]^{-1}\{F\} \tag{3.25}$$

位移响应为

$$\{x\}=[Z]^{-1}\{F\}\sin \omega t \tag{3.26}$$

由式（3.25）解得

$$B_1=\frac{(k_{22}-\omega^2 m_2)F_1-k_{12}F_2}{(k_{11}-\omega^2 m_1)(k_{22}-\omega^2 m_2)-k_{12}k_{21}}$$

$$B_2=\frac{(k_{11}-\omega^2 m_1)F_2-k_{21}F_1}{(k_{11}-\omega^2 m_1)(k_{22}-\omega^2 m_2)-k_{12}k_{21}} \tag{3.27}$$

式（3.27）还可以写成如下形式

$$B_1=\frac{(k_{22}-\omega^2 m_2)F_1-k_{12}F_2}{m_1 m_2(\omega^2-\omega_{n1}^2)(\omega^2-\omega_{n2}^2)}$$

$$B_2=\frac{(k_{11}-\omega^2 m_1)F_2-k_{21}F_1}{m_1 m_2(\omega^2-\omega_{n1}^2)(\omega^2-\omega_{n2}^2)} \tag{3.28}$$

由式（3.28）可知，系统的响应主要和系统的固有频率与激振、频率有关，同时也和激振力的幅值有关。当激振频率 ω 等于系统任一固有频率时，其振幅理论上将为无穷大，即发生共振现象。二自由度系统存在两个共振频率，其振幅比（振型）为

$$\frac{B_1}{B_2}=\frac{(k_{22}-\omega^2 m_2)F_1-k_{12}F_2}{(k_{11}-\omega^2 m_1)F_2-k_{21}F_1} \tag{3.29}$$

分析式（3.29）可知：当 $F_1=0$ 和 $\omega=\omega_{n1}$ 或 $\omega=\omega_{n2}$ 时，此比值与式（3.17）所给的 r_1 或 r_2 第一种形式相同。反之，当 $F_2=0$ 和 $\omega=\omega_{n1}$ 或 $\omega=\omega_{n2}$ 时，此比值与式（3.17）所给的 r_1 或 r_2 第二种形式相同。如果用 $-k_{21}$ 去除式（3.29）中的分子和分母，可得

$$\frac{B_1}{B_2}=\frac{r_iF_1+F_2}{F_1+\dfrac{F_2}{r_i}} \quad (i=1,\ 2) \tag{3.30}$$

式（3.30）意味着强迫振动共振时的振型就是相应的自由振动时的主振型。

为了作出二自由度系统稳态振幅的响应谱，对问题的参数假定为具体值，设图 3-12 所示系统的参数为：$m_1=2m$，$m_2=m$，$k_1=k_2=k$，$F_1(t)=F_1\sin\omega t$，$F_2(t)=0$，并引进符号

$$\omega_0^2=\frac{k_1}{m_1}=\frac{k}{2m}$$

用式（3.16）求算以 ω_0^2 表达的固有频率，得

$$\omega_{n1}^2=0.586\omega_0^2,\quad \omega_{n2}^2=3.414\omega_0^2$$

式（3.26）中 $[Z]^{-1}$ 以 ω_0^2 表达时为

$$[Z]^{-1}=\frac{k}{k^2\left[2\left(1-\dfrac{\omega^2}{2\omega_0^2}\right)-1\right]}\begin{Bmatrix}1-\dfrac{\omega^2}{2\omega_0^2} & 1\\ 1 & 2\left(1-\dfrac{\omega^2}{2\omega_0^2}\right)\end{Bmatrix}$$

在此情况下，$[Z]^{-1}$ 中所有各项的单位均为 $\dfrac{1}{k}$，现令 $\beta=k\,[Z]^{-1}$，则 $[\beta]$ 中各元素均为量纲为 1 的量，所讨论系统的响应由式（3.16）给出

$$\{x\}=[Z]^{-1}\{F\}\sin\omega t=[\beta]\left\{\frac{F_1}{k}\right\}\sin\omega t$$

式中，$[\beta]$ 矩阵为放大因子矩阵。由式（3.27）得：当 $F_1(t)=F_1\sin\omega t$，$F_2(t)=0$ 时，强迫振动的振幅分别为

$$B_{11}=\frac{1-\dfrac{\omega^2}{2\omega_0^2}}{2\left(1-\dfrac{\omega^2}{2\omega_0^2}\right)^2-1}\cdot\frac{F_1}{k}$$

$$B_{21}=\frac{1}{2\left(1-\dfrac{\omega^2}{2\omega_0^2}\right)^2-1}\cdot\frac{F_1}{k}$$

其放大因子分别为

$$\beta_{11}=\frac{1-\dfrac{\omega^2}{2\omega_0^2}}{2\left(1-\dfrac{\omega^2}{2\omega_0^2}\right)^2-1},\quad \beta_{21}=\frac{1}{2\left(1-\dfrac{\omega^2}{2\omega_0^2}\right)^2-1}$$

图 3-13 所示为二自由度无阻尼系统幅频特征曲线，其纵坐标值为 β_{11}、β_{21}，横坐标值为 $\frac{\omega}{\omega_0}$。

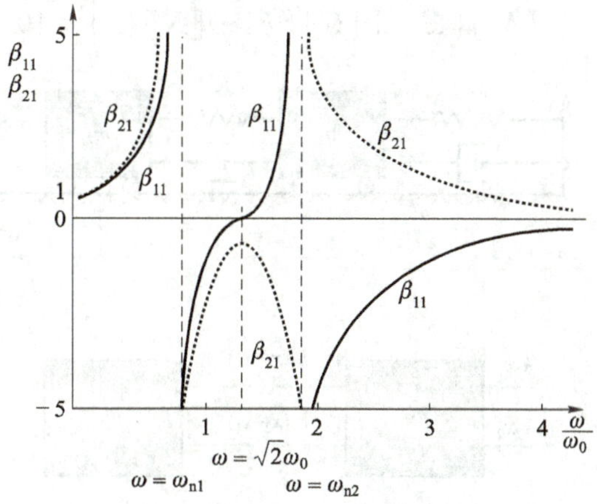

图 3-13　二自由度无阻尼系统幅频特征曲线

由图 3-13 可见：

(1) 当 $\omega=0$ 时，这两个放大因子都等于 1；当 ω 逐渐增大时，这两个放大因子 β_{11}、β_{21} 都是正的，表明两质量块的运动与激振力 $F_1(t)=F_1\sin\omega t$ 是同相位振动。

(2) 当 ω 接近第一固有频率 ω_{n1} 时，两个放大因子趋于无穷大，产生第一次共振。

(3) 当 ω 稍大于 ω_{n1} 时，两个放大因子都是负的，表明质量块运动与激振力不同相，但是两质量块的运动彼此是同相的。将 ω 进一步增大，两个放大因子的绝对值都逐渐减小。

(4) 直到 ω 增加到 $\omega=\sqrt{2}\omega_0$ 时，$\beta_{11}=0$，$\beta_{21}=-1$。即当 $\omega=\sqrt{\frac{k_2}{m_2}}$ 时，第一个质量块是停住的，这一现象称为反共振现象。

(5) 当 $\omega>\sqrt{2}\omega_0$ 时，β_{11} 是正的，而 β_{21} 仍为负，这意味着两个质量块的运动彼此不同相，但第一质量块的运动与激振力是同相的。当 $\omega=\omega_{n2}$ 时，系统产生第二次共振，两个放大因子第二次成为无穷大。

(6) 当 ω 远超过 ω_{n2} 时，两质量块的运动趋于零。

3.3　阻尼二自由度系统的振动

3.3.1　具有黏性阻尼二自由度系统的自由振动

图 3-14 所示为有阻尼二自由度自由振动系统。根据分离体的受力情况，对每一分离体应用牛顿运动定律，可得系统的运动方程为

$$m_1\ddot{x}_1+(c_1+c_2)\dot{x}-c_2\dot{x}_2+(k_1+k_2)x_1-k_2x_2=0$$

$$m_2\ddot{x}_2-c_2\dot{x}_1+c_2\dot{x}_2-k_2x_1+k_2x_2=0 \tag{3.31}$$

由于该齐次方程出现了阻尼，所以方程的解要复杂得多，可写成矩阵形式

$$[M]\{\ddot{x}\}+[C]\{\dot{x}\}+[K]\{x\}=\{0\} \tag{3.32}$$

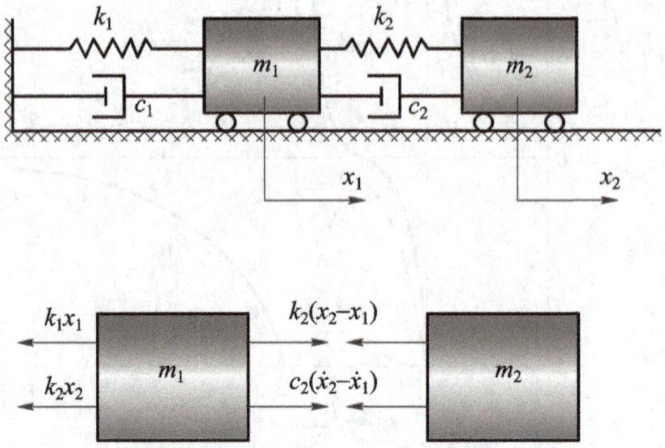

图 3-14　有阻尼二自由度自由振动系统

式中

$$[M]=\begin{bmatrix} m_{11} & 0 \\ 0 & m_{22} \end{bmatrix}=\begin{bmatrix} m_1 & 0 \\ 0 & m_2 \end{bmatrix}$$

$$[C]=\begin{bmatrix} c_{11} & c_{12} \\ c_{21} & c_{22} \end{bmatrix}=\begin{bmatrix} c_1+c_2 & -c_2 \\ -c_2 & c_2 \end{bmatrix}$$

$$[K]=\begin{bmatrix} k_{11} & k_{12} \\ k_{21} & k_{22} \end{bmatrix}=\begin{bmatrix} k_1+k_2 & -k_2 \\ -k_2 & k_2 \end{bmatrix}$$

该方程的解应有以下形式

$$\begin{cases} x_1=A_1\mathrm{e}^{st} \\ x_2=A_2\mathrm{e}^{st} \end{cases}$$

代入方程（3.32）得：

$$\begin{bmatrix} m_{11}s^2+c_{11}s+k_{11} & c_{12}s+k_{12} \\ c_{21}s+k_{21} & m_{22}s^2+c_{22}s+k_{22} \end{bmatrix}\begin{Bmatrix} A_1 \\ A_2 \end{Bmatrix}=\begin{Bmatrix} 0 \\ 0 \end{Bmatrix} \tag{3.33}$$

为使 A_1 和 A_2 不为零，系数行列式必为零，即可得特征方程

$$(m_{11}s^2+c_{11}s+k_{11})(m_{22}s^2+c_{22}s+k_{22})-(c_{12}s+k_{12})(c_{21}s+k_{21})=0$$

当阻尼较小时，系统做自由衰减振动，方程有以下共轭复数根

$$s_{11}=-n_1+\mathrm{i}\omega_{n1},\quad s_{12}=-n_1-\mathrm{i}\omega_{n1}$$

$$s_{21}=-n_2+\mathrm{i}\omega_{n2},\quad s_{22}=-n_2-\mathrm{i}\omega_{n2} \tag{3.34}$$

式中，n_1，n_2 为衰减系数；ω_{n1}，ω_{n2} 为有阻尼时的固有频率。

通过式（3.33）可求得振幅比。

$$r_{11}=\frac{A_1^{(11)}}{A_2^{(11)}}=\frac{-c_{12}s_{11}-k_{12}}{m_{11}s_{11}^2+c_{11}s_{11}+k_{11}}=\frac{m_{22}s_{11}^2+c_{22}s_{11}+k_{22}}{-c_{21}s_{11}-k_{21}}$$

$$r_{12}=\frac{A_1^{(12)}}{A_2^{(12)}}=\frac{-c_{12}s_{12}-k_{12}}{m_{11}s_{12}^2+c_{11}s_{12}+k_{11}}=\frac{m_{22}s_{12}^2+c_{22}s_{12}+k_{22}}{-c_{21}s_{12}-k_{21}}$$

$$r_{21}=\frac{A_1^{(21)}}{A_2^{(21)}}=\frac{-c_{12}s_{21}-k_{12}}{m_{11}s_{21}^2+c_{11}s_{21}+k_{11}}=\frac{m_{22}s_{21}^2+c_{22}s_{21}+k_{22}}{-c_{21}s_{21}-k_{21}}$$

$$r_{22}=\frac{A_1^{(22)}}{A_2^{(22)}}=\frac{-c_{12}s_{22}-k_{12}}{m_{11}s_{22}^2+c_{11}s_{22}+k_{11}}=\frac{m_{22}s_{22}^2+c_{22}s_{22}+k_{22}}{-c_{21}s_{22}-k_{21}}$$

可得方程（3.32）的解为

$$\left.\begin{aligned}x_1&=r_{11}A_2^{(11)}e_t^{s_{11}}+r_{12}A_2^{(12)}e_t^{s_{12}}+r_{21}A_2^{(21)}e_t^{s_{21}}+r_{22}A_2^{(22)}e_t^{s_{22}}\\x_2&=A_2^{(11)}e_t^{s_{11}}+A_2^{(12)}e_t^{s_{12}}+A_2^{(21)}e_t^{s_{21}}+A_2^{(22)}e_t^{s_{22}}\end{aligned}\right\}\tag{3.35}$$

将式（3.34）代入式（3.35），得到以下数学关系式

$$e^{i\omega_{d1}t}=\cos\omega_{n1}t+i\sin\omega_{n1}t$$

$$e^{-i\omega_{d1}t}=\cos\ \omega_{n1}t-i\sin\omega_{n1}t$$

$$e^{i\omega_{d2}t}=\cos\omega_{n2}t+i\sin\omega_{n2}t$$

$$e^{-i\omega_{d2}t}=\cos\omega_{n2}t-i\sin\omega_{n2}t$$

方程的解可改写为如下形式

$$\left.\begin{aligned}x_1=&e^{-n_1t}(r_1D_1\cos\omega_{n1}t+r'_1D_2\sin\omega_{n1}t)+\\&e^{-n_{21}t}(r_2D_3\cos\omega_{n2}t+r'_2D_4\sin\omega_{n2}t)\\x_2=&e^{-n_1t}(D_1\cos\omega_{n1}t+D_2\sin\omega_{n1}t)+\\&e^{-n_{21}t}(D_3\cos\omega_{n2}t+D_4\sin\omega_{n2}t)\end{aligned}\right\}\tag{3.36}$$

在有阻尼情况下，振幅 $e^{-n_1t}<e^{-n_2t}$ 随时间而衰减，最终消失。当阻尼很小时，有阻尼的衰减振动圆频率 ω_{d1}、ω_{d2} 与无阻尼固有频率 ω_{n1}、ω_{n2} 近似相等，振幅比 r_1 与 r'_1，r_2 与 r'_2 也近似相等，方程的解可写成

$$\left.\begin{aligned}x_1\approx&r_1e^{-n_1t}(D_1\cos\omega_{n1}t+D_2\sin\omega_{n1}t)+\\&r_2e^{-n_{21}t}(D_3\cos\omega_{n2}t+D_4\sin\omega_{n2}t)\\x_2\approx&e^{-n_1t}(D_1\cos\omega_{n1}t+D_2\sin\omega_{n1}t)+\\&e^{-n_{21}t}(D_3\cos\omega_{n2}t+D_4\sin\omega_{n2}t)\end{aligned}\right\}\tag{3.37}$$

当阻尼很大时，特征方程的根全为负的实数根，其解不是周期性振动，很快就衰减为零。

3.3.2　有阻尼二自由度系统的强迫振动

为了讨论方便，只假设在 m_1 上作一简谐激振力 $F(t)=F_1\sin\omega t$，如图 3-15 所示。可得系统的运动方程为

$$\left.\begin{aligned}&m_1\ddot{x}_1+(c_1+c_2)\dot{x}_1-c_2\dot{x}_2+(k_1+k_2)x_1-k_2x_2=F_1\sin\omega t\\&m_2\ddot{x}_2-c_2x_1+c_2x_2-k_2x_1+k_2x_2=0\end{aligned}\right\}\tag{3.38}$$

写为矩阵形式

$$[M]\{\ddot{x}\}+[C]\{\dot{x}\}+[K]\{x\}=\{F\}$$

该方程的全解应包括自由衰减振动和强迫振动两部分。自由振动部分与上一节完全相

同，故这里只讨论稳态振动。如单自由度系统所述的一样，系统的稳态响应一定是与激振同频率的，但由于系统存在阻尼，使响应和激振之间落后一相角差，现设其稳态解为

$$x_1 = B_{1e}\cos\omega t + B_{1s}\sin\omega t$$
$$x_2 = B_{2e}\cos\omega t + B_{2s}\sin\omega t \tag{3.39}$$

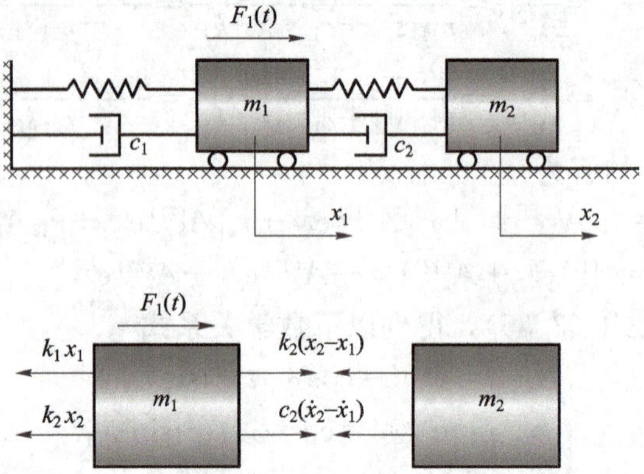

图 3 - 15　有阻尼二自由度系统的强迫振动

它们的一阶、二阶导数分别为

$$\dot{x}_1 = -B_{1e}\omega\sin\omega t + B_{1s}\omega\cos\omega t$$
$$\dot{x}_2 = -B_{2e}\omega\sin\omega t + B_{2s}\omega\cos\omega t$$
$$\ddot{x}_1 = -B_{1e}\omega^2\cos\omega t - B_{1s}\omega^2\sin\omega t$$
$$\ddot{x}_2 = -B_{1e}\omega^2\cos\omega t - B_{1s}\omega^2\sin\omega t$$

将 x_1、x_2 及它们的一阶、二阶导数代入运动微分方程，经简化后可得

$$[(k_{11}-m_{11}\omega^2)B_{1e}+k_{12}B_{2e}+c_{11}\omega B_{1s}+c_{12}\omega B_{2s}]\cos\omega t +$$
$$[(k_{11}-m_{11}\omega^2)B_{1s}+k_{12}B_{2s}-c_{11}\omega B_{1e}-c_{12}\omega B_{2s}]\sin\omega t = F\sin\omega t$$
$$[(k_{22}-m_{22}\omega^2)B_{2e}+k_{12}B_{1e}+c_{12}\omega B_{1s}+c_{22}\omega B_{2s}]\cos\omega t +$$
$$[(k_{22}-m_{22}\omega^2)B_{2s}+k_{12}B_{1s}-c_{12}\omega B_{1e}-c_{22}\omega B_{2s}]\sin\omega t = 0 \tag{3.40}$$

为使式（3.40）恒等，三角函数的系数必为零，可得以下方程

$$(k_{11}-m_{11}\omega^2)B_{1e}+k_{12}B_{2e}+c_{11}\omega B_{1s}+c_{12}\omega B_{2s}=0$$
$$(k_{11}-m_{11}\omega^2)B_{1s}+k_{12}B_{2s}-c_{11}\omega B_{1e}-c_{12}\omega B_{2s}=F_1$$
$$(k_{22}-m_{22}\omega^2)B_{2e}+k_{12}B_{1e}+c_{12}\omega B_{1s}+c_{22}\omega B_{2s}=0$$
$$(k_{22}-m_{22}\omega^2)B_{2s}+k_{12}B_{1s}-c_{12}\omega B_{1e}-c_{22}\omega B_{2s}=0 \tag{3.41}$$

根据上述 4 个方程组成的方程组，可解出 4 个未知数 B_{1e}、B_{1s}、B_{2e}和 B_{2s}（但过程较复杂）。这时振动位移可表示为

$$x_1 = B_1\sin(\omega t-\varphi_1)$$
$$x_2 = B_2\sin(\omega t-\varphi_2)$$
$$B_1=\sqrt{B_{1e}^2+B_{1s}^2},\quad B_2=\sqrt{B_{2e}^2+B_{2s}^2} \tag{3.42}$$

式中，$\varphi_1=\arctan\dfrac{-B_{1e}}{B_{1s}}$，$\varphi_2=\arctan\dfrac{-B_{2e}}{B_{2s}}$

这样，理论上有阻尼二自由度系统稳态振动的振幅和相位是可以求出的。

3.3.3 求强迫振动方程稳态解的复数法

上述求稳态解的一般方法虽然可行，但解四元方程组的过程比较复杂，用复数法求解运动方程较为简单，将原方程写成复数形式

$$\left.\begin{aligned} m_1\ddot{x}_1+(c_1+c_2)\ddot{x}_1-c_2\dot{x}_2+(k_1+k_2)x_1-k_2x_2=F_1\mathrm{e}^{\mathrm{i}\tilde{\omega}t} \\ m_2\ddot{x}_2-c_2\dot{x}_1+c_2\dot{x}_2-k_2x_1+k_2x_2=0 \end{aligned}\right\} \tag{3.43}$$

式中，$\ddot{x}_1$，$\dot{x}_1$，x_1，$\ddot{x}_2$，$\dot{x}_2$，x_2，$F_1\mathrm{e}^{\mathrm{i}\tilde{\omega}t}$ 均为复数。

设方程的稳态解为

$$\begin{aligned} x_1=\overline{B_1}\mathrm{e}^{\mathrm{i}\tilde{\omega}t} \\ x_2=\overline{B_2}\mathrm{e}^{\mathrm{i}\tilde{\omega}t} \end{aligned} \tag{3.44}$$

则其一阶和二阶导数分别为

$$\begin{aligned} \dot{x}_1&=\mathrm{j}\,\overline{B_1}\tilde{\omega}\mathrm{e}^{\mathrm{i}\tilde{\omega}t} \\ \dot{x}_2&=\mathrm{j}\,\overline{B_2}\tilde{\omega}\mathrm{e}^{\mathrm{i}\tilde{\omega}t} \\ \ddot{x}_1&=-\overline{B_1}\tilde{\omega}^2\mathrm{e}^{\mathrm{i}\tilde{\omega}t} \\ \ddot{x}_2&=-\overline{B_2}\tilde{\omega}^2\mathrm{e}^{\mathrm{i}\tilde{\omega}t} \end{aligned}$$

将所设解及其一、二阶导数代入运动方程，写成矩阵形式并消去 $\mathrm{e}^{\mathrm{i}\tilde{\omega}t}$ 得

$$\begin{bmatrix} [(k_{11}-m_1\tilde{\omega}^2)+\mathrm{i}\tilde{\omega}c_{11}] & k_{12}+\mathrm{i}\tilde{\omega}c_{12} \\ k_{12}+\mathrm{i}\tilde{\omega}c_{12} & [(k_{22}-m_2\tilde{\omega}^2)+\mathrm{i}\tilde{\omega}c_{22}] \end{bmatrix}\begin{Bmatrix}\overline{B_1}\\ \overline{B_2}\end{Bmatrix}=\begin{Bmatrix}F_1\\0\end{Bmatrix} \tag{3.45}$$

$$\begin{Bmatrix}\overline{B_1}\\ \overline{B_2}\end{Bmatrix}=\begin{Bmatrix}B_1\mathrm{e}^{-\mathrm{i}\Psi_1}\\ B_2\mathrm{e}^{-\mathrm{i}\Psi_2}\end{Bmatrix} \tag{3.46}$$

从式（3.45）可得出振幅表达式，解得

$$B_1\mathrm{e}^{-\mathrm{i}\Psi_1}=\frac{(k_{22}-m_2\tilde{\omega}^2+\mathrm{i}\tilde{\omega}c_{22})F_1}{[(k_{11}-m_1\tilde{\omega}^2)+\mathrm{i}\tilde{\omega}c_{11}][(k_{22}-m_2\tilde{\omega}^2)+\mathrm{i}\tilde{\omega}c_{22}]-(k_{12}+\mathrm{i}\tilde{\omega}c_2)^2}$$

$$B_2\mathrm{e}^{-\mathrm{i}\Psi_2}=\frac{(k_{12}+\mathrm{i}\tilde{\omega}c_{12})F_1}{[(k_{11}-m_1\tilde{\omega}^2)+\mathrm{i}\tilde{\omega}c_{11}][(k_{22}-m_2\tilde{\omega}^2)+\mathrm{i}\tilde{\omega}c_{22}]-(k_{12}+\mathrm{i}\tilde{\omega}c_2)^2}$$

为了便于讨论，根据复数计算法则将上两式可简写为以下形式

$$\overline{B_1}=B_1\mathrm{e}^{-\mathrm{i}\Psi_1}=\frac{(h+\mathrm{i}d)F_1}{a+\mathrm{i}b}=F_1\sqrt{\frac{h^2+d^2}{a^2+b^2}}\,\mathrm{e}^{-\mathrm{i}\Psi_1} \tag{3.47}$$

$$\bar{B}=B_2\mathrm{e}^{-\mathrm{i}\Psi_2}=\frac{(f+\mathrm{i}g)F_1}{a+\mathrm{i}b}=F_1\sqrt{\frac{f^2+g^2}{a^2+b^2}}\,\mathrm{e}^{-\mathrm{i}\Psi_2} \tag{3.48}$$

式中

$$\begin{aligned} a&=(k_{11}-m_1\tilde{\omega}^2)(k_{22}-m_2\tilde{\omega}^2)-k_{12}^2-c_{11}c_{22}\tilde{\omega}^2+c_{12}^2\tilde{\omega}^2 \\ b&=(k_{11}-m_1\tilde{\omega}^2)c_{22}\tilde{\omega}+(k_{22}-m_2\tilde{\omega}^2)c_{11}\tilde{\omega}-2k_{12}\tilde{\omega}c_{12} \\ h&=k_{22}-m_{22}\tilde{\omega}^2,\ d=c_{22}\tilde{\omega},\ f=-k_{12},\ g=-c_{12}\tilde{\omega} \end{aligned}$$

振幅和相位角的值分别为

$$B_1=F_1\sqrt{\frac{h^2+d^2}{a^2+b^2}},\ B_2=F_1\sqrt{\frac{f^2+g^2}{a^2+b^2}} \tag{3.49}$$

$$\Psi_1=\arctan\frac{bh-ad}{ah+bd},\ \Psi_2=\arctan\frac{bf-ag}{af+bg} \tag{3.50}$$

将$\overline{B_1}$，$\overline{B_2}$的值代入式（3.44），得

$$\begin{Bmatrix} x_1 \\ x_2 \end{Bmatrix}=\begin{Bmatrix} \overline{B_1}e^{i\tilde{\omega}t} \\ \overline{B_2}e^{i\tilde{\omega}t} \end{Bmatrix}=\begin{Bmatrix} B_1 e^{-i\Psi_1}e^{i\tilde{\omega}t} \\ B_2 e^{-i\Psi_2}e^{i\tilde{\omega}t} \end{Bmatrix}=\begin{Bmatrix} B_1 e^{i(\tilde{\omega}t-\Psi_1)} \\ B_2 e^{i(\tilde{\omega}t-\Psi_2)} \end{Bmatrix}=\begin{Bmatrix} B_1[\cos(\tilde{\omega}t-\Psi_1)+i\sin(\tilde{\omega}t-\Psi_1)] \\ B_2[\cos(\tilde{\omega}t-\Psi_2)+i\sin(\tilde{\omega}t-\Psi_2)] \end{Bmatrix} \tag{3.51}$$

而稳态响应应取上式的虚部即可，所以

$$\begin{aligned} x_1&=B_1\sin(\tilde{\omega}t-\Psi_1) \\ x_2&=B_2\sin(\tilde{\omega}t-\Psi_2) \end{aligned} \tag{3.52}$$

这与式（3.35）是一致的。

现根据前面结果讨论稳态响应的幅频特性。为了便于讨论，现假设式（3.31）中：$m_1=m_2=m$，$k_1=k_2=k$，$c_1=c_2=c$，引入下列符号

$$\lambda=\frac{\tilde{\omega}}{\tilde{\omega}_{n1}},\ \eta_1=\tilde{\omega}_{n1}^2\frac{m}{k},\ \eta_2=\tilde{\omega}_{n2}^2\frac{m}{k},\ \xi=\frac{c}{2m\tilde{\omega}_{n1}},\ B_0=\frac{F_0}{k}$$

代入式（3.49），并将分子分母同除以k^2，则振幅可化为无因次表达式，相当于前节中介绍的放大因子，现用β_1和β_2表示为

$$\beta_1=\frac{B_1}{B_0}=\frac{\sqrt{(2-\eta_1\lambda^2)^2+(2\xi\eta_1\lambda)}}{\sqrt{\left[\eta_1^2(\lambda^2-1)\left(\lambda^2-\frac{\eta_2}{\eta_1}\right)-(2\xi\eta_1\lambda)^2\right]^2+(2\xi\eta_1\lambda)^2\ (2-3\eta_1\lambda^2)^2}}$$

$$\beta_2=\frac{B_2}{B_0}=\frac{\sqrt{1+(2\xi\eta_1\lambda)}}{\sqrt{\left[\eta_1^2(\lambda^2-1)\left(\lambda^2-\frac{\eta_2}{\eta_1}\right)-(2\xi\eta_1\lambda)^2\right]^2+(2\xi\eta_1\lambda)^2\ (2-3\eta_1\lambda^2)^2}}$$

$$\tilde{\omega}_{n1}^2=0.382\,\frac{k}{m}$$

$$\tilde{\omega}_{n2}^2=2.618\,\frac{k}{m} \tag{3.53}$$

因此，$\eta_1=0.382$，$\eta_2=2.618$。把这些数代入式（3.53），可以看出，β_1和β_2只与阻尼比ξ和频率比λ有关，如单自由度强迫振动一样，把ξ当作参量，就可得到β_1（或β_2）与λ的幅频特性曲线，值得注意的是，阻尼比ξ是对基频而言的。图3-16所示为二自由度幅频特征曲线，从这组曲线可以看出，其与单自由度系统的幅频特性曲线有类似特点：

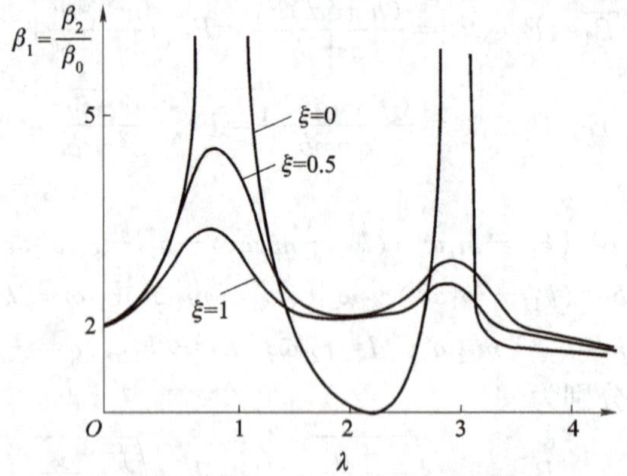

图3-16　二自由度幅频特征曲线

(1) 当激振频率与系统固有频率接近时，系统将出现共振现象；当无阻尼时，振幅无穷大，因为二自由度系统有两个固有频率，所以有两个共振峰。

(2) 阻尼对抑制共振峰有明显的作用，在相同阻尼的情况下，高频共振峰降低的程度要比频率低的那个更明显，所以实际结构的动态响应可只考虑最低几阶振型。

3.4　二自由度振动系统工程实例求解

例 3-5　船舶发动机通过齿轮与推进器相连，如图 3-17 (a) 所示。飞轮、发动机、齿轮 1、齿轮 2 和推进器的转动惯量分别是 9 000、1 000、250、150 和 2 000（单位为 $kg \cdot m^2$），求此系统扭振的固有频率和主振型。

解　应首先以某一个回转件为参考，求出其余全部回转件的等效转动惯量。本系统可以简化为一个二自由度模型。

假设：

(1) 由于与其他回转件相比，飞轮的转动惯量很大，所以可以认为其是固定不动的；

(2) 发动机和齿轮可以用一个等效回转件代替。

齿轮 1 和齿轮 2 的齿数比为 2/1，所以钢轴 2 的转速是钢轴 1 转速的 2 倍。故齿轮 2 和推进器的转动惯量折算到发动机的轴线上时分别为

$$\begin{cases}(J_{G2})_{eq}=2^2\times150=600\ (kg \cdot m^2)\\(J_P)_{eq}=2^2\times2\ 000=8\ 000\ (kg \cdot m^2)\end{cases}$$

由于发动机到齿轮的距离很小，所以发动机和两个齿轮可以用一个回转件来代替，且其转动惯量

$$J_1=J_E+J_{G1}+(J_{G2})_{eq}=1\ 000+250+600=1\ 850\ (kg \cdot m^2)$$

假设钢的剪切弹性模量为 80GPa，轴 1 和轴 2 的扭转刚度可以计算如下：

$$\begin{cases}k_{t1}=\dfrac{CI_{01}}{l_1}=\dfrac{G}{l_1}\dfrac{\pi d_1^4}{32}=\dfrac{80\times10^9\times\pi\times0.10^4}{0.8\times32}=98.175\ 0\times10^4\ (N \cdot m/rad)\\k_{t2}=\dfrac{CI_{02}}{l_1}=\dfrac{G}{l_2}\dfrac{\pi d_2^4}{32}=\dfrac{80\times10^9\times\pi\times0.15^4}{1.0\times32}=397.608\ 75\times10^4\ (N \cdot m/rad)\end{cases}$$

由于钢轴 2 的长度是不能忽略的，推进器可以看成是一个与钢轴 2 的端部固接的回转件，因此此系统是一个二自由度系统，如图 3-17 (b) 所示。

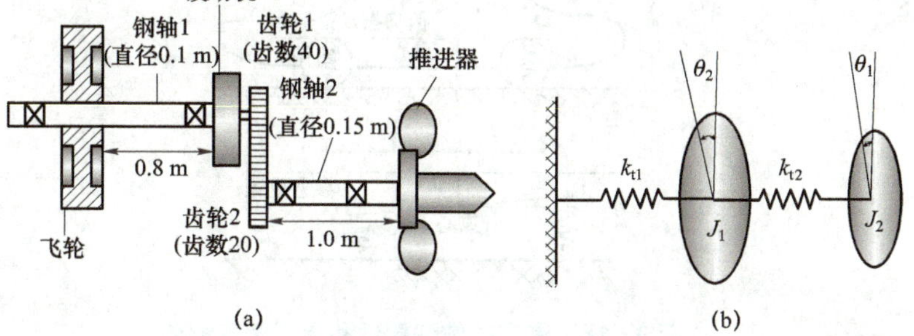

图 3-17　船舶发动机推进器系统

令 $m_1=J_1$，$m_2=J_2$，$k_1=k_{t1}$，$k_2=k_{t2}$，$k_3=0$，可得

$$\omega_1^2,\omega_2^1=\frac{1}{2}\left\{\frac{(k_{t1}+k_{t2})J_2+k_{t2}J_1}{J_1J_2}\right\}\pm\left[\left\{\frac{(k_{t1}+k_{t2})J_2+k_{t2}J_1}{J_1J_2}\right\}^2-4\left\{\frac{(k_{t1}+k_{t2})k_{t2}-k_{t2}^2}{J_1J_2}\right\}\right]^{1/2}$$

$$=\left\{\frac{k_{t1}+k_{t2}}{2J_1}+\frac{k_{t2}}{2J_2}\right\}\pm\left[\left\{\frac{k_{t1}+k_{t2}}{2J_1}+\frac{k_{t2}}{2J_2}\right\}-\frac{k_{t1}k_{t2}}{J_1J_2}\right]^{1/2} \tag{1}$$

式中

$$\frac{k_{t1}+k_{t2}}{2J_1}+\frac{k_{t2}}{2J_2}=\frac{(98.175\,0+397.608\,7)\times 10^4}{2\times 1\,850}+\frac{397.608\,7\times 10^4}{2\times 8\,000}=1\,588.46$$

$$\frac{k_{t1}k_{t2}}{J_1J_2}=\frac{98.175\,0\times 10^4\times 397.608\,7\times 10^4}{1\,850\times 8\,000}=26.375\,0\times 10^4$$

所以由式（1）得

$$\omega_1^2,\ \omega_2^2=1\,588.46\pm(1\,588.46^2-26.375\,0\times 10^4)^{1/2}=1\,588.46\pm 1\,503.148\,3$$

故

$$\omega_1^2=85.311\,7 \text{ 或 } \omega_1=9.236\,4\ \text{rad/s}$$

$$\omega_2^2=3\,091.608\,3 \text{ 或 } \omega_2=55.602\,2\ \text{rad/s}$$

为求主振型，令 $m_1=J_1$，$m_2=J_2$，$k_1=t_{t1}$，$k_2=k_{t2}$，$k_3=0$，可得

$$\begin{cases} r_1=\dfrac{-J_1\omega_1^2+k_{t1}+k_{t2}}{k_{t2}}=\dfrac{-1\,850\times 85.311\,7+495.783\,7\times 10^4}{397.608\,7\times 10^4}=1.207\,2 \\ r_2=\dfrac{-J_1\omega_2^2+k_{t1}+k_{t2}}{k_{t2}}=\dfrac{-1\,850\times 3\,091.608\,3+495.783\,7\times 10^4}{397.608\,7\times 10^4}=-0.191\,6 \end{cases}$$

扭振的主振型如下：

$$\begin{Bmatrix}\theta_1\\ \theta_2\end{Bmatrix}^{(1)}=\begin{Bmatrix}1\\ r_1\end{Bmatrix}=\frac{1}{1.207\,2}$$

$$\begin{Bmatrix}\theta_1\\ \theta_2\end{Bmatrix}^{(2)}=\begin{Bmatrix}1\\ r_2\end{Bmatrix}=\frac{1}{-0.191\,6}$$

例 3-6 求汽车俯仰振动(角运动)和跳动(上下垂直跳动)的频率轨迹振动中心(节点)的位置(见图 3-18)。参数如下：质量 m=1 000 kg，回转半径 r=0.9 m，前轴距重心的距离 l_1=1.0 m，后轴距重心的距离 l_2=1.5 m，前弹簧刚度 k_f=18 kN/m，后弹簧刚度 k_r=22 kN/m。

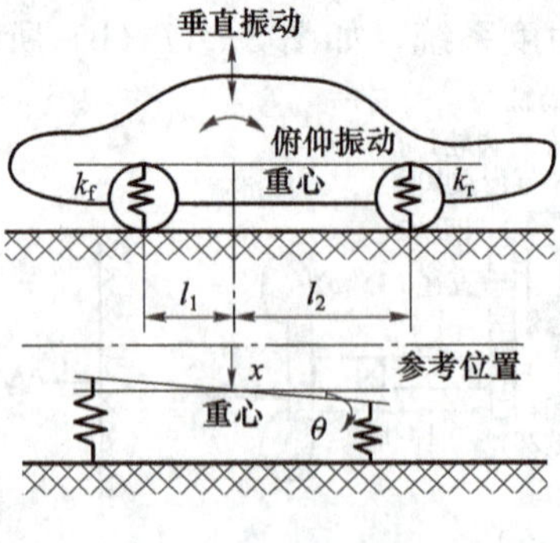

图 3-18 汽车的俯仰振动和上下垂直振动

解　如果选择 x 和 θ 作为两个独立的坐标，系统的运动微分方程可以通过在下式

$$\begin{bmatrix} m & 0 \\ 0 & J_0 \end{bmatrix}\begin{Bmatrix} \ddot{x} \\ \ddot{\theta} \end{Bmatrix}+\begin{bmatrix} k_1+k_2 & -(k_1l_1-k_2l_2) \\ -(k_1l_1-k_2l_2) & k_1l_1^2+k_2l_2^2 \end{bmatrix}\begin{Bmatrix} x \\ \theta \end{Bmatrix}=\begin{Bmatrix} 0 \\ 0 \end{Bmatrix} \tag{1}$$

中令 $k_1=k_f$，$k_2=k_r$ 和 $J_0=mr^2$ 得到。对于自由振动，设有如下形式的简谐解

$$x(t)=X\cos(\omega t+\phi),\theta(t)=\theta\cos(\omega t+\phi) \tag{2}$$

利用式（1）和式（2）可得

$$\begin{bmatrix} -m\omega^2+k_1+k_2 & -k_1l_1+k_2l_2 \\ -k_1l_1+k_2l_2 & -J_0\omega^2+k_1l_1^2+k_2l_2^2 \end{bmatrix}\begin{Bmatrix} X \\ \theta \end{Bmatrix}=\begin{Bmatrix} 0 \\ 0 \end{Bmatrix} \tag{3}$$

代入已知数据，式（3）为

$$\begin{bmatrix} -1\,000\omega^2+40\,000 & 15\,000 \\ 15\,000 & -810\omega^2+67\,500 \end{bmatrix}\begin{Bmatrix} X \\ \theta \end{Bmatrix}=\begin{Bmatrix} 0 \\ 0 \end{Bmatrix} \tag{4}$$

据此可得如下频率方程

$$8.1\omega^4-999\omega^2+24\,750=0 \tag{5}$$

式（5）的解给出如下两个固有频率

$$\omega_1=5.859\,3\ \text{rad/s},\ \omega_2=9.434\,1\ \text{rad/s} \tag{6}$$

根据式（4），与这两个频率对应的振幅比为

$$\frac{X^{(1)}}{\theta^{(1)}}=-2.646\,1,\ \frac{X^{(2)}}{\theta^{(2)}}=0.306\,1 \tag{7}$$

由于节点的位置可以通过一个小角度的正切近似等于这个角度本身来确定，所以根据图 3-19可以确定与 ω_1 和 ω_2 对应的两个节点距重心的距离分别为−2.646 1 m 和 0.306 1 m。主振型在图 3-19 中用虚线表示。

例 3-7　锻锤作用在工作上的冲击力可以近似为矩形脉冲，如图 3-20 所示。已知工件、铁砧与框架的质量为 $m_1=200$ kg，基础的质量为 $m_2=250$ kg，弹簧垫的刚度为 $k_1=150$ N/mm，土壤的刚度为 $k_2=75$ MN/m。假定各质量的初始位移与初始速度均为零，求系统的振动规律。

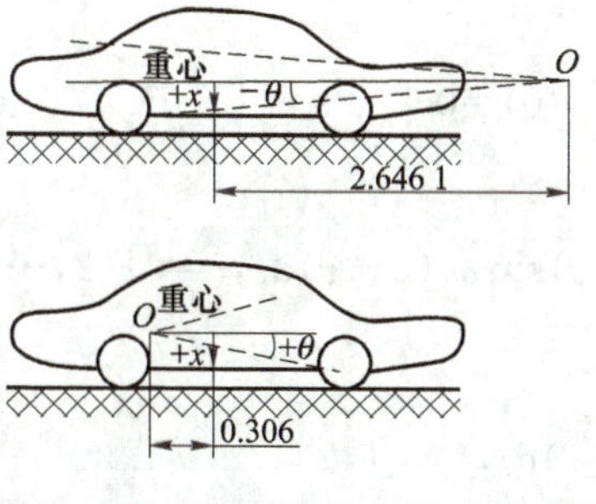

图 3-19　汽车俯仰振动和上下垂直振动的主振型

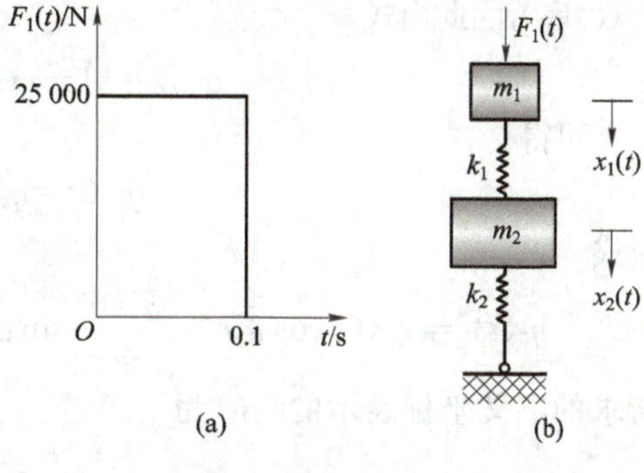

图 3-20　锻锤的冲击

（a）冲击力曲线；（b）货载模型

解　锻锤可以简化为二自由度系统，已表示在图 3-20（b）中，系统的运动微分方程为

$$m\ddot{x}+kx=F(t) \tag{1}$$

式中

$$m=\begin{bmatrix} m_1 & 0 \\ 0 & m_2 \end{bmatrix}=\begin{bmatrix} 200 & 0 \\ 0 & 250 \end{bmatrix}$$

$$k=\begin{bmatrix} k_1 & -k_1 \\ -k_1 & k_1+k_2 \end{bmatrix}=\begin{bmatrix} 150 & -150 \\ -150 & 225 \end{bmatrix}$$

$$F(t)=\begin{Bmatrix} F_1(t) \\ 0 \end{Bmatrix}$$

（1）求固有频率与主振型。可以通过解频率方程求系统的固有频率，由

$$|-\omega^2 m+k|=\left|-\omega^2\begin{bmatrix} 2 & 0 \\ 0 & 2.5 \end{bmatrix}\times 10^5+\begin{bmatrix} 150 & -150 \\ -150 & 225 \end{bmatrix}\times 10^6\right|=0 \tag{2}$$

得

$$\omega_1=12.247\ 4\ \text{rad/s},\ \omega_2=38.729\ 8\ \text{rad/s}$$

各阶主振型分别为

$$\boldsymbol{X}^{(1)}=\begin{Bmatrix} 1 \\ 0.8 \end{Bmatrix},\ \boldsymbol{X}^{(2)}=\begin{Bmatrix} 1 \\ -1 \end{Bmatrix}$$

（2）主振型的正则化。假设正则振型为

$$\boldsymbol{X}^{(1)}=a\begin{Bmatrix} 1 \\ 0.8 \end{Bmatrix},\ \boldsymbol{X}^{(2)}=b\begin{Bmatrix} 1 \\ -1 \end{Bmatrix}$$

式中，a 和 b 为常数，可通过将矢量 $\boldsymbol{X}^{(1)}$ 与 $\boldsymbol{X}^{(2)}$ 正则化求解，即令

$$\boldsymbol{X}^{\mathrm{T}} m\boldsymbol{X}=I \tag{3}$$

式中，$\boldsymbol{X}=[\boldsymbol{X}^{(1)},\boldsymbol{X}^{(2)}]$表示振型矩阵。由式（3）可得 $a=1.666\ 7\times 10^{-3}$，$b=1.490\ 7\times 10^{-3}$，故正则振型矩阵为

$$\boldsymbol{X}=[\boldsymbol{X}^{(1)},\ \boldsymbol{X}^{(2)}]\begin{bmatrix} 1.666\ 7 & 1.490\ 7 \\ 1.333\ 4 & -1.490\ 7 \end{bmatrix}\times 10^{-3}$$

(3) 根据广义坐标求响应。由于两质量在 $t=0$ 时静止，初始条件为 $x_1(0)=x_2(0)=\dot{x}_1(0)=\dot{x}_2(0)=0$,因此由式

$$q(0)=\boldsymbol{X}^{\mathrm{T}}-mx(0)\text{与 }\dot{q}(0)=\boldsymbol{X}^{\mathrm{T}}-m\dot{x}(0)$$

可得

$$q_1(0)=q_2(0)\dot{q}_1(0)=\dot{q}_2(0)=0$$

由式

$$q_i(t)=q_i(0)\cos\omega_i t+\frac{\dot{q}_i(0)}{\omega_i}\sin\omega_i t+\frac{1}{\omega_i}\int_0^t Q_i(\tau)\sin\omega_i(t-\tau)\mathrm{d}\tau, i=1,2,\cdots,n$$

所求的广义坐标表示的响应为

$$q_i(t)=\frac{1}{\omega_i}\int_0^t Q_i(\tau)\sin\omega_i(t-\tau)\mathrm{d}\tau, i=1,2$$

式中

$$Q(t)=\boldsymbol{X}^{\mathrm{T}}F(t)$$

或

$$\begin{Bmatrix} Q_1(t) \\ Q_2(t) \end{Bmatrix}=\begin{bmatrix} 1.666\ 7 & 1.333\ 4 \\ 1.490\ 7 & -1.490\ 7 \end{bmatrix}\times 10^{-3}\times\begin{Bmatrix} F_1(t) \\ 0 \end{Bmatrix}=\begin{Bmatrix} 1.666\ 7\times 10^{-3}F_1(t) \\ 1.490\ 7\times 10^{-3}F_1(t) \end{Bmatrix}$$

式中，$F_1(t)=25\ 000\ \text{N}(0\leqslant t\leqslant 0.1\ \text{s})$,$F_1(t)=0(t>0.1\ \text{s})$。根据式 $x(t)=\boldsymbol{X}q(t)$，各质量

的位移为

$$\begin{Bmatrix} x_1\ (t) \\ x_2\ (t) \end{Bmatrix} = \boldsymbol{X}q(t) = \begin{Bmatrix} 1.666\ 7q_1\ (t)\ +1.490\ 7q_2\ (t) \\ 1.333\ 4q_1\ (t)\ -1.490\ 7q_2\ (t) \end{Bmatrix} \times 10^{-3}\ (\mathrm{m})$$

式中

$$\left.\begin{aligned} q_1(t) &= 3.402\ 1\int_0^t \sin 12.247\ 4(t-\tau)\mathrm{d}\tau = 0.277\ 8(1-\cos 12.247\ 4t) \\ q_2(t) &= 0.962\ 2\int_0^t \sin 38.729\ 8(t-\tau)\mathrm{d}\tau = 0.024\ 84(1-\cos 38.729\ 8t) \end{aligned}\right\}$$

3.5　习题及参考答案

3-1　建立如图 3-21 所示的系统运动的微分方程，用 θ_1 和 θ_2 作为广义坐标。

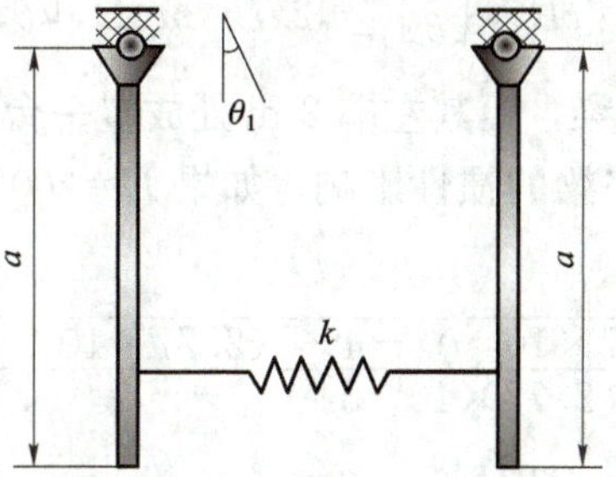

图 3-21

答案：$\frac{1}{3}mL^2\ddot{\theta}_1+\left(mg\frac{L}{2}+ka^2\right)\theta_1-ka^2\theta_2=0$

$\frac{1}{3}mL^2\ddot{\theta}_1-ka^2\theta_1+\left(mg\frac{L}{2}+ka^2\right)\theta_2=0$

3-2　质量为 m、半径为 r 的两个完全相同的圆盘只滚动不滑动，如图 3-22 所示。建立系统方程，用 x_1 和 x_2 作为广义坐标。

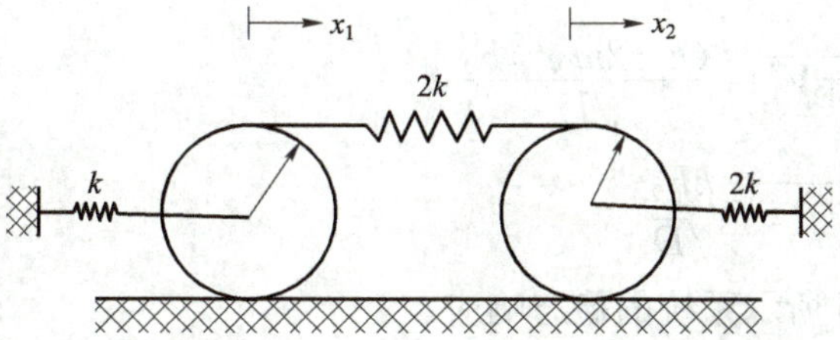

图 3-22

答案：$\begin{bmatrix} \frac{3}{2}m & 0 \\ 0 & \frac{3}{2}m \end{bmatrix}\begin{bmatrix} x_1 \\ x_2 \end{bmatrix}+\begin{bmatrix} 9k & -8k \\ -8k & 9k \end{bmatrix}\begin{bmatrix} x_1 \\ x_2 \end{bmatrix}=\begin{bmatrix} 0 \\ 0 \end{bmatrix}$

3-3　建立如图 3-23 所示系统运动的微分方程，用 x 和 θ 作为广义坐标。

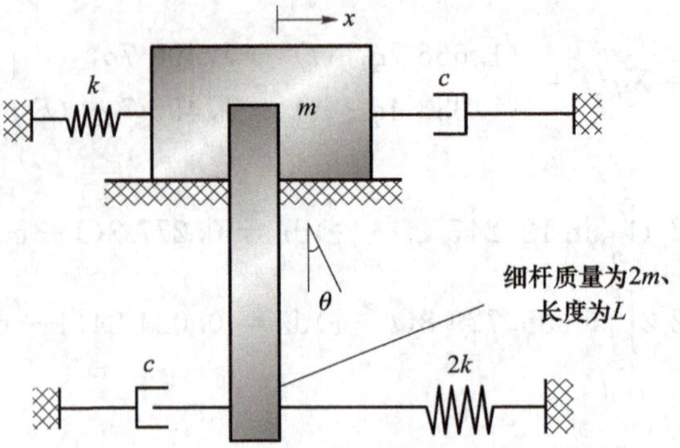

图 3-23

答案：$\begin{bmatrix} 3m & mL \\ mL & \frac{2}{3}mL^2 \end{bmatrix}\begin{bmatrix} \ddot{x} \\ \ddot{\theta} \end{bmatrix}+\begin{bmatrix} 2c & cL \\ cL & cL^2 \end{bmatrix}\begin{bmatrix} \dot{x} \\ \dot{\theta} \end{bmatrix}+\begin{bmatrix} 3k & 2kL \\ 2kL & mgL \end{bmatrix}\begin{bmatrix} x \\ \theta \end{bmatrix}=\begin{bmatrix} 0 \\ 0 \end{bmatrix}$

3-4　一根长为 6 m 的两端固定的梁，距其左端 2 m 处放置一台 500 kg 的机器，距其左端 4 m 处放置一台 375 kg 的机器。忽略梁的惯性影响，如果 $E=200\times10^9\ \mathrm{N/m^2}$，$I=2.35\times10^{-6}\ \mathrm{m^4}$，求该系统的固有频率。

答案：$\omega_n=\left[\dfrac{1.47\times10^{-3}\pm\sqrt{(1.47\times10^{-3})^2-4\times(2.77\times10^{-7})}}{2\times(2.77\times10^{-7})}\right]^{1/2}$，

$\omega_{n1}=28.3\ \mathrm{rad/s}$，$\omega_{n2}=67.1\ \mathrm{rad/s}$

3-5　求图 3-24 所示系统的各个物块的稳态振幅。

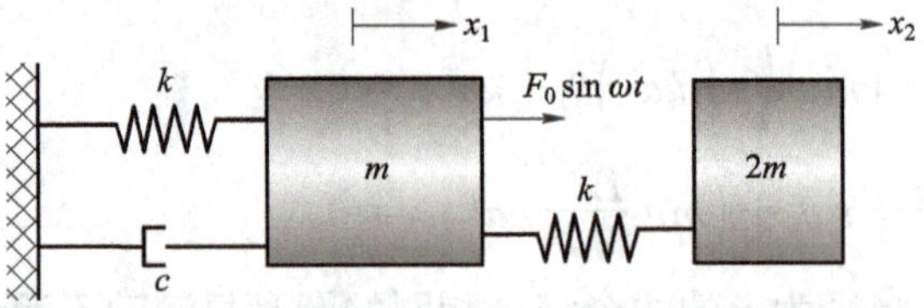

图 3-24

答案：$X_1=\sqrt{U_1^2+V_1^2}=\dfrac{(k-2m\omega^2)F_0}{\sqrt{D}}$，

$X_2=\sqrt{U_2^2+V_2^2}=\dfrac{kF_0}{\sqrt{D}}$

3-6　求图 3-25 所示系统的稳态响应。

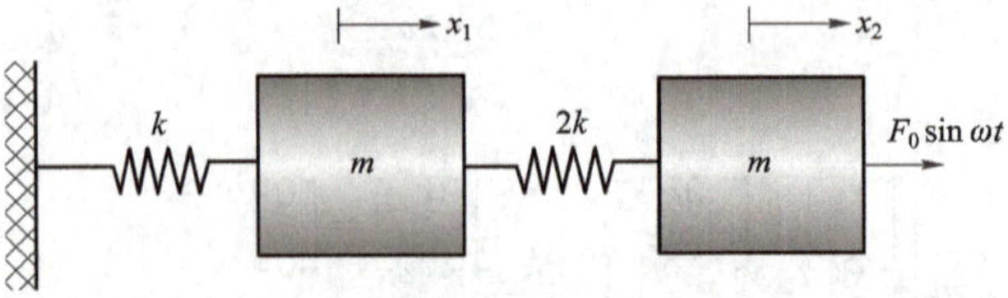

图 3-25

答案：$U_1=\frac{2kF_0}{(2k-m\omega^2)(3k-m\omega^2)-4k^2}$，$U_2=\frac{(3k-m\omega^2)F_0}{(2k-m\omega^2)(3k-m\omega^2)-4k^2}$

3-7　求图 3-26 所示系统中的 60 kg 物块的稳态振幅，设 $F(t)=250\sin 40t$。

答案：1.04×10^{-4} m

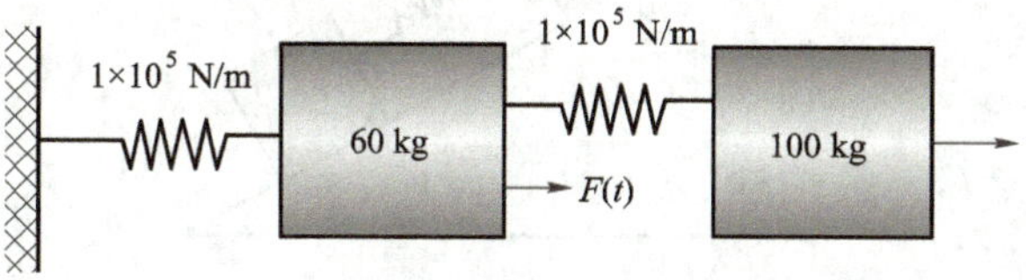

图 3-26

3-8　质量为 m_1 和 m_2，长为 l_1 和 l_2 的无重刚杆构成的复合摆，如图 3-27 所示，假设摆在其铅垂位置附近做微幅振动，试分别取 x_1 和 x_2，φ_1 和 φ_2 为广义坐标建立系统的质量矩阵和刚度矩阵。

答案：$[M]=\begin{bmatrix} m_1 & 0 \\ 0 & m_2 \end{bmatrix}$，$\boldsymbol{m}=\begin{bmatrix} (m_1+m_2)l_1^2 & m_2l_1l_2 \\ m_2l_1l_2 & m_2l_2^2 \end{bmatrix}$，

$$\boldsymbol{K}=\begin{bmatrix} \left(\frac{m_1+m_2}{l_1}+\frac{m_2}{l_2}\right)g & -\frac{m_2g}{l_2} \\ -\frac{m_2g}{l_2} & \frac{m_2g}{l_2} \end{bmatrix}，\boldsymbol{k}=\begin{bmatrix} (m_1+m_2)gl_1 & 0 \\ 0 & m_2gl_2 \end{bmatrix}$$

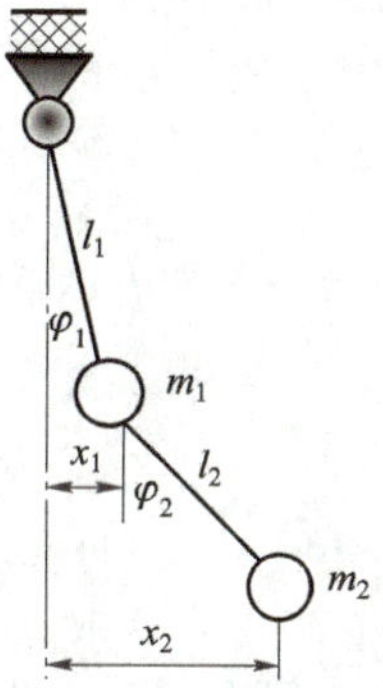

图 3-27

3-9　两个质量为 m_1 和 m_2，固结于张力为 T 的无质量的弦上，如图 3-28 所示。假设质量做横向微幅振动时，弦中的张力不变，试列出振动微分方程，并求出当 $m_1=m_2=m$ 时系统的固有频率和固有振型。

答案：$m_1\ddot{y}_1+2\frac{T}{L}y_1-\frac{T}{L}y_2=0$，$m_2\ddot{y}_2-\frac{T}{L}y_1+2\frac{T}{L}y_2=0$，

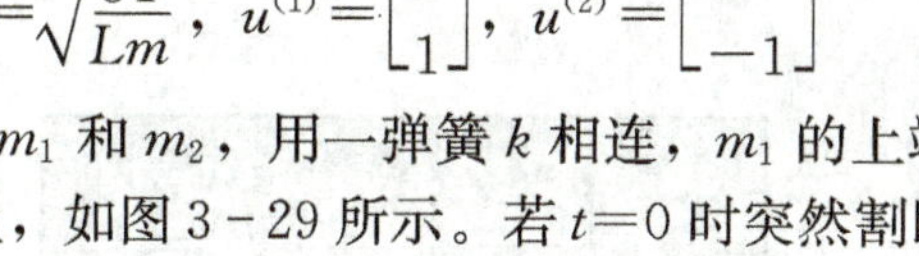

图 3-28

$$\omega_1=\sqrt{\frac{T}{Lm}}，\omega_2=\sqrt{\frac{3T}{Lm}}，u^{(1)}=\begin{bmatrix} 1 \\ 1 \end{bmatrix}，u^{(2)}=\begin{bmatrix} 1 \\ -1 \end{bmatrix}$$

3-10　两个质量块为 m_1 和 m_2，用一弹簧 k 相连，m_1 的上端用绳子拴住，放在一个与水平面成 α 角的光滑斜面上，如图 3-29 所示。若 $t=0$ 时突然割断绳子，两质量块将沿斜面下滑。试求瞬时 t 质量块的位置。

答案：$x_1=\left[\frac{m_2^2}{k(m_1+m_2)}+\frac{t^2}{2}-\frac{m_2^2\cos\omega_2t}{k(m_1+m_2)}\right]g\sin\alpha$，

$$x_2=\left[\frac{m_2^2}{k(m_1+m_2)}+\frac{t^2}{2}+\frac{m_1m_2\cos\omega_2t}{k(m_1+m_2)}\right]g\sin\alpha$$

3-11　两刚性皮带轮上套以弹性的皮带，如图 3-30 所示。I_1 和 I_2 分别为两轮绕定轴的转动惯量，r_1 和 r_2 分别为其半径，k 为皮带的拉伸弹性刚度，皮带在简谐力矩 $M_0\sin\omega t$

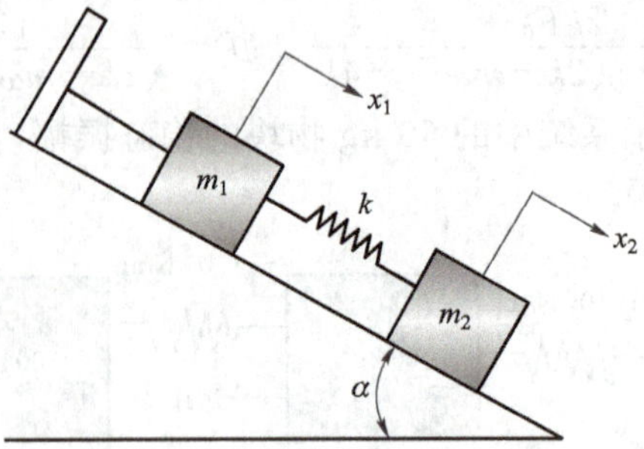

图 3－29

作用下有张力 T_1 和 T_2，且知皮带的预紧张力为 T_0。试确定皮带轮系统的固有频率和皮带张力 T_1 和 T_2 的表达式。

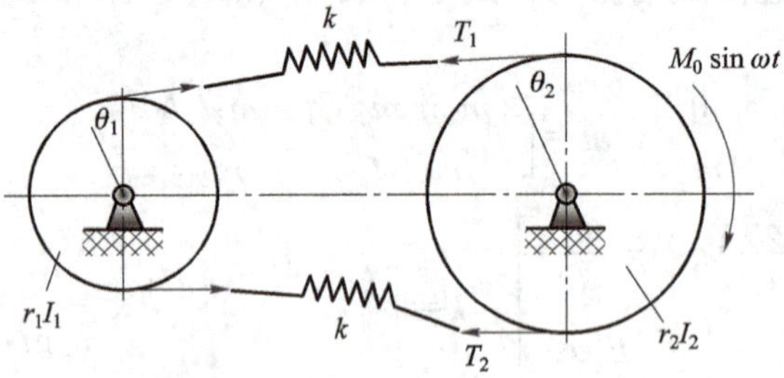

图 3－30

答案：$\omega_1=0$，$\omega_2=\sqrt{2k\left(\frac{r_1^2}{I_1}+\frac{r_2^2}{I_2}\right)}$，$\frac{\theta_2^{(1)}}{\theta_1^{(1)}}=\frac{r_1}{r_2}$，$\frac{\theta_2^{(2)}}{\theta_1^{(2)}}=-\frac{r_2 I_1}{r_1 I_2}$，

$$T_1=T_0-\frac{M_0 k r_2 \sin \omega t}{I_2(\omega^2-\omega_2^2)},\quad T_2=T_0+\frac{M_0 k r_2 \sin \omega t}{I_2(\omega^2-\omega_2^2)}$$

3－12　一质量为 m_2 的机器，安装在质量为 m_1 的柜内。柜子的重心在两个刚度均为 k 的柔性腿的中间，如系统图 3－31 所示。若机器收到一简谐力矩 $M_0 \sin \omega t$ 的作用。试问：

(1) 欲使柜子不产生摆动，k 应为多少？

(2) 欲使柜子不产生垂直振动，机器应安装在什么位置？

答案：(1) $k=\frac{(m_1+m_2)\omega^2}{2}$

(2) $a=\frac{l}{2}$

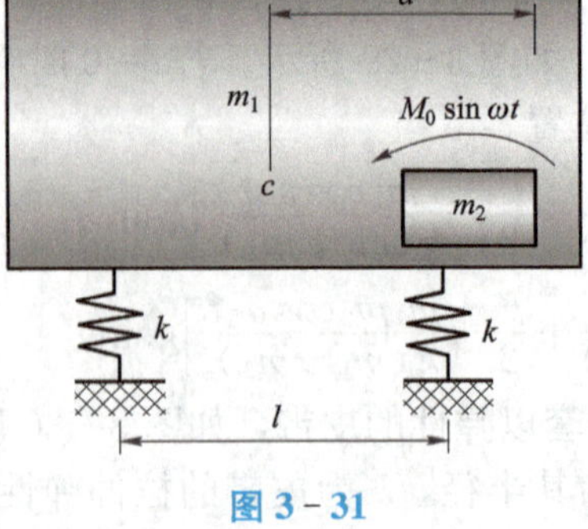

图 3－31

3 - 13　求图 3 - 32 所示的系统在简谐激励 $F=F_0\sin\omega t$ 作用下，稳态振动时弹簧中的力。

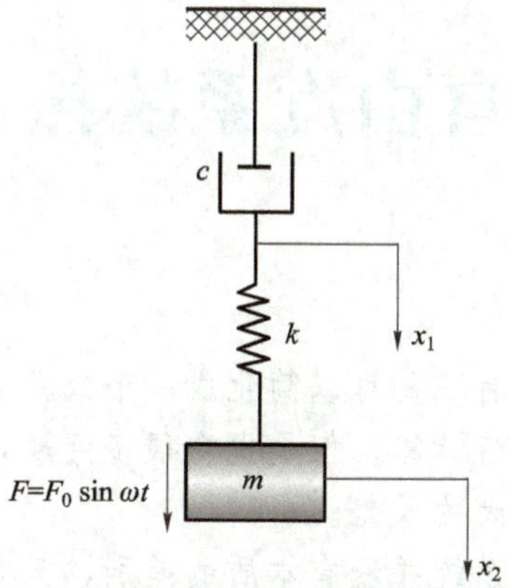

图 3 - 32

答案：$N=\dfrac{\omega_n^2F_0}{\sqrt{(\omega_n^2-\omega^2)^2+\left(\dfrac{k}{c}\omega\right)^2}}\sin(\omega t-\varphi)$，$\omega_n^2=\dfrac{k}{m}$，$\varphi=\arctan\dfrac{k\omega}{c(\omega_n^2-\omega^2)}$

3 - 14　求图 3 - 33 所示的系统，假设 $m_1=m_2=m$，试求其强迫振动的稳态响应。

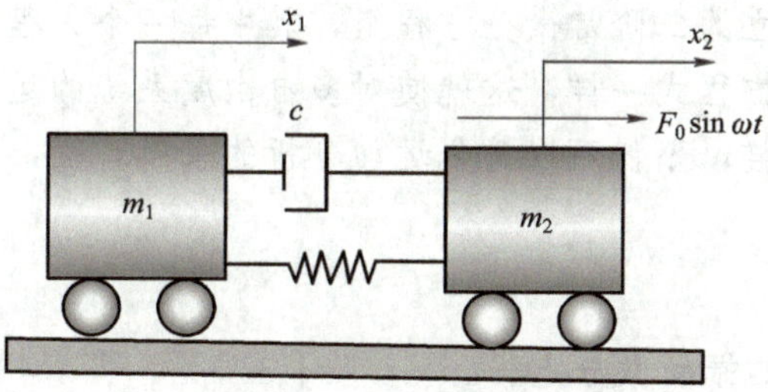

图 3 - 33

答案：$X_1=-\dfrac{[k(2k-m\omega^2)+2c^2\omega^2]-icm\omega^3}{m\omega^2[k(2k-m\omega^2)+4c^2\omega^2]}F_0$，

$$X_2=-\frac{[(k-m\omega^2)(2k-m\omega^2)+2c^2\omega^2]+icm\omega^3}{m\omega^2[k(2k-m\omega^2)+4c^2\omega^2]}F_0$$

第 4 章　多自由度系统振动理论及应用

本章导读

工程上的机械振动问题，有一些可以简化成一个或两个自由度系统的振动问题，可以用前面各章中叙述的方法进行分析计算。但是也有很多问题，如果采用过于简化的力学模型进行分析，求解的结果将引起较大的误差。

多自由度系统与二自由度系统并没有本质的差别，只是由于自由度数目的增加，在分析与计算时需要更加有效的处理方法。多自由度系统的振动方程式一般是一组相互耦合的常微分方程组。在系统微幅振动的情况下，这组微分方程式都是线性常系数的。为简便起见，将振动方程式都写成矩阵的形式。对于这组相互耦合的二阶常微分方程组，可以采用直接求其解析解或数值解的方法进行研究，也可以采用振型叠加法进行求解。从数学的观点看，振型叠加法的要点在于用振型矩阵进行一组坐标变换，将描述系统的原有坐标用一组特定的新坐标来替代，这组新坐标就是主坐标或正则坐标。采用了主坐标或正则坐标，就使系统的振动方程式变成一组相互独立的二阶常微分方程组，其中每一个方程式都可以独立求解，就像一个单自由度系统的振动方程式一样，这就使对多自由度系统的运动分析化简成对若干单自由度系统的运动分析。这样，不仅可以简化运动分析的求解过程，而且可以加深对系统运动组成状况的理解。

本章主要内容

(1) 多自由度系统的振动微分方程。
(2) 刚度影响系数与柔度影响系数。
(3) 固有频率与主振型。
(4) 主振型的正交性。
(5) 无阻尼系统的响应。
(6) 多自由由系统的阻尼。
(7) 有阻尼单自由度系统的受迫振动。
(8) 有阻尼系统的响应。

4.1　多自由度系统的振动微分方程

4.1.1　多自由度系统的作用力方程

对一些较简单的问题，用牛顿定律来建立振动微分方程是简便的。

图 4－1 所示为无阻尼三自由度弹簧质量系统，可参照二自由度系统的方法，写出其微分方程：

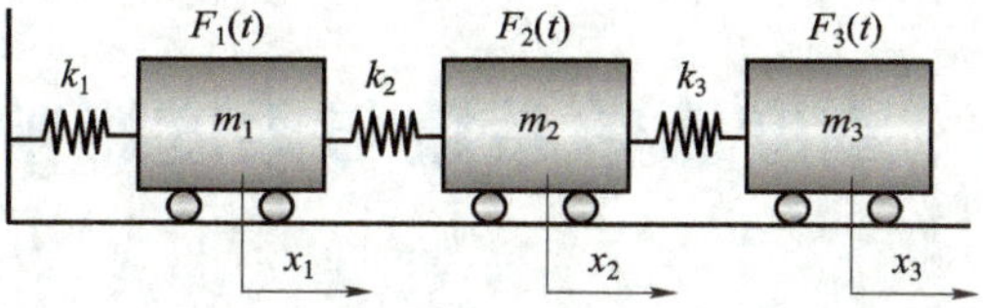

图 4－1　无阻尼三自由度弹簧质量系统

$$\begin{bmatrix} m_1 & 0 & 0 \\ 0 & m_2 & 0 \\ 0 & 0 & m_3 \end{bmatrix} \begin{Bmatrix} \ddot{x}_1 \\ \ddot{x}_2 \\ \ddot{x}_3 \end{Bmatrix} + \begin{bmatrix} k_1+k_2 & -k_2 & 0 \\ -k_2 & k_2+k_3 & -k_3 \\ 0 & -k_3 & k_3 \end{bmatrix} \begin{Bmatrix} x_1 \\ x_2 \\ x_3 \end{Bmatrix} = \begin{Bmatrix} F_1(t) \\ F_2(t) \\ F_3(t) \end{Bmatrix} \tag{4.1}$$

或更一般地写成

$$\begin{bmatrix} m_1 & 0 & 0 \\ 0 & m_2 & 0 \\ 0 & 0 & m_3 \end{bmatrix} \begin{Bmatrix} \ddot{x}_1 \\ \ddot{x}_2 \\ \ddot{x}_3 \end{Bmatrix} + \begin{bmatrix} k_{11} & k_{12} & k_{13} \\ k_{21} & k_{22} & k_{23} \\ k_{31} & k_{32} & k_{33} \end{bmatrix} \begin{Bmatrix} x_1 \\ x_2 \\ x_3 \end{Bmatrix} = \begin{Bmatrix} F_1(t) \\ F_2(t) \\ F_3(t) \end{Bmatrix}$$

该式可简单地写成

$$[M]\{\ddot{x}\}+[K]\{x\}=\{F(t)\} \tag{4.2}$$

式（4.2）称为用矩阵符号表示的作用力方程，它可以代表许多种运动方程，其中的作用力可以是力或力矩，位移可以是线位移或角位移，刚度和质量可以是角刚度和转动惯量。

4.1.2　多自由度系统的位移方程

机械系统还可以通过受力后产生的变形来建立系统的运动方程，这样建立的运动方程称为位移方程。同一系统，同一广义坐标的作用力方程和位移方程是等价的。介绍位移方程前，首先引进柔度的概念，在单位力作用下，弹性常数为 k 的弹簧所产生位移 δ 称为弹簧柔度，显然 $\delta=\frac{1}{k}$ 对于图 4－1 所示系统 3 个弹簧的柔度分别为

$$\delta_1=\frac{1}{k_1},\ \delta_2=\frac{1}{k_2},\ \delta_3=\frac{1}{k_3}$$

假定图 4－1 所示系统各质量上的力 $F_1(t)$、$F_2(t)$和 $F_3(t)$是静止时作用上去的（以致不出现惯性力），则各质量块的位移为

$$(x_1)_{st}=\delta_1[F_1(t)+F_2(t)+F_3(t)] \tag{4.3}$$

$$(x_2)_{st}=\delta_1[F_1(t)+F_2(t)+F_3(t)]+\delta_2[F_2(t)+F_3(t)] \tag{4.4}$$

$$(x_3)_{st}=\delta_1[F_1(t)+F_2(t)+F_3(t)]+\delta_2[F_2(t)+F_3(t)]+\delta_3 F_3(t) \tag{4.5}$$

式（4.3）、式（4.4）、式（4.5）三式以矩阵形式表示如下

$$\begin{Bmatrix} x_1 \\ x_2 \\ x_3 \end{Bmatrix}_{st} = \begin{bmatrix} \delta_1 & \delta_1 & \delta_1 \\ \delta_1 & \delta_1+\delta_2 & \delta_1+\delta_2 \\ \delta_1 & \delta_1+\delta_2 & \delta_1+\delta_2+\delta_3 \end{bmatrix} \begin{Bmatrix} F_1(t) \\ F_2(t) \\ F_3(t) \end{Bmatrix} \tag{4.6}$$

简写成

$$\{x\}_{\mathrm{st}}=[\delta]\{F(t)\} \tag{4.7}$$

4.2 刚度影响系数与柔度影响系数

4.2.1 刚度影响系数与刚度矩阵

刚度矩阵中的元素 k_{ij} 表示质量 m_j 的位移 $x_j=1$，而其余质量位移 $x_i(i\neq j)=0$ 时在 x_i 处所需要的力，称为刚度系数。其中，$i=1$，2，…，n；$j=1$，2，…，n。

令质量 m_1 的位移 $x_1=1$，而 $x_2=x_3=0$，为保持这种状态，则在 m_1、m_2 和 m_3 上所需的力分别为

$$k_{11}=k_1x_1+k_2x_1=k_1+k_2$$
$$k_{21}=-k_2x_1=-k_2$$
$$k_{31}=0$$

它们构成了刚度矩阵的第一列。

同理，可得刚度矩阵的第二列、第三列分别为

$$k_{12}=-k_2 \qquad k_{13}=0$$
$$k_{22}=k_2+k_3 \qquad k_{23}=-k_3$$
$$k_{32}=-k_3 \qquad k_{33}=k_3$$

线弹性系统微幅振动的刚度矩阵总是对称的，即 $K_{ij}=k_{ji}$ 的关系是永远存在的。图 4-1 所示集中质量块的模型，其位移坐标是集中在各自的质心上的，故其质量矩阵是对角阵。因此，只要应用刚度系数法求出刚度矩阵的每一元素，即可建立系统的运动微分方程。

若系统存在阻尼，则与弹簧并行的还应画出阻尼器。对于黏性阻尼，阻尼矩阵的每一个元素 c_{ij}，可以按如下求得：当第 j 个质量具有单位速度而其他质量的速度均为零时，克服第 j 个质量的阻尼器阻力而在第 i 个质量上所需施加的力，然后把阻尼力这一项加到运动方程中去，就可得到具有阻尼的多自由度系统用矩阵符号表示的运动微分方程

$$[M]\{\ddot{x}\}+[C]\{\dot{x}\}+[K]\{x\}=\{F(t)\} \tag{4.8}$$

有阻尼和无阻尼的自由振动微分方程分别为

$$[M]\{\dot{x}\}+[C]\{\dot{x}\}+[K]\{x\}=0 \tag{4.9}$$
$$[M]\{\ddot{x}\}+[K]\{x\}=0$$

4.2.2 柔度影响系数与柔度矩阵

位移方程 $\{x\}_{\mathrm{st}}=[\delta]\{F\ (t)\}$ 中 $[\delta]$ 表示柔度矩阵，表示为

$$[\delta]=\begin{bmatrix}\delta_{11} & \delta_{12} & \delta_{13}\\ \delta_{21} & \delta_{22} & \delta_{23}\\ \delta_{31} & \delta_{32} & \delta_{33}\end{bmatrix}=\begin{bmatrix}\delta_1 & \delta_1 & \delta_1\\ \delta_1 & \delta_1+\delta_2 & \delta_1+\delta_2\\ \delta_1 & \delta_1+\delta_2 & \delta_1+\delta_2+\delta_3\end{bmatrix} \tag{4.10}$$

这个矩阵由柔度影响系数组成，柔度系数 δ_{ij} 定义为：在第 j 个质量上作用单位力时，在第 i 个质量上所产生的位移。对于图 4-1 所示系统，令 $F_1(t)=1$，$F_2(t)=F_3(t)=0$，则各质量块产生的位移为

$$\delta_{11}=\delta_{21}=\delta_{31}=\delta_1$$

它们组成了柔度矩阵的第一列。

如令 $F_2(t)=1$，$F_1(t)=F_3(t)=0$，则各质量块的位移分别为

$$\delta_{12}=\delta_1$$

$$\delta_{22}=\delta_1+\delta_2$$

$$\delta_{32}=\delta_1+\delta_2$$

它们组成了柔度矩阵的第二列。

同时可以看到，如刚度矩阵那样，线性系统的柔度矩阵总是对称的，即 $\delta_{ij}=\delta_{ji}$。令 $F_1(t)$、$F_2(t)$和 $F_3(t)$是随时间变化的动态力。故必须考虑惯性力 $-m_1\ddot{x}_1$，$-m_2\ddot{x}_2$，$-m_3\ddot{x}_3$，在此情况下，重写式（4.6），得

$$\begin{bmatrix}x_1\\x_2\\x_3\end{bmatrix}=\begin{bmatrix}\delta_1&\delta_1&\delta_1\\\delta_1&\delta_1+\delta_2&\delta_1+\delta_2\\\delta_1&\delta_1+\delta_2&\delta_1+\delta_2+\delta_3\end{bmatrix}\begin{Bmatrix}F_1(t)-m_1\ddot{x}_1\\F_2(t)-m_2\ddot{x}_2\\F_3(t)-m_3\ddot{x}_3\end{Bmatrix}\tag{4.11}$$

如果将质量和加速度阵列分开来放置，则式（4.11）写成下列展开形式

$$\begin{bmatrix}x_1\\x_2\\x_3\end{bmatrix}=\begin{bmatrix}\delta_1&\delta_1&\delta_1\\\delta_1&\delta_1+\delta_2&\delta_1+\delta_2\\\delta_1&\delta_1+\delta_2&\delta_1+\delta_2+\delta_3\end{bmatrix}\left(\begin{Bmatrix}F_1(t)\\F_2(t)\\F_3(t)\end{Bmatrix}-\begin{bmatrix}m_1&0&0\\0&m_2&0\\0&0&m_3\end{bmatrix}\begin{Bmatrix}\ddot{x}_1\\\ddot{x}_2\\\ddot{x}_3\end{Bmatrix}\right)\tag{4.12}$$

或更简单地表达为

$$\{x\}=[\delta](\{F(t)\}-[M]\{\ddot{x}\})\tag{4.13}$$

式（4.13）表示：动力位移等于柔度矩阵与作用力的乘积，所施加的作用力和惯性作用力均包括在右边的括号内。对于 n 个自由度系统，上式表示 n 个方程组。

为了将位移方程与作用力方程做比较，对式（4.2）求得 x 如下

$$\{x\}=[K]^{-1}(\{F(t)\}-[M]\{\ddot{x}\})\tag{4.14}$$

比较式（4.13）和式（4.14），可以得到

$$[\delta]=[K]^{-1}\tag{4.15}$$

式（4.15）为对应于同一系统、同一坐标的柔度矩阵$[\delta]$与刚度矩阵$[K]$式。如果对式（4.12）中的柔度矩阵$[\delta]$求逆，可通过行列式及矩阵运算，并应用 $\delta_1=\dfrac{1}{k_1}$，$\delta_2=\dfrac{1}{k_2}$，$\delta_3=\dfrac{1}{k_3}$ 的关系

$$[\delta]^{-1}=\begin{bmatrix}k_1+k_2&-k_2&0\\-k_2&k_2+k_3&-k_3\\0&-k_3&k_3\end{bmatrix}$$

这刚好是运动作用力方程（4.1）的刚度矩阵。

对大多数振动系统，运用带有刚度系数的作用力方程是比较容易分析的，但在有些情况下，用柔度系数的位移方程更为方便。

4.3 固有频率与主振型

4.3.1 固有频率

已知无阻尼 n 自由度系统的自由振动微分方程具有下述一般形式

$$\begin{bmatrix} m_{11} & m_{12} & \cdots & m_{1n} \\ m_{21} & m_{22} & \cdots & m_{2n} \\ \vdots & \vdots & & \vdots \\ m_{n1} & m_{n2} & \cdots & m_{nn} \end{bmatrix} \begin{Bmatrix} \ddot{x}_1 \\ \ddot{x}_2 \\ \vdots \\ \ddot{x}_n \end{Bmatrix} + \begin{bmatrix} k_{11} & k_{12} & \cdots & k_{1n} \\ k_{21} & k_{22} & \cdots & k_{2n} \\ \vdots & \vdots & & \vdots \\ k_{n1} & k_{n2} & \cdots & k_{nn} \end{bmatrix} \begin{Bmatrix} x_1 \\ x_2 \\ \vdots \\ x_n \end{Bmatrix} = 0 \tag{4.16}$$

式中，$m_{ij}=m_{ji}$，$k_{ij}=k_{ji}$

$$[M]\{\ddot{x}\}+[K]\{x\}=0 \tag{4.17}$$

设上式的解为

$$x_i=A_i(\sin\omega_n t+\varphi) \qquad (i=1,2,\cdots,n) \tag{4.18}$$

即假设系统偏离静平衡位置后做自由振动时，各 x_i 在同一固有频率 ω_n、同一相位角 φ 做自由振动，式中 A_i 表示 x_i 的振幅。将所设解代入式（4.8）得

$$\left.\begin{aligned} (K_{11}-M_{11}\omega_n^2)A_1+(K_{12}-M_{12}\omega_n^2)A_2+\cdots+(K_{1n}-M_{1n}\omega_n^2)A_n=0 \\ (K_{21}-M_{21}\omega_n^2)A_1+(K_{22}-M_{22}\omega_n^2)A_2+\cdots+(K_{2n}-M_{2n}\omega_n^2)A_n=0 \\ \vdots \qquad\qquad \\ (K_{n1}-M_{n1}\omega_n^2)A_1+(K_{n2}-M_{n2}\omega_n^2)A_2+\cdots+(K_{nn}-M_{nn}\omega_n^2)A_n=0 \end{aligned}\right\} \tag{4.19}$$

用矩阵形式表示为

$$[K]\{A\}-\omega_n^2[M]\{A\}=0 \tag{4.20}$$

式（4.19）或式（4.20）是一组 A_i 的 n 元线性齐次方程组，其非零解的条件为系数行列式必须等于零

$$\begin{vmatrix} k_{11}-m_{11}\omega_n^2 & k_{12}-m_{12}\omega_n^2 & \cdots & k_{1n}-m_{1n}\omega_n^2 \\ k_{21}-M_{21}\omega_n^2 & k_{22}-m_{22}\omega_n^2 & \cdots & k_{2n}-m_{2n}\omega_n^2 \\ \vdots & \vdots & & \vdots \\ k_{n1}-m_{n1}\omega_n^2 & k_{n2}-m_{n2}\omega_n^2 & \cdots & k_{nn}-m_{nn}\omega_n^2 \end{vmatrix} \tag{4.21}$$

式（4.21）称为特征方程，即频率方程，其展开后可得 ω_n^2 的 n 次代数方程

$$\omega_n^{2n}+a_1\omega_n^{2(n-1)}+a_2\omega_n^{2(n-2)}+\cdots+a_{n-1}\omega_n^2+a_n=0 \tag{4.22}$$

对于系统仅在平衡位置附近做微小振动的正定系统来说，从式（4.22）可解得 ω_n^2 的 n 个大于零的正实根，我们称 ω_n^2 的 n 个根为特征值，也就是多自由度系统各阶固有频率的平方值，在大多数情况下，这 n 个频率值是不相等的，可将其从小到大按次序排列如下

$$0<\omega_{n1}<\omega_{n2}<\cdots<\omega_{nn-1}<\omega_{nn} \tag{4.23}$$

4.3.2　主振型

1. 无阻尼自由振动的一般解

在求得各阶固有频率 ω_{nj} 后，从式（4.19）中划去不独立的某一式（如最后一式），并将其余的 $n-1$ 个方程式中某一相同的 A_i 项（如 A_n 项）移到等式右边，把 ω_{nj}^2（$j=1$，2，…，n）值代入 ω_n^2，可得如下方程组

$$\left.\begin{aligned}&(k_{11}-m_{11}\omega_{nj}^2)A_1+(k_{12}-m_{12}\omega_{nj}^2)A_2+\cdots+(k_{1,n-1}-m_{1,n-1}\omega_{nj}^2)A_{n-1}=-(k_{1n}-m_{1n}\omega_{nj}^2)A_n\\&(k_{21}-m_{21}\omega_{nj}^2)A_1+(k_{22}-m_{22}\omega_{nj}^2)A_2+\cdots+(k_{2,n-1}-m_{2,n-1}\omega_{nj}^2)A_{n-1}=-(k_{2n}-m_{2n}\omega_{nj}^2)A_n\\&\qquad\vdots\\&(k_{n-1,1}-m_{n-1,1}\omega_{nj}^2)A_1+(k_{n-1,2}-m_{n-1,2}\omega_{nj}^2)A_2+\cdots+(k_{n-1,n-1}-m_{n-1,n-1}\omega_{nj}^2)A_n=-(k_{n-1,n}-m_{n-1,n}\omega_{nj}^2)A_n\end{aligned}\right\}\tag{4.24}$$

这样就可以对 A_1，A_2，…，A_{n-1} 求解，若式（4 .24）左边系数行列式值为零，则要另选其他 A_i 项移至右端。显然，求得的各 A_i 值（ω_{nj}）都与 A_n 成正比，这样就可求得对应于固有频率 ω_{nj} 的 n 个振幅值 $A_1^{(j)}$，$A_2^{(j)}$，…，$A_n^{(j)}$ 间的比例关系，称为振幅比。这说明对应系统第 j 阶固有频率 ω_{nj} 的 n 个振幅值 $A_1^{(j)}$，$A_2^{(j)}$，…，$A_n^{(j)}$ 间具有确定的相对的比值，或者说系统有一定的形态。对应每一个特征值的振幅向量称为特征向量。由于特征向量各元素比值完全确定了系统振动的形态，所以又称主振型。

将求得的固有频率 ω_{nj} 及振幅 $A_i^{(j)}$（i，$j=1$，2，…，n）代回式（4.18），就得 n 组特解，将这 n 组特解叠加，就得到系统自由振动的一般解，即

$$\left.\begin{aligned}x_1&=A_1^{(1)}(\sin\omega_{n1}t+\varphi_1)+A_1^{(2)}(\sin\omega_{n2}t+\varphi_2)+\cdots+A_1^{(n)}(\sin\omega_{nn}t+\varphi_n)\\x_2&=A_2^{(1)}(\sin\omega_{n1}t+\varphi_1)+A_2^{(2)}(\sin\omega_{n2}t+\varphi_2)+\cdots+A_2^{(n)}(\sin\omega_{nn}t+\varphi_n)\\&\ \ \vdots\\x_n&=A_n^{(1)}(\sin\omega_{n1}t+\varphi_1)+A_n^{(2)}(\sin\omega_{n2}t+\varphi_2)+\cdots+A_n^{(n)}(\sin\omega_{nn}t+\varphi_n)\end{aligned}\right\}\tag{4.25}$$

由于对于同一阶固有频率 ω_{nj}，各 $A_1^{(j)}$，$A_2^{(j)}$，…，$A_n^{(j)}$ 之间有确定的相对比值，只要其中某一值已确定，则其他幅值也随之确定，即有 n 个确定振幅的待定常数，另外还有 n 个待定常数 φ_1，φ_2，…，φ_n，故其有 $2n$ 个待定常数，而 n 个二阶常微分方程组刚好有 $2n$ 个初始条件，可以唯一地确定一般解中的 $2n$ 个待定常数。

2. 主振动

如果系统在某一特殊的初始条件下，使得待定常数中只有 $A_i^{(1)}\neq0$，而其他 $A_n^{(2)}=A_n^{(3)}=\cdots=A_n^{(n)}=0$ 则由式（4.25）所表示的系统自由振动的一般解仅保留第一项，成为下列特殊形式

$$\left.\begin{aligned}x_1&=A_1^{(1)}(\sin\omega_{n1}t+\varphi_1)\\x_2&=A_2^{(1)}(\sin\omega_{n1}t+\varphi_1)\\&\ \ \vdots\\x_n&=A_n^{(1)}(\sin\omega_{n1}t+\varphi_1)\end{aligned}\right\}\tag{4.26}$$

这时每一坐标均以第一阶固有频率 ω_{n1} 及同一相位角 φ_1 做简谐振动，在振动过程中各振体同时经过平衡位置，也同时达到最大的偏离值，各坐标值在任何瞬间都保持固定不变的比值，即恒有

$$\frac{x_1}{A_1^{(1)}}=\frac{x_2}{A_2^{(1)}}=\cdots=\frac{x_n}{A_n^{(1)}} \tag{4.27}$$

因此列阵$\{A^{(1)}\}$各振幅元素比值完全确定了系统振动的形态，称为第一主振型，由式(4.26)描述的系统的运动，称为系统的第一阶主振动。第一阶主振型列阵表示为

$$\{A^{(1)}\}=\begin{Bmatrix}A_1^{(1)}\\A_2^{(1)}\\\vdots\\A_n^{(1)}\end{Bmatrix} \tag{4.28}$$

类似地，当系统在某些特殊的初始条件下，还可产生第二阶、第三阶……直到第n阶的主振型和主振动，其相应的主振型列阵为

$$\{A^{(2)}\}=\begin{Bmatrix}A_1^{(2)}\\A_2^{(2)}\\\vdots\\A_n^{(2)}\end{Bmatrix},\ \{A^{(3)}\}=\begin{Bmatrix}A_1^{(3)}\\A_2^{(3)}\\\vdots\\A_n^{(3)}\end{Bmatrix},\ \cdots,\ \{A^{(n)}\}=\begin{Bmatrix}A_1^{(n)}\\A_2^{(n)}\\\vdots\\A_n^{(n)}\end{Bmatrix} \tag{4.29}$$

当系统做某一阶主振动时，各坐标振幅的绝对值大小由系统的初始条件决定，但各坐标间振幅的相对比值只决定于系统的物理性质，即由系统的质量矩阵$[M]$和刚度矩阵$[K]$中各元素的值所决定。因此不必求出具体初始条件下系统做某一阶主振动时各坐标幅值组成的主振型的具体数值，而可以任意规定其中某一坐标的幅值。例如，对第一阶主振型来说，如$A_n^{(1)}\neq0$，可规定$A_n^{(1)}=1$，这样其他各$A_1^{(1)}$，$A_2^{(1)}$，…，$A_{n-1}^{(1)}$的值也就由式(4.24)确定了。

如果系统的运动方程是通过柔度系统来建立的，则与式(4.13)相似，系统的自由振动微分方程具有下列形式

$$\{x\}+[\delta][M]\{\ddot{x}\}=\{0\} \tag{4.30}$$

展开得

$$\begin{Bmatrix}x_1\\x_2\\\vdots\\x_n\end{Bmatrix}+\begin{bmatrix}\delta_{11}&\delta_{12}&\cdots&\delta_{1n}\\\delta_{21}&\delta_{21}&\cdots&\delta_{2n}\\\vdots&\vdots&&\vdots\\\delta_{n1}&\delta_{n2}&\cdots&\delta_{nn}\end{bmatrix}\begin{bmatrix}M_{11}&M_{12}&\cdots&M_{1n}\\M_{21}&M_{22}&\cdots&M_{2n}\\\vdots&\vdots&&\vdots\\M_{n1}&M_{n2}&\cdots&M_{nn}\end{bmatrix}\begin{Bmatrix}\ddot{x}_1\\\ddot{x}_2\\\vdots\\\ddot{x}_n\end{Bmatrix}=\{0\} \tag{4.31}$$

设其解仍为式(4.27)的形式，将其代入式(4.30)并将全式除以ω_n^2（$\omega_n^2\neq0$）可得

$$\frac{1}{\omega_n^2}\{A\}-[\delta][M]\{A\}=\{0\} \tag{4.32}$$

特征方程为

$$\left|\begin{bmatrix}\frac{1}{\omega_n^2}&0&\cdots&0\\0&\frac{1}{\omega_n^2}&\cdots&0\\\vdots&\vdots&&\vdots\\0&0&\cdots&\frac{1}{\omega_n^2}\end{bmatrix}-\begin{bmatrix}\delta_{11}&\delta_{12}&\cdots&\delta_{1n}\\\delta_{21}&\delta_{22}&\cdots&\delta_{2n}\\\vdots&\vdots&&\vdots\\\delta_{n1}&\delta_{n2}&\cdots&\delta_{nn}\end{bmatrix}\begin{bmatrix}M_{11}&M_{12}&\cdots&M_{1n}\\M_{21}&M_{22}&\cdots&M_{2n}\\\vdots&\vdots&&\vdots\\M_{n1}&M_{n2}&\cdots&M_{nn}\end{bmatrix}\right|=0 \tag{4.33}$$

展开后可得$\frac{1}{\omega_n^2}$的n个代数方程，由此可求得$\frac{1}{\omega_n^2}$的n个值，取其倒数即可得到ω_n^2的n个

特征值，将$\frac{1}{\omega_n^2}$的 n 个根代回式（4.32），可求得 n 个特征矢量。由于振动方程式（4.30）与式（4.17）是可以互换的，因此，对于相同的广义坐标，不论采用哪种形式的振动方程，求得系统的固有频率和主振动总是相同的。

对于一个多自由度系统，如果选择了两种不同的广义坐标，则特征方程的形式也各不相同，但其展开后的代数方程都是相同的，因而求得的固有频率值是相同的。因为一个系统的固有频率完全由系统的固有物理性质（惯性、弹性）所决定，绝不会因广义坐标的选择不同而改变。而与各阶固有频率对应的主振型值，随广义坐标选择的不同而不同，这种差异就是同一种运动形式从不同的广义坐标来观察所产生的。一个系统的固有频率和主振型完全决定于系统本身固有的物理性质。

例 4－1　图 4－2 所示为三质量弹簧系统振型，$k_1=3k$，$k_2=2k$，$k_3=k$，$m_1=2m$，$m_2=1.5m$，$m_3=m$，求系统的固有频率和主振型。

解　取三质量各自偏离平衡位置的位移 x_1、x_2、x_3 为广义坐标，则系统的质量矩阵 $[M]$ 和刚度矩阵 $[K]$ 可由式（4.1）中质量矩阵和刚度矩阵求得

$$[M]=\begin{bmatrix}2m & 0 & 0\\ 0 & 1.5m & 0\\ 0 & 0 & m\end{bmatrix}$$

$$[K]=\begin{bmatrix}3k+2k & -2k & 0\\ -2k & 2k+k & -k\\ 0 & -k & k\end{bmatrix}=\begin{bmatrix}5k & -2k & 0\\ -2k & 3k & -k\\ 0 & -k & k\end{bmatrix}$$

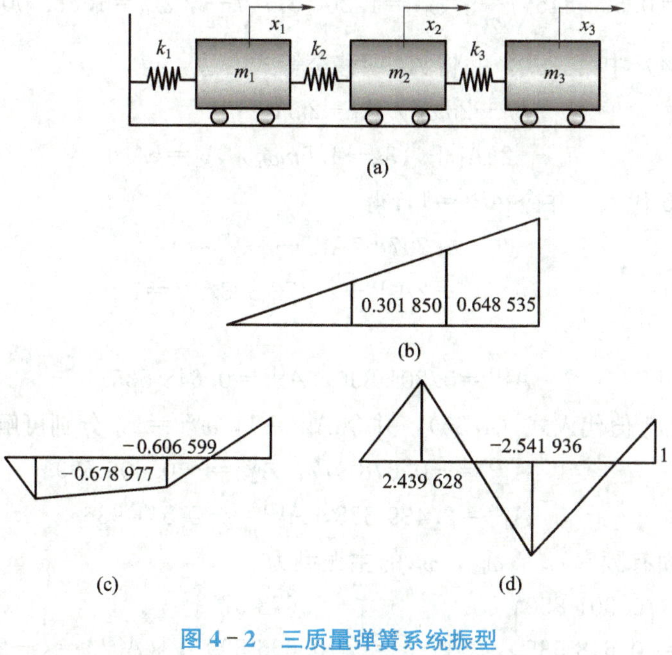

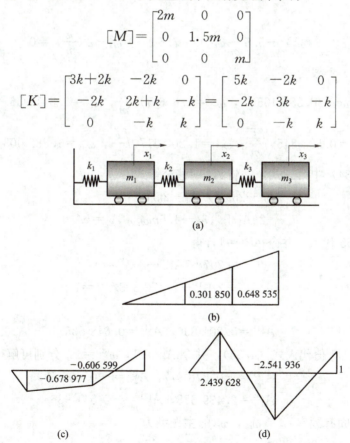

图 4－2　三质量弹簧系统振型

(a) 三自由度弹簧质量系统；(b) 第一阶振型；(c) 第二阶振型；(d) 第三阶振型

则自由振动微分方程为

$$\begin{bmatrix}2m & 0 & 0\\0 & 1.5m & 0\\0 & 0 & m\end{bmatrix}\begin{Bmatrix}\ddot{x}_1\\\ddot{x}_2\\\ddot{x}_3\end{Bmatrix}+\begin{bmatrix}5k & -2k & 0\\-2k & 3k & -k\\0 & -k & k\end{bmatrix}\begin{Bmatrix}x_1\\x_2\\x_3\end{Bmatrix}=\{0\}$$

设其解为

$$x_i=A_i\sin(\omega_n t+\varphi)\qquad(i=1,\ 2,\ 3)$$

代入微分方程式得

$$\left.\begin{aligned}&(5k-2m\omega_n^2)A_1-2kA_2=0\\&-2kA_1+(3k-1.5m\omega_n^2)A_2-kA_3=0\\&-kA_2+(k-m\omega_n^2)A_3=0\end{aligned}\right\}\tag{4.34}$$

其特征方程为

$$\begin{vmatrix}5k-2m\omega_n^2 & -2k & 0\\-2k & 3k-1.5m\omega_n^2 & -k\\0 & -k & k-m\omega_n^2\end{vmatrix}=0$$

展开并化简后得

$$(\omega_n^2)^3-5.5\frac{k}{m}(\omega_n^2)^2+7.5\left(\frac{k}{m}\right)^2\omega_n^2-2\left(\frac{k}{m}\right)^3=0$$

用数值解法求得 3 个根为

$$\omega_{n1}^2=0.351\,465\frac{k}{m},\ \omega_{n2}^2=1.606\,599\frac{k}{m},\ \omega_{n3}^2=3.541\,936\frac{k}{m}$$

$$\omega_{n1}=0.592\,845\sqrt{\frac{k}{m}},\ \omega_{n2}=1.267\,517\sqrt{\frac{k}{m}},\ \omega_{n3}=1.882\,003\sqrt{\frac{k}{m}}$$

划去式（4.34）中第三式，并将 A_3 项移至等式右边，得

$$\left.\begin{aligned}&(5k-2m\omega_n^2)A_1-2kA_2=0\\&-2kA_1+(3k-1.5m\omega_n^2)A_2=kA_3\end{aligned}\right\}\tag{4.35}$$

将 $\omega_{n1}^2=0.351\,465$ 代入，并令 $A_3^{(1)}=1$，得

$$4.297\,07A_1^{(1)}-2A_2^{(1)}=0$$

$$-2A_1^{(1)}+2.472\,803A_2^{(1)}=1$$

解得

$$A_1^{(1)}=0.301\,850,\ A_2^{(1)}=0.648\,535$$

同理将 ω_{n2}^2，ω_{n3}^2 值代入式（4.35），并令 $A_3^{(2)}=1$，$\omega_3^{(3)}=1$，分别可解得

$$A_1^{(2)}=-0.678\,977,\ A_2^{(2)}=-0.606\,599$$

$$A_1^{(3)}=2.439\,628,\ A_2^{(3)}=-2.541\,936$$

对应于 3 个固有频率 ω_{n1}，ω_{n2}，ω_{n3} 的主振型为

$$\{A^{(1)}\}=\begin{Bmatrix}0.301\,850\\0.648\,535\\1\end{Bmatrix},\ \{A^{(2)}\}=\begin{Bmatrix}-0.678\,977\\-0.606\,599\\1\end{Bmatrix},\ \{A^{(3)}\}=\begin{Bmatrix}2.439\,628\\-2.541\,936\\1\end{Bmatrix}$$

各阶振型值用折线表示于图 4-2（b）、（c）、（d）中，这种图形称为振型图，表示各坐标间的相对位移。

前面已指出，正定系统的各固有频率值均不为零，并且已讨论了各固有频率值互不相等的情况。有些正定系统的固有频率值中会发生其中两个或几个彼此相等的情况，即系统的特征方程（4.14）具有 ω_{n}^{2} 的重根。另外，半正定系统，即有刚体位移的系统，各固有频率值中一定会出现零值，即特征方程具有零根。

正定系统的各阶固有频率恒取正值，绝不可能取零值。固有频率取零值的情况只能在半正定系统中出现；反之，半正定系统一定会出现零值的固有频率。

从物理意义上说，这个零值的固有频率对应的系统运动，是系统没有弹性变形的，是离开原来平衡位置的整体的刚体运动，而不是围绕平衡位置的简谐运动。

4.4　主振型的正交性

一个 n 自由度系统具有 n 个固有频率 ω_{ni} 和 n 组主振型 $\{A^{(i)}\}$（$i=1, 2, \cdots, n$）。现在来分析两组主振型之间的关系。已知对应于固有频率 ω_{ni} 和 ω_{nj} 的主振型 $\{A^{(i)}\}$ 及 $\{A^{(j)}\}$，根据式（4.20）应分别满足下列两个方程

$$[K]\{A^{(i)}\}=\omega_{ni}^{2}[M]\{A^{(i)}\} \tag{4.36}$$

$$[K]\{A^{(j)}\}=\omega_{nj}^{2}[M]\{A^{(j)}\} \tag{4.37}$$

将式（4.36）等式两边前乘 $\{A^{(j)}\}$ 的转置矩阵 $\{A^{(j)}\}^{\mathrm{T}}$，得

$$\{A^{(j)}\}^{\mathrm{T}}[K]\{A^{(i)}\}=\omega_{ni}^{2}\{A^{(j)}\}^{\mathrm{T}}[M]\{A^{(i)}\} \tag{4.38}$$

将式（4.37）等式两边前乘 $\{A^{(i)}\}$ 的转置矩阵 $\{A^{(i)}\}^{\mathrm{T}}$，得

$$\{A^{(i)}\}^{\mathrm{T}}[K]\{A^{(j)}\}=\omega_{nj}^{2}\{A^{(i)}\}^{\mathrm{T}}[M]\{A^{(j)}\} \tag{4.39}$$

由于 $[M]$ 和 $[K]$ 都是对称矩阵，故

$$\{A^{(j)}\}^{\mathrm{T}}[K]\{A^{(i)}\}=\{A^{(i)}\}^{\mathrm{T}}[K]\{A^{(j)}\} \tag{4.40}$$

$$\{A^{(j)}\}^{\mathrm{T}}[M]\{A^{(i)}\}=\{A^{(i)}\}^{\mathrm{T}}[M]\{A^{(j)}\} \tag{4.41}$$

因此用式（4.38）减式（4.39）后得

$$(\omega_{ni}^{2}-\omega_{nj}^{2})\ \{A^{(i)}\}^{\mathrm{T}}[K]\{A^{(j)}\}=0$$

在 $\omega_{ni}^{2}\neq\omega_{nj}^{2}$ 的情况下，必然有

$$\{A^{(i)}\}^{\mathrm{T}}[M]\{A^{(j)}\}=0 \tag{4.42}$$

代入式（4.39），得

$$\{A^{(i)}\}^{\mathrm{T}}[K]\{A^{(j)}\}=0 \tag{4.43}$$

式（4.42）和式（4.43）表示不相等的两个固有频率对应的两个主振型之间，既存在着对质量矩阵 $[M]$ 的正交性，又存在着对刚度矩阵 $[K]$ 的正交性，统称主振型的正交性。

若 $i=j$，则式（4.42）为

$$\{A^{(i)}\}^{\mathrm{T}}[M]\{A^{(i)}\}=M_{i}\quad (i=1, 2, \cdots, n) \tag{4.44}$$

M_i 称为第 i 阶主质量（模态质量），式（4.33）成为

$$\{A^{(i)}\}^{\mathrm{T}}[K]\{A^{(i)}\}=K_{i}\qquad (i=1, 2, \cdots, n) \tag{4.45}$$

K_i 称为第 i 阶主刚度（模态刚度）。

在 $i=j$ 的情况下，根据式（4.38）可得

$$\omega_{ni}^2=\frac{\{A^{(i)}\}^{\mathrm{T}}[K]\{A^{(i)}\}}{\{A^{(i)}\}^{\mathrm{T}}[M]\{A^{(i)}\}}=\frac{K_i}{M_i} \tag{4.46}$$

由式（4.36）可以看出系统的固有频率随刚度与质量的变化趋势。当系统的刚度增加，K_i 值也增加，ω_{ni}^2增加，固有频率值提高；反之，固有频率值降低。当系统质量增加，M_i 值也增加，ω_{ni}^2减小，固有频率值降低；反之，固有频率值提高。这种固有频率随刚度与质量的变化趋势，不论系统的自由度为多少，总是存在的。

如果一个正定系统特征方程（4.22）求得的 n 个 ω_n^2 的根中，有两个或几个彼此相等，则对应这两个或几个固有频率，它们的主振型是不确定的。对于这种情况可以根据如下两个特点构造振型向量。

(1) 对应于两个或几个彼此相等固有频率的特征矢量与相应于非重根的特征矢量是相互正交的。

(2) 若系统的质量矩阵［M］和刚度矩阵［K］是对称的，则这些与重根相对应的特征矢量间也是相互正交的。

当正交系统具有 r（>2）个相等的固有频率时，可以根据以上两个特点求得任意 r 个独立的主振型，对它们再进行一定的线性组合，总可以选出 r 个彼此独立又正交的主振型。

对应于正定系统的 r 个相等的固有频率及选取的 r 个独立又正交的主振型，存在着系统的 r 个主振型，其形式都是如式（4.26）所表示的简谐振动，它们之间虽然频率相同，但振幅和相位角却是相互独立的。每个主振动具有两个待定常数，因此前述正定系统自由振动的一般解的形式式（4.25）仍然有效。

4.5 无阻尼系统的响应

4.5.1 对初始条件的响应

对于多自由度系统，其自由振动微分方程是 n 个二阶常微分方程组成的方程组。给定了 $2n$ 个初始条件，就完全确定了方程的一组特解，这组特解就是系统在此初始条件下的响应。前面所讨论的方法是先求出运动方程的一般解，然后用 $2n$ 个初始条件确定一般解中 $2n$ 个待定常数值，从而求得这组特解。根据系统自由振动微分方程，已经求得正定系统自由振动的一般形式，即如式（4.26）所示的由 n 组简谐振动成分的主振动叠加而成的一般自由振动形式，其中固有频率和主振型由系统的惯性及弹性性质所确定，与系统各坐标特定的初始值无关。为了确定系统自由振动一般解中 $2n$ 个特定常数，可根据给定的 $2n$ 个初始条件 x_{10}，x_{20}，…，x_{n0}及$\dot{x}_{10}$，$\dot{x}_{20}$，…，$\dot{x}_{n0}$求解联立方程。这种联立方程的求解并没有原则上的困难，但有一定的计算工作量。如利用主振型或正则振型，并通过系统原坐标与主坐标或正则坐标的坐标变换，就可以避免求解联立方程，充分体现了振型叠加法的长处。这种求解过程常称为振型分析或模态分析。

为此，在求出系统的固有频率及主振型、正则振型后，利用

$$\{x\}=[A_{\mathrm{N}}]\{x_{\mathrm{N}}\}$$

建立系统原有坐标与正则坐标之间的坐标变换，用正则坐标 x_{N1}，x_{N2}，…，x_{Nn}表示系统自由振动微分方程为

$$\left.\begin{array}{l}\ddot{x}_{N1}+\omega_{n1}^2 x_{N1}=0\\ \ddot{x}_{N2}+\omega_{n2}^2 x_{N2}=0\\ \vdots\\ \ddot{x}_{Nn}+\omega_{nn}^2 x_{Nn}=0\end{array}\right\}$$

对于正定系统，由

$$\{x_N\}=[M_N]^{-1}[A_N]^T[M]\{x\}=[I][A_N]^T[M]\{x\}=[A_N]^T[M]\{x\}$$

很容易求出各正则坐标的一般解为

$$x_{Ni}=A\cos\omega_{ni}t+B_i\sin\omega_{ni}t\qquad(i=1,2,\cdots,n)\tag{4.47}$$

待定常数 A_i，B_i 可以由初始时刻 $t=0$ 时，各正则坐标及其速度的初始值 x_{Ni0}、$\dot{x}_{Ni0}$表示，这与单自由度系统中由初始条件决定待定常数的方法是一样的，利用上述初始条件求出待定常数后，式（4.47）可表示为

$$x_{Ni}=x_{Ni0}\cos\omega_{ni}t+\frac{\dot{x}_{Ni0}}{\omega_{ni}}\sin\omega_{ni}t\qquad(i=1,2,\cdots,n)\tag{4.48}$$

这样，剩下的问题就是如何由原坐标的初始条件求出各正则坐标的初始条件。利用

$$\{x_N\}=[M_N]^{-1}[A_N]^T[M]\{x\}=[I][A_N]^T[M]\{x\}=[A_N]^T[M]\{x\}$$

可求得正则坐标的初始值为

$$\{x_N\}_{t=0}=[A_N]^T[M]\{x\}_{t=0}\tag{4.49}$$

即

$$\begin{Bmatrix}x_{N10}\\x_{N20}\\\vdots\\x_{Nn0}\end{Bmatrix}=\begin{bmatrix}A_{N1}^{(1)}&A_{N2}^{(1)}&\cdots&A_{Nn}^{(1)}\\A_{N1}^{(2)}&A_{N2}^{(2)}&\cdots&A_{Nn}^{(2)}\\\vdots&\vdots&&\vdots\\A_{N1}^{(n)}&A_{N2}^{(n)}&\cdots&A_{Nn}^{(n)}\end{bmatrix}\begin{bmatrix}m_{11}&m_{12}&\cdots&m_{1n}\\m_{21}&m_{22}&\cdots&m_{2n}\\\vdots&\vdots&&\vdots\\m_{n1}&m_{n2}&\cdots&m_{nn}\end{bmatrix}\begin{Bmatrix}x_{10}\\x_{20}\\\vdots\\x_{n0}\end{Bmatrix}\tag{4.50}$$

将$\{x_N\}=[A_N]\{x\}$两边求导数，得

$$\{\dot{x}_N\}=[A_N]^T[M]\{\dot{x}\}\tag{4.51}$$

在初始时刻 $t=0$ 时，有

$$\{\dot{x}_N\}_{t=0}=[A_N]^T[M]\{\dot{x}\}_{t=0}\tag{4.52}$$

即

$$\begin{Bmatrix}\dot{x}_{N10}\\\dot{x}_{N20}\\\vdots\\\dot{x}_{Nn0}\end{Bmatrix}=\begin{bmatrix}A_{N1}^{(1)}&A_{N2}^{(1)}&\cdots&A_{Nn}^{(1)}\\A_{N1}^{(2)}&A_{N2}^{(2)}&\cdots&A_{Nn}^{(2)}\\\vdots&\vdots&&\vdots\\A_{N1}^{(n)}&A_{N2}^{(n)}&\cdots&A_{Nn}^{(n)}\end{bmatrix}\begin{bmatrix}m_{11}&m_{12}&\cdots&m_{1n}\\m_{21}&m_{22}&\cdots&m_{2n}\\\vdots&\vdots&&\vdots\\m_{n1}&m_{n2}&\cdots&m_{nn}\end{bmatrix}\begin{Bmatrix}\dot{x}_{10}\\\dot{x}_{20}\\\vdots\\\dot{x}_{n0}\end{Bmatrix}\tag{4.53}$$

将式（4.50）、式（4.53）的计算结果代入式（4.48），再利用下式可求得系统用原先坐标x_1，x_2，…，x_n表示的响应，即

$$\{x\}=[A_N]\{x_N\}$$

或

$$\begin{Bmatrix} x_1 \\ x_2 \\ \vdots \\ x_n \end{Bmatrix}=\begin{bmatrix} A_{N1}^{(1)} & A_{N1}^{(2)} & \cdots & A_{N1}^{(n)} \\ A_{N2}^{(1)} & A_{N2}^{(2)} & \cdots & A_{N2}^{(n)} \\ \vdots & \vdots & & \vdots \\ A_{Nn}^{(1)} & A_{Nn}^{(2)} & \cdots & A_{Nn}^{(n)} \end{bmatrix}\begin{Bmatrix} x_{N10}\cos\omega_{n1}t+\dfrac{1}{\omega_{n1}}\dot{x}_{N10}\sin\omega_{n1}t \\ x_{N20}\cos\omega_{n2}t+\dfrac{1}{\omega_{n2}}\dot{x}_{N20}\sin\omega_{n2}t \\ \vdots \\ x_{Nn0}\cos\omega_{nn}t+\dfrac{1}{\omega_{nn}}\dot{x}_{Nn0}\sin\omega_{nn}t \end{Bmatrix} \tag{4.54}$$

4.5.2 对激励的响应

对于无阻尼多自由度系统的强迫振动，可列出矩阵形式的作用力方程

$$[M]\{\ddot{x}\}+[K]\{x\}=\{F(t)\}$$

当激振力是同频率、同相位的简谐力时，上式写为

$$[M]\{\ddot{x}\}+[K]\{x\}=\{F\}\sin\omega t \tag{4.55}$$

式中，$\{F\}$为激振力幅值列阵$\{F_1,F_2,\cdots,F_n\}^{\mathrm{T}}$。

式$[M]\{\ddot{x}\}+[C]\{\dot{x}\}+[K]\{x\}=0$为$n$个方程的方程组，而且是互相耦联的方程组。为了便于求解，需解除方程组的耦联，利用振型矩阵$[A_{\mathrm{P}}]$，将方程$[M]\{\ddot{x}\}+[C]\{\dot{x}\}+[K]\{x\}=0$变换为主坐标

$$[A_{\mathrm{P}}]^{\mathrm{T}}[M][A_{\mathrm{P}}]\{\ddot{x}_{\mathrm{P}}\}+[A_{\mathrm{P}}]^{\mathrm{T}}[K][A_{\mathrm{P}}]\{x_{\mathrm{P}}\}=[A_{\mathrm{P}}]^{\mathrm{T}}\{F\}\sin\omega t$$

或写成

$$[M_{\mathrm{P}}]\{\ddot{x}_{\mathrm{P}}\}+[K_{\mathrm{P}}]\{x_{\mathrm{P}}\}=\{F_{\mathrm{P}}\}\sin\omega t \tag{4.56}$$

式中，$[M_{\mathrm{P}}]$、$[K_{\mathrm{P}}]$分别为主质量矩阵和主刚度矩阵，而$\{F_{\mathrm{P}}\}$是用主坐标表示的激振力幅值列阵

$$\{F_{\mathrm{P}}\}=[A_{\mathrm{P}}]^{\mathrm{T}}\{F\} \tag{4.57}$$

写成展开的形式

$$\{F_{\mathrm{P}}\}=\begin{bmatrix} A_1^{(1)} & A_1^{(2)} & \cdots & A_1^{(n)} \\ A_2^{(1)} & A_2^{(2)} & \cdots & A_2^{(n)} \\ \vdots & \vdots & & \vdots \\ A_n^{(1)} & A_n^{(2)} & \cdots & A_n^{(n)} \end{bmatrix}\begin{Bmatrix} F_1 \\ F_2 \\ \vdots \\ F_n \end{Bmatrix} \tag{4.58}$$

如果进一步以正则振型矩阵$[A_{\mathrm{N}}]$代替$[A_{\mathrm{P}}]$，则方程（4.57）变为

$$\{F_{\mathrm{N}}\}=[A_{\mathrm{N}}]^{\mathrm{T}}\{F\} \tag{4.59}$$

进而按正则坐标，方程（4.56）可写为

$$[I]\{\ddot{x}_{\mathrm{N}}\}+[K_{\mathrm{N}}]\{x_{\mathrm{N}}\}=\{F_{\mathrm{N}}\}\sin\omega t \tag{4.60}$$

式（4.60）可以展开写成

$$\ddot{x}_{\mathrm{N}i}+\omega_{\mathrm{n}}^2x_{\mathrm{N}i}=f_{\mathrm{N}i}\sin\omega t \quad (i=1,2,\cdots,n) \tag{4.61}$$

式中，$f_{\mathrm{N}i}$（$i=1,2,\cdots,n$），由式（4.59）确定。

式（4.61）表示n个独立方程，具有与单自由度相同的形式，因而可以用单自由度系统强迫振动的结果求出每个正则坐标的振幅

$$B_{\mathrm{N}i}=\frac{f_{\mathrm{N}i}}{\omega_{\mathrm{n}i}^2}\frac{1}{1-\left(\dfrac{\omega}{\omega_{\mathrm{n}i}}\right)^2} \quad (i=1,2,\cdots,n) \tag{4.62}$$

系统各坐标对简谐激振的响应

$$\{x_N\}=\begin{Bmatrix} B_{N1} \\ B_{N2} \\ \vdots \\ B_{Nn} \end{Bmatrix}\sin\omega t \tag{4.63}$$

求出$\{x_N\}$后，按关系式$\{x_N\}=[A_N]^T[M]\{x\}$进行坐标变换，求出原坐标的响应。这种求系统响应的方法称为振型叠加法。由式（4.62）可知，当激振频率ω与系统的第i阶固有频率ω_{ni}接近时，第i阶正则坐标x_{Ni}的稳态受迫振动的振幅值变得很大。与单自由度系统的共振现象类似，对于n个自由度系统的n个不同的固有频率，可以出现n个频率不同的共振现象。

例 4-3　求例 4-1 所示系统，对质量m_2作用简谐激振力$F_2\sin\omega t$，试计算其响应。

解　已知固有频率和正则矩阵分别为

$$\omega_{n1}=0.592\,845\sqrt{\frac{k}{m}},\ \omega_{n2}=1.267\,517\sqrt{\frac{k}{m}},\ \omega_{n3}=1.882\,003\sqrt{\frac{k}{m}}$$

$$[A_N]=\frac{1}{\sqrt{m}}\begin{bmatrix} 0.22\,417 & -0.431\,677 & 0.513\,228 \\ 0.481\,637 & -0.385\,66 & -0.534\,751 \\ 0.742\,654 & 0.635\,775 & 0.210\,371 \end{bmatrix}$$

$$[F_N]=[A_N]^T\{F\}=\frac{1}{\sqrt{m}}\begin{bmatrix} 0.224\,17 & 0.481\,637 & 0.742\,654 \\ 0.481\,637 & -0.385\,66 & 0.635\,775 \\ 0.513\,228 & -0.534\,751 & 0.210\,371 \end{bmatrix}\begin{Bmatrix} 0 \\ F_2\sin\omega t \\ 0 \end{Bmatrix}$$

得

$$[F_N]=\frac{F_2}{\sqrt{m}}\begin{Bmatrix} 0.481\,637 \\ -0.385\,66 \\ 0.534\,751 \end{Bmatrix}$$

正则坐标的响应

$$\begin{Bmatrix} x_{N10} \\ x_{N20} \\ x_{N30} \end{Bmatrix}=\begin{Bmatrix} B_{N1} \\ B_{N2} \\ B_{N3} \end{Bmatrix}\sin\omega t=\frac{F_2}{\sqrt{m}}\begin{Bmatrix} \dfrac{0.481\,637}{\omega_{n1}^2-\omega^2} \\ \dfrac{-0.385\,66}{\omega_{n2}^2-\omega^2} \\ \dfrac{0.534\,751}{\omega_{n3}^2-\omega^2} \end{Bmatrix}\sin\omega t$$

坐标变换，求出原坐标的响应

$$\{x\}=[A_N]\{x_N\}=\frac{1}{\sqrt{m}}\begin{bmatrix} 0.224\,17 & -0.431\,677 & -0.513\,228 \\ -0.481\,637 & -0.385\,66 & 0.534\,751 \\ 0.742\,654 & 0.635\,775 & -0.210\,371 \end{bmatrix}\times\frac{F_2}{\sqrt{m}}\begin{Bmatrix} \dfrac{0.481\,637}{\omega_{n1}^2-\omega^2} \\ \dfrac{-0.385\,66}{\omega_{n2}^2-\omega^2} \\ \dfrac{0.534\,751}{\omega_{n3}^2-\omega^2} \end{Bmatrix}\sin\omega t$$

$$=\frac{F_2}{m}\begin{Bmatrix} \dfrac{0.481\,637}{\omega_{n1}^2-\omega^2}+\dfrac{-0.385\,66}{\omega_{n2}^2-\omega^2}+\dfrac{0.534\,751}{\omega_{n3}^2-\omega^2} \\ \dfrac{0.481\,637}{\omega_{n1}^2-\omega^2}+\dfrac{-0.385\,66}{\omega_{n2}^2-\omega^2}+\dfrac{0.534\,751}{\omega_{n3}^2-\omega^2} \\ \dfrac{0.481\,637}{\omega_{n1}^2-\omega^2}+\dfrac{-0.385\,66}{\omega_{n2}^2-\omega^2}+\dfrac{0.534\,751}{\omega_{n3}^2-\omega^2} \end{Bmatrix}\sin\omega t$$

若激振力为非简谐周期性变化的激振函数，则可将其展开成傅里叶级数，之后仍按振型叠加法如同上述步骤进行求解。

4.6　多自由系统的阻尼

4.6.1　比例阻尼

对于工程上按多自由度系统分析的各种弹性结构来说，它们在振动时总要受到各种阻尼力的作用（如材料阻尼、结构阻尼、介质黏性阻尼等）。由于各种阻尼力的机理比较复杂，在振动分析计算时，常常将各种阻尼力都简化为与速度成正比的黏性阻尼力，其中有些黏性阻尼力与各坐标的绝对速度成正比（如介质黏性阻尼），有些阻尼力与各坐标的相对速度成正比（如轴上带有圆盘的扭振系统，各圆盘间轴段的材料阻尼与两端圆盘角速度的相差值成正比），它们可分别以 $c\dot{x}_i$ 或 $c(\dot{x}_i-\dot{x}_j)$ 的形式定量表示，其中 $\dot{x}_i$ 与 $\dot{x}_i-\dot{x}_j$ 分别是各坐标的绝对速度与相对速度，阻尼系数 c 需由工程上各种理论与经验公式求出或直接根据实验数据确定。

例如，对于图 4-3 所示轴上带有三圆盘的扭振系统，在各外扭矩及阻尼扭矩的作用下，其运动方程式可写成

$$\left.\begin{aligned}&I_1\ddot{\varphi}_1+c_1\dot{\varphi}_1+c_4(\dot{\varphi}_1-\dot{\varphi}_2)+k_1(\varphi_1-\varphi_2)=M_1\\&I_2\ddot{\varphi}_2+c_2\dot{\varphi}_2+c_4(\dot{\varphi}_2-\dot{\varphi}_1)+c_5(\dot{\varphi}_2-\dot{\varphi}_3)+k_1(\varphi_2-\varphi_1)+k_2(\varphi_2-\varphi_3)=M_2\\&I_3\ddot{\varphi}_3+c_3\dot{\varphi}_3+c_5(\dot{\varphi}_3-\dot{\varphi}_2)+k_2(\varphi_3-\varphi_2)=M_3\end{aligned}\right\}$$

或写成下述矩阵形式

$$\begin{bmatrix}I_1&0&0\\0&I_2&0\\0&0&I_3\end{bmatrix}\begin{bmatrix}\ddot{\varphi}_1\\\ddot{\varphi}_2\\\ddot{\varphi}_3\end{bmatrix}+\begin{bmatrix}c_1+c_4&-c_4&0\\-c_4&c_2+c_4+c_5&-c_5\\0&-c_5&c_3+c_5\end{bmatrix}\begin{bmatrix}\dot{\varphi}_1\\\dot{\varphi}_2\\\dot{\varphi}_3\end{bmatrix}+\begin{bmatrix}k_1&-k_1&0\\-k_1&k_1+k_2&-k_2\\0&-k_2&k_2\end{bmatrix}\begin{bmatrix}\varphi_1\\\varphi_2\\\varphi_3\end{bmatrix}=\begin{bmatrix}M_1\\M_2\\M_3\end{bmatrix}$$

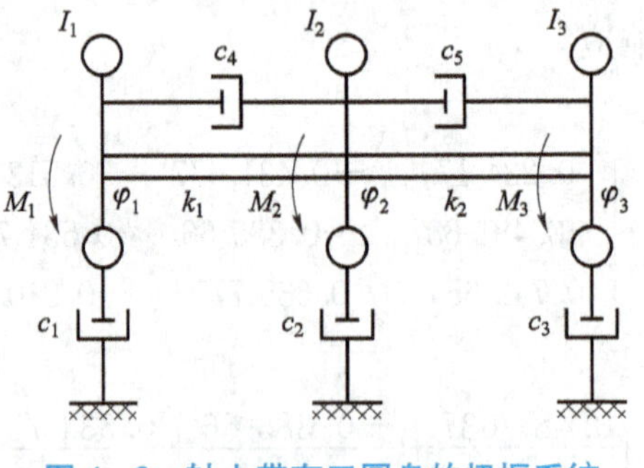

图 4-3　轴上带有三圆盘的扭振系统

对于一般的带有黏性阻尼的多自由度系统，在外力作用下，它的运动方程式的形式为

$$[M]\{\ddot{x}\}+[C]\{\dot{x}\}+[K]\{x\}=\{P\} \tag{4.64}$$

式中，质量矩阵 $[M]$、刚度矩阵 $[K]$ 及外力列阵 $\{P\}$ 的意义与前面相同，而阻尼矩阵

$[C]$ 的形式为

$$[C]=\begin{bmatrix} c_{11} & c_{12} & \cdots & c_{1n} \\ c_{21} & c_{22} & \cdots & c_{2n} \\ \vdots & \vdots & & \vdots \\ c_{n1} & c_{n2} & \cdots & c_{nn} \end{bmatrix} \tag{4.65}$$

阻尼矩阵$[C]$一般是正定或半正定的对称矩阵。

如没有外力作用，则带有黏性阻尼的多自由度系统的自由振功微分方程式为

$$[M]\{\ddot{x}\}+[C]\{\dot{x}\}+[K]\{x\}=\{0\} \tag{4.66}$$

令此式具有解

$$x_i=A_i e^{wt} \qquad (i=1,\ 2,\ \cdots,\ n) \tag{4.67}$$

代入式（4.56），可得有阻尼的多自由度系统的特征方程式为

$$\begin{vmatrix} k_{11}+c_{11}\omega+m_{12}\omega^2 k_{12}+c_{12}w+m_{12}\omega^2 \cdots k_{1n}+c_{1n}\omega+m_{1n}\omega^2 \\ k_{21}+c_{21}\omega+m_{22}\omega^2 k_{22}+c_{22}w+m_{22}\omega^2 \cdots k_{2n}+c_{2n}\omega+m_{2n}\omega^2 \\ \vdots \\ k_{n1}+c_{n1}\omega+m_{n2}\omega^2 k_{n2}+c_{n2}w+m_{n2}\omega^2 \cdots k_{nn}+c_{nn}\omega+m_{nn}\omega^2 \end{vmatrix}=0 \tag{4.68}$$

将其展开后，可得到一个 ω 的 $2n$ 次方程式，由它可得到 ω 的 n 对共轭复根，对应可得到 n 对$\{A\}$的共轭复振型。将这些解线性组合后，可得到系统的一般解。

下面主要介绍用振型叠加法求解有阻尼的多自由度系统的振动问题。

引进正则坐标$\{x_N\}$，并将$\{x\}=[A_N]\{x_N\}$式代入式（4.64），可得

$$[M][A_N]\{\ddot{x}_N\}+[C][A_N]\{\dot{x}_N\}+[K][A_N]\{x_N\}=\{P\} \tag{4.69}$$

对此式两边前乘以$\{A_N\}^T$，可得

$$[I]\{\ddot{x}_N\}+[C_N]\{\dot{x}_N\}+[K_N]\{x_N\}=\{P_N\} \tag{4.70}$$

式中，$\{\omega_N\}=\{A_N\}^T\{\omega\}$为正则坐标中的广义力列阵；$[C_N]$为正则坐标中的阻尼矩阵，它是由原先坐标中的阻尼矩阵$[C]$转换出来的

$$[C_N]=[A_N]^T[C][A_N] \tag{4.71}$$

$$[C_N]=\begin{bmatrix} A_{N1}^{(1)} & A_{N2}^{(1)} & \cdots & A_{Nn}^{(1)} \\ A_{N1}^{(2)} & A_{N2}^{(2)} & \cdots & A_{Nn}^{(2)} \\ \vdots & \vdots & & \vdots \\ A_{N1}^{(n)} & A_{N2}^{(n)} & \cdots & A_{Nn}^{(n)} \end{bmatrix}\begin{bmatrix} c_{11} & c_{12} & \cdots & c_{1n} \\ c_{21} & c_{22} & \cdots & c_{2n} \\ \vdots & \vdots & & \vdots \\ c_{n1} & c_{n2} & \cdots & c_{nn} \end{bmatrix}\begin{bmatrix} A_{N1}^{(1)} & A_{N1}^{(2)} & \cdots & A_{N1}^{(n)} \\ A_{N2}^{(1)} & A_{N2}^{(2)} & \cdots & A_{N2}^{(n)} \\ \vdots & \vdots & & \vdots \\ A_{Nn}^{(1)} & A_{Nn}^{(2)} & \cdots & A_{Nn}^{(n)} \end{bmatrix}$$

$$=\begin{bmatrix} c_{N11} & c_{N12} & \cdots & c_{N1n} \\ c_{N21} & c_{N22} & \cdots & c_{N2n} \\ \vdots & \vdots & & \vdots \\ c_{Nn1} & c_{Nn2} & \cdots & c_{Nnn} \end{bmatrix} \tag{4.72}$$

虽然式（4.70）中$\{\ddot{x}_N\}$与$\{x_N\}$的系数矩阵都已分别是对角矩阵$[I]$与$[K_N]$，但由于$[C_N]$一般不是对角矩阵，所以式（4.70）是一组通过速度项相互耦合的微分方程式。类似地可将式（4.66）转换成

$$[I]\{\ddot{x}_{\mathrm{N}}\}+[C_{\mathrm{N}}]\{\dot{x}_{\mathrm{N}}\}+[K_{\mathrm{N}}]\{x_{\mathrm{N}}\}=\{0\} \tag{4.73}$$

显然，如果$[C_{\mathrm{N}}]$是一个对角矩阵，则将大大简化式（4.70）或式（4.73）的求解工作。

很早以前，瑞雷就指出：如果原坐标的阻尼矩阵$[C]$恰好与质量矩阵$[M]$或刚度矩阵$[K]$成正比，或者$[C]$是$[M]$与$[K]$的某种线性组合，即

$$[C]=a[M]+b[K] \tag{4.74}$$

式中，a、b各为正的常数。则称这种阻尼为比例阻尼。对这种比例阻尼来说，当坐标转换成正则坐标时，在正则坐标中的阻尼矩阵$[C_{\mathrm{N}}]$将是一个对角矩阵，即有

$$\begin{aligned}[C_{\mathrm{N}}]&=[A_{\mathrm{N}}]^{\mathrm{T}}[C][A_{\mathrm{N}}]\\&=[A_{\mathrm{N}}]^{\mathrm{T}}\ (a[M]+b[K][A_{\mathrm{N}}])\\&=a\,[A_{\mathrm{N}}]^{\mathrm{T}}[M][A_{\mathrm{N}}]+b\,[A_{\mathrm{N}}]^{\mathrm{T}}[K][A_{\mathrm{N}}]\\&=a[I]+b[K_{\mathrm{N}}]\\&=\begin{bmatrix}a+b\omega_1^2 & 0 & \cdots & 0\\ 0 & a+b\omega_1^2 & \cdots & 0\\ \vdots & \vdots & & \vdots\\ 0 & 0 & \cdots & a+b\omega_1^2\end{bmatrix}\end{aligned} \tag{4.75}$$

比例阻尼只是使$[C_{\mathrm{N}}]$成为对角矩阵的一种特殊情形，还可以找到其他一些条件，只要$[C]$满足这些条件，同样可以得到$[C_{\mathrm{N}}]$为对角矩阵。但是，对工程上绝大多数实际阻尼的情况来说，要精确满足上述一些条件是很困难的，因此一般$[C_{\mathrm{N}}]$不是对角矩阵。

然而，工程上的大多数振动系统，阻尼都比较小，而且由于各种阻尼的机理至今还没有完全搞清楚，精确测定阻尼的大小也还有很多困难，因此，如果仅仅由于阻尼矩阵$[C]$转换而得的$[C_{\mathrm{N}}]$不是对角矩阵，导致必须求解相互耦合的微分方程组式（4.70）或式（4.73），即使可以设法克服计算方面的困难，采取这样的分析计算方法的必要性也是值得商榷的。

为此，提出了各种方案，企图用一个对角矩阵形式的阻尼矩阵近似地代替$[C_{\mathrm{N}}]$，其中最简单的一个方案就是根据式（4.71）由$[C]$算出$[C_{\mathrm{N}}]$后，将这$[C_{\mathrm{N}}]$中所有的非对角元素的值改为零，保留$[C_{\mathrm{N}}]$中对角元素的原有数值，用这样一个经过上述处理的对角矩阵$[C_{\mathrm{N}}]$近似地代替$[C_{\mathrm{N}}]$，即

$$[C_{\mathrm{N}}]=\begin{bmatrix}c_{\mathrm{N}11} & 0 & \cdots & 0\\ 0 & c_{\mathrm{N}22} & \cdots & 0\\ \vdots & \vdots & & \vdots\\ 0 & 0 & \cdots & c_{\mathrm{N}nn}\end{bmatrix} \tag{4.76}$$

对于这种方案的合理性，可以作如下的说明。

以式（4.70）为例。假定各坐标上作用的外力是同频率且同相位的简谐力，则式（4.70）原来展开的形式为

$$\left.\begin{aligned}&\ddot{x}_{\mathrm{N}1}+c_{\mathrm{N}11}\dot{x}_{\mathrm{N}1}+c_{\mathrm{N}12}\dot{x}_{\mathrm{N}2}+\cdots+c_{\mathrm{N}1n}\dot{x}_{\mathrm{N}n}+\omega_1^2x_{\mathrm{N}1}=P_{\mathrm{N}1}\sin\omega t\\&\ddot{x}_{\mathrm{N}2}+c_{\mathrm{N}11}\dot{x}_{\mathrm{N}1}+c_{\mathrm{N}22}\dot{x}_{\mathrm{N}2}+\cdots+c_{\mathrm{N}2n}\dot{x}_{\mathrm{N}n}+\omega_2^2x_{\mathrm{N}2}=P_{\mathrm{N}2}\sin\omega t\\&\qquad\cdots\\&\ddot{x}_{\mathrm{N}n}+c_{\mathrm{N}n2}\dot{x}_{\mathrm{N}1}+c_{\mathrm{N}n2}\dot{x}_{\mathrm{N}2}+\cdots+c_{\mathrm{N}nn}\dot{x}_{\mathrm{N}n}+\omega_n^2x_{\mathrm{N}n}=P_{\mathrm{N}n}\sin\omega t\end{aligned}\right\} \tag{4.77}$$

对大多数正定系统来说，各固有频率值$\omega_1,\omega_2,\cdots,\omega_n$值彼此不等且不非常接近，并且如前所述，阻尼通常是比较小的。对于式(4.77)的稳态阶段的解$x_{\mathrm{N}1}(t)$、$x_{\mathrm{N}2}(t)$、…、$x_{\mathrm{N}n}(t)$，可

以进行这样一些分析：

(1) 当外力频率 ω 与各固有频率 ω_1、ω_2、…、ω_n 值均不很接近时：

对式（4.77）中任意第 r 个式子来说，由

$$\ddot{x}_{Nr}+c_{Nr1}\dot{x}_{N1}+c_{Nr2}\dot{x}_{N2}+\cdots+c_{Nrn}\dot{x}_{Nn}+\omega_r^2x_{Nr}=P_{Nr}\sin\omega t \tag{4.78}$$

因为 ω 与 ω_r 并不接近，阻尼又比较小，因此等式左端各项中，起主要作用的是 $\ddot{x}_{Nr}$ 或 $\omega_r^2x_{Nr}$ 二项，即外力主要与惯性力或弹性力相对抗，阻尼力各项的作用很小，可以近似地略去不计。

(2) 当外力频率 ω 与第 r 个固有频率 ω_r 比较接近时：

这时，由于式（4.78）左端 $\ddot{x}_{Nr}$ 与 $\omega_r^2x_{Nr}$ 两项大小比较接近，即惯性力与弹性力相互接近平衡，外力主要与阻尼力相对抗，而在阻尼力各项中，因各固有频率 ω_1、ω_2、…、ω_n 彼此不是非常接近。ω 仅与 ω_r 比较接近而离其他各固有频率值较远，又因为阻尼比较小，所以 $\ddot{x}_{Nr}$ 值远比其他各 $\dot{x}_{N1}$、$\dot{x}_{N2}$、…、$\dot{x}_{N,r-1}$、$\dot{x}_{N,r+1}$、…、$\dot{x}_{Nn}$ 值大，并由于［C_N］是正定或半正定的矩阵，很少出现其对角线元素小于甚至远小于非对角线元素的情况。所以在式（4.78）左端阻尼力各项中，往往只有 $c_{Nrn}\dot{x}_{Nn}$ 项是主要的，其他各项相比之下均可近似地略去不计。

综合上述两种情况可知，略去［C_N］非对角线元素组成的各阻尼力项，即令［C_N］的所有非对角线元素的值为零，并不会引起很大误差。

一般的外力可以看成是许多简谐力的叠加，因此上述分析在适当推广后仍然有效。对于自由振动的情形，也可进行类似的分析，不再赘述。

因此，只要系统的阻尼比较小，而且系统的各固有频率值彼此不等且不非常接近，那么按照上述处理方法，将原来非对角矩阵［C_N］简化成对角矩阵［C_N］进行分析计算，通常都能求得系统运动规律的近似解。这样，就把振型叠加法有效地推广到有阻尼的多自由度系统的振动问题的分析求解。

式（4.70）改成下述形式

$$[I]\{\dot{x}_N\}+[C_N]+\{\dot{x}_N\}+[K_N]\{x_N\}=\{P_N\} \tag{4.79}$$

它的展开形式是

$$\ddot{x}_{Nr}+c_{Nrr}\dot{x}_{Nr}+c_{Nr2}\dot{x}_{N2}+\omega_r^2x_{Nr}=P_{Nr}\quad (r=1,2,\cdots,n) \tag{4.80}$$

这是一组 n 个相互独立的二阶常系数线性微分方程式，彼此可以独立求解。这样，就把有阻尼的多自由度系统的振动问题简化成为 n 个正则坐标的单自由度系统的振动问题，c_{Nrr} 称为第 r 阶正则振型的阻尼系数，$|C_N|$ 称为正则振型的阻尼矩阵。

还可以将式（4.80）改写成

$$\ddot{x}_{Nr}+2n_r\dot{x}_{Nr}+\omega_r^2x_{Nr}=P_{Nr} \tag{4.81}$$

或

$$\ddot{x}_{Nr}+2\xi_r\omega_r\dot{x}_{Nr}+\omega_r^2x_{Nr}=P_{Nr}\quad (r=1,2,\cdots,n) \tag{4.82}$$

式中，$n_r=\dfrac{1}{2}c_{Nrr}$ 称为第 r 阶正则振型的衰减系数，$\xi_r=\dfrac{c_{Nrr}}{2\omega_r}=\dfrac{n_r}{\omega_r}$ 称为第 r 阶正则振型的相对阻尼系数。

如系统没有外力作用，系统的自由振动微分方程式（4.73）变成

$$[I]\{\ddot{x}_N\}+[C_N]\{\dot{x}_N\}+[K_N]\{x_N\}=\{0\} \tag{4.83}$$

其展开形式是

$$\ddot{x}_{Nr}+c_{Nrr}\dot{x}_{Nr}+\omega_r^2 x_{Nr}=0 \quad (r=1,\ 2,\ \cdots,\ n) \tag{4.84}$$

还可改写成

$$\ddot{x}_{Nr}+2n_r\dot{x}_{Nr}+\omega_r^2 x_{Nr}=0 \tag{4.85}$$

或

$$\ddot{x}_{Nr}+2\xi_r\omega_r\dot{x}_{Nr}+\omega_r^2 x_{Nr}=0 \quad (r=1,\ 2,\ \cdots,\ n) \tag{4.86}$$

这样，就很容易分析求解系统的自由振动。由式（4.85）可求出各正则坐标的运动规律为

$$x_{Nr}=\mathrm{e}^{-n_r t}\ (c_{r1}\cos\omega'_r t+c_{r2}\sin\omega'_r t) \tag{4.87}$$

式中，ω'_r为有阻尼存在时的自由振动频率，其值为

$$\omega' r=\sqrt{\omega_r^2-n_r^2}=\omega_r\sqrt{1-\xi_r^2} \tag{4.88}$$

c_{r1}、c_{r2}为待定常数，由初始时刻 $i=0$ 时，x_{Nr}及$\dot{x}_{Nr}$的值x_{Nr0}、$\dot{x}_{Nr0}$确定。

$$c_{r1}=x_{Nr0}$$

$$c_{r2}=\frac{1}{\omega_r}\ (\dot{x}_{Nr0}+n_r x_{Nr0}) \tag{4.89}$$

已知系统原先的坐标 $\{x\}$ 与正则坐标 $\{x_N\}$ 之间的转换关系为

$$\{x\}\ =\ [A_N]\ \{x_N\} \tag{4.90}$$

$$\{x_N\}\ =\ [A_N]^T\ [M]\ \{x\} \tag{4.91}$$

假定给出系统原先坐标 $\{x\}$ 及速度 $\{\dot{x}\}$ 在 $t=0$ 时的值 $\{x\}_{t=0}$ 及 $\{\dot{x}_{t=0}\}$，由式（4.91）可求出

$$\{x_N\}_{t=0}=\ [A_N]^T\ [M]\ \{x\}_{t=0} \tag{4.92}$$

$$\{\dot{x}_N\}_{t=0}=\ [A_N]^T\ [M]\ \{x\}_{t=0} \tag{4.93}$$

这样，就可由式（4.89）确定各c_{r1}、c_{r2}的值，代入式（4.87）可求得x_{Nr}，即 $\{x_N\}$ 的运动规律，再由式（4.90）就可求出系统原先坐标 $\{x\}$ 的自由振动解

$$x_{Nr}=\mathrm{e}^{-n_r t}\ (c_{r1}\cos\omega'_r t+c_{r2}\sin\omega'_r t)$$

$$\begin{bmatrix}x_1\\x_2\\\vdots\\x_n\end{bmatrix}=\begin{bmatrix}A_{N1}^{(1)} & A_{N1}^{(2)} & \cdots & A_{N1}^{(n)}\\A_{N2}^{(1)} & A_{N2}^{(2)} & \cdots & A_{N2}^{(n)}\\\vdots & \vdots & & \vdots\\A_{Nn}^{(1)} & A_{Nn}^{(2)} & \cdots & A_{Nn}^{(n)}\end{bmatrix}\begin{bmatrix}\mathrm{e}^{-n_1 t}\left\{x_{N10}\cos\omega'_1 t+\dfrac{1}{\omega_1}\ (\dot{x}_{N10}+n_1 x_{N10})\ \sin\omega'_1 t\right\}\\\mathrm{e}^{-n_2 t}\left\{x_{N20}\cos\omega'_2 t+\dfrac{1}{\omega_2}\ (\dot{x}_{N20}+n_2 x_{N20})\ \sin\omega'_2 t\right\}\\\vdots\\\mathrm{e}^{-n_n t}\left\{x_{Nn0}\cos\omega'_n t+\dfrac{1}{\omega_n}\ (\dot{x}_{Nn0}+n_n x_{Nn0})\ \sin\omega'_n t\right\}\end{bmatrix} \tag{4.94}$$

因此，引进正则振型的阻尼矩阵 $[C_N]$ 后，得到了以式（4.94）表示的有阻尼正定系统的自由振动运动规律，系统每一坐标的运动都由 n 个主振动分量叠加而成，这里每个主振动都是衰减的简谐振动，通常低频衰减较慢、高频衰减较快，频率 ω'_r比无阻尼的固有振动频率值ω_r 稍小。

对于半正定系统的自由振动，也可以类似求出，不再详述。

4.6.2 振型阻尼

前面讨论利用正则振型的阻尼矩阵 $[C_N]$ 可以大大简化对很多有阻尼的多自由度系统

振动的分析计算工作，其中 $[C_N]$ 是由系统原先坐标的阻尼矩阵 $[C]$ 经过坐标转换及对角线化的处理以后得到的。目前这种振型阻尼的概念已在工程上广泛使用。有时候可以采用实验方法或对类似系统阻尼性能的实际经验，直接确定所分析系统的各阶振型阻尼的大小。例如，可以先直接确定或估计系统第 r 阶正则振型的相对阻尼系数 ξ_r 值，再由 $c_{Nrr}=2\xi_r\omega_r$ 求出 c_{Nrr} 及 $[C_N]$，这样就略去了对系统原先坐标的阻尼矩阵 $[C]$ 的计算或实测工作。如果需要知道 $[C]$ 的话（例如当需要对系统用原先坐标表示的运动方程式直接数值积分求解时），可以反过来由已经确定的 $[C_N]$ 计算出 $[C]$，利用式（4.71），有

$$[C_N] = [A_N]^T [C] [A_N] \tag{4.95}$$

反过来求出

$$[C] = ([A_N]^T)^{-1} [C] ([A_N])^{-1} \tag{4.96}$$

利用 $([A_N])^{-1}=[A_N]^T[M]$，可得

$$[C_N] = [M] [A_N] [A_N]^T [M] \tag{4.97}$$

由于

$$[C_N] = \begin{bmatrix} c_{N11} & 0 & \cdots & 0 \\ 0 & c_{N22} & \cdots & 0 \\ \vdots & \vdots & & \vdots \\ 0 & 0 & \cdots & c_{Nnn} \end{bmatrix} = \begin{bmatrix} 2\xi_1\omega_1 & 0 & \cdots & 0 \\ 0 & 2\xi_2\omega_2 & \cdots & 0 \\ \vdots & \vdots & & \vdots \\ 0 & 0 & \cdots & 2\xi_n\omega_n \end{bmatrix} \tag{4.98}$$

代入式（4.97），得

$$[C] = [M]\left(\sum_{r=1}^{n} 2\xi_r p_r \{A_N^{(r)}\}\{A_N^{(r)}\}^T\right)[M] \tag{4.99}$$

从此式中可以明显地看出各阶振型阻尼对 $[C]$ 的贡献。

如果采用振型截断法，对 n 自由度的系统只分析前 n_1 个（$n_1<n$）正则坐标，则由

$$[C_N] = \begin{bmatrix} c_{N11} & 0 & \cdots & 0 \\ 0 & c_{N22} & \cdots & 0 \\ \vdots & \vdots & & \vdots \\ 0 & 0 & \cdots & c_{Nn1n1} \end{bmatrix} = \begin{bmatrix} 2\xi_1\omega_1 & 0 & \cdots & 0 \\ 0 & 2\xi_2\omega_2 & \cdots & 0 \\ \vdots & \vdots & & \vdots \\ 0 & 0 & \cdots & 2\xi_{n1}\omega_{n1} \end{bmatrix} \tag{4.100}$$

可类似地求得

$$\begin{aligned}[C] &= [M]\{A_N^*\}[C_N][A_N^*]^T[M] \\ &= [M]\left(\sum_{r=1}^{n} 2\xi_r\omega_r \{A_N^{(r)}\}\{A_N^{(r)}\}^T\right)[M]\end{aligned} \tag{4.101}$$

这相当于取系统的高阶振型阻尼值都为零。

由 $[C_N]$ 换算 $[C]$ 还可采用其他的方法，这里不再详述。

4.7　有阻尼系统的响应

4.7.1　简谐激振的响应

多自由度系统在外加简谐激振力作用下的强迫振动微分方程为

$$[M]\{\ddot{x}\}+[C]\{\dot{x}\}+[K]\{x\}=\{F\}\sin\omega t \tag{4.102}$$

在各阶振型阻尼系数值 ξ 较小的情况下，总可以采用前述的方法，采用正则坐标 $\{x_{\mathrm{N}}\}$ 代替原有坐标 $\{x\}$，变换成下述互不耦合的正则坐标的强迫振动微分方程

$$[I]\{\ddot{x}_{\mathrm{N}}\}+[C_{\mathrm{N}}]\{\dot{x}_{\mathrm{N}}\}+[K_{\mathrm{N}}]\{x_{\mathrm{N}}\}=\{F_{\mathrm{N}}\}\sin\omega t \tag{4.103}$$

其展开式为

$$\ddot{x}_{\mathrm{N}i}+c_{\mathrm{N}i}\dot{x}_{\mathrm{N}i}+\omega_{\mathrm{n}i}^2x_{\mathrm{N}i}=q_{\mathrm{N}i}\sin\omega t \tag{4.104}$$

式中，$\{x_{\mathrm{N}}\}$、$\{F_{\mathrm{N}}\}$ 与 $\{x\}$、$\{F\}$ 的关系

$$\{x\}=[A_{\mathrm{N}}]\{x_{\mathrm{N}}\}$$

$$\{x_{\mathrm{N}}\}=[A_{\mathrm{N}}]^{\mathrm{T}}[M]\{x\}$$

$$\{F_{\mathrm{N}}\}=[A_{\mathrm{N}}]^{\mathrm{T}}\{F\}$$

而 $c_{\mathrm{N}ii}$ 为第 i 阶主振动的振型阻尼系数，$c_{\mathrm{N}ii}=2n=2\xi_i\omega_{ni}$，式（4.104）也可改写为

$$\ddot{x}_{\mathrm{N}i}+2n_i\dot{x}_{\mathrm{N}i}+\omega_{\mathrm{n}i}^2x_{\mathrm{N}i}=q_{\mathrm{N}i}\sin\omega t \quad (i=1, 2, \cdots, n) \tag{4.105}$$

或

$$\ddot{x}_{\mathrm{N}i}+2\xi_i\omega_{\mathrm{n}i}\dot{x}_{\mathrm{N}i}+\omega_{\mathrm{n}i}^2x_{\mathrm{N}i}=q_{\mathrm{N}i}\sin\omega t$$

这是以正则坐标描述的 n 个独立的单自由度有阻尼系统强迫振动的微分方程，所以可以利用单自由度系统强迫振动的结果得到每个正则坐标的响应。

$$x_{\mathrm{N}i}=B_{\mathrm{N}i}\sin(\omega t-\Psi_i) \quad (i=1, 2, \cdots, n) \tag{4.106}$$

式中

$$B_{\mathrm{N}i}=\frac{\dfrac{q_{\mathrm{N}i}}{\omega_{\mathrm{n}i}^2}}{\sqrt{(1-r_i^2)^2+(2\xi r_i)^2}},\quad \Psi_i=\arctan\frac{2\xi r_i}{1-r_i^2} \tag{4.107}$$

r_i 为激振频率与第 I 阶固有频率的比值，$r_i=\dfrac{\omega}{\omega_{\mathrm{n}i}}$。

然后通过坐标变换，将正则坐标的位移向量变换为原坐标的位移向量，从而求得对原坐标的位移响应。

例 4-4 图 4-4 所示为有阻尼的弹簧质量系统，如 $m_1=m_2=m_3=m$，$k_1=k_2=k_3=k$ 各质量上作用的激振力为 $F_1=F_2=F_3=\sin\omega t$，其中 $\omega=1.25\sqrt{\dfrac{k}{m}}$，各阶正则振型的相对阻尼系数 $\xi_{\mathrm{N}1}=\xi_{\mathrm{N}2}=\xi_{\mathrm{N}3}=\xi=0.01$，试用振型叠加法求出各质量的强迫振动稳态响应。

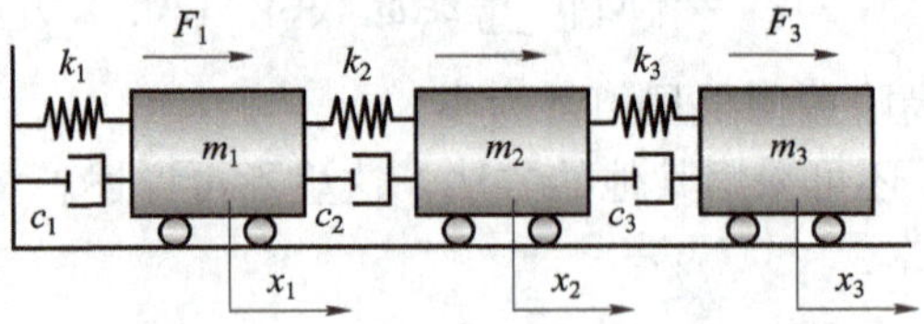

图 4-4 有阻尼的弹簧质量系统

解 其振动方程为

$$[M]\{\ddot{x}\}+[C]\{\dot{x}\}+[K]\{x\}=\{F\}\sin\omega t$$

其展开式为

$$\begin{bmatrix} m & 0 & 0 \\ 0 & m & 0 \\ 0 & 0 & m \end{bmatrix}\begin{Bmatrix} \ddot{x}_1 \\ \ddot{x}_2 \\ \ddot{x}_3 \end{Bmatrix}+\begin{bmatrix} c_1+c_2 & -c_2 & 0 \\ -c_2 & c_2+c_3 & -c_3 \\ 0 & -c_3 & c_3 \end{bmatrix}\begin{Bmatrix} \dot{x}_1 \\ \dot{x}_2 \\ \dot{x}_3 \end{Bmatrix}+\begin{bmatrix} 2k & -k & 0 \\ -k & 2k & -k \\ 0 & -k & k \end{bmatrix}\begin{Bmatrix} x_1 \\ x_2 \\ x_3 \end{Bmatrix}=\begin{bmatrix} F_1\sin\omega t \\ F_2\sin\omega t \\ F_3\sin\omega t \end{bmatrix}$$

利用例 4－3 的方法，求得系统的固有频率和振型矩阵分别为

$$\omega_{n1}=0.445\sqrt{\frac{k}{m}},\ \omega_{n2}=1.247\sqrt{\frac{k}{m}},\ \omega_{n3}=1.802\sqrt{\frac{k}{m}}$$

$$[A_P]=\begin{bmatrix} 0.445 & -1.247 & 1.802 \\ 0.802 & -0.555 & -2.247 \\ 1.000 & 1.000 & 1.000 \end{bmatrix}$$

由 $\{A_N^{(i)}\}=\frac{1}{c_i}\{A^{(i)}\}$ 求各阶正则振型

式中

$$c_i=\sqrt{\{A^{(i)}\}^T[M]\{A^{(i)}\}},\ c_1=3.049\sqrt{m},\ c_2=1.357\sqrt{m},\ c_3=1.692\sqrt{m}$$

故正则振型矩阵为

$$[A_N]=\frac{1}{\sqrt{m}}\begin{bmatrix} 0.328 & -0.737 & 0.591 \\ 0.591 & -0.328 & -0.737 \\ 0.737 & 0.591 & 0.328 \end{bmatrix}$$

设 $\{x\}=[A_N]\{x_N\}$，则得方程为

$$\ddot{x}_N+2\xi\begin{bmatrix} \omega_{n1} & 0 & 0 \\ 0 & \omega_{n2} & 0 \\ 0 & 0 & \omega_{n3} \end{bmatrix}\dot{x}_N+\begin{bmatrix} \omega_{n1}^2 & 0 & 0 \\ 0 & \omega_{n2}^2 & 0 \\ 0 & 0 & \omega_{n3}^2 \end{bmatrix}x_N$$

$$=[A_N]^T F\sin\omega t=\frac{F}{\sqrt{m}}\begin{Bmatrix} 1.656 \\ -0.474 \\ 0.182 \end{Bmatrix}\sin\omega t=\begin{Bmatrix} q_{N1} \\ q_{N2} \\ q_{N3} \end{Bmatrix}\sin\omega t$$

上式为 3 个互相独立的微分方程，各正则坐标的振幅式和相位由公式

$$B_{Ni}=\frac{\frac{q_{Ni}}{\omega_{ni}^2}}{\sqrt{(1-r_i^2)^2+(2\xi r_i)^2}},\ \Psi_i=\tan^{-1}\frac{2\xi r_i}{1-r_i^2}$$

计算，激振频率与各阶固有频率的频率比为

$$r_1=2.8090,\ r_2=1.0024,\ r_3=0.6937$$

$$r_1^2=7.8905,\ r_2^2=1.0048,\ r_3^2=0.4812$$

算得

$$\Psi_1=\arctan\frac{0.02\times 2.8090}{-6.8905}=179°32'$$

$$\Psi_2=\arctan\frac{0.02\times 1.0024}{-0.0048}=103°30'$$

$$\Psi_3=\arctan\frac{0.02\times 0.6937}{0.5188}=1°32'$$

$$B_{N1}=1.2136\frac{\sqrt{mF}}{k},\ B_{N2}=-14.784\frac{\sqrt{mF}}{k},\ B_{N3}=0.10799\frac{\sqrt{mF}}{k}$$

$$\{x_{\mathrm{N}}\}=\frac{\sqrt{mF}}{k}\begin{Bmatrix}1.2136\sin(\omega t-\Psi_1)\\-14.784\sin(\omega t-\Psi_2)\\0.10799\sin(\omega t-\Psi_3)\end{Bmatrix}$$

将正则坐标变换到原坐标

$$\{x\}=[A_{\mathrm{N}}]\{x_{\mathrm{N}}\}=\frac{F}{k}\begin{bmatrix}0.328&-0.737&0.591\\0.591&-0.328&-0.737\\0.737&0.591&0.328\end{bmatrix}\begin{Bmatrix}1.2136\sin(\omega t-\Psi_1)\\-14.784\sin(\omega t-\Psi_2)\\0.10799\sin(\omega t-\Psi_3)\end{Bmatrix}$$

$$=\frac{F}{k}\begin{Bmatrix}0.398\sin(\omega t-\Psi_1)+10.896\sin(\omega t-\Psi_2)+0.064\sin(\omega t-\Psi_3)\\0.717\sin(\omega t-\Psi_1)+4.849\sin(\omega t-\Psi_2)-0.080\sin(\omega t-\Psi_3)\\0.894\sin(\omega t-\Psi_1)-8.737\sin(\omega t-\Psi_2)+0.035\sin(\omega t-\Psi_3)\end{Bmatrix}$$

由以上计算详细过程清楚地看出振型叠加法的步骤：

(1) 把原坐标变换成正则坐标，使方程组解耦；

(2) 应用单自由度系统对外激振的响应计算方法，求出各正则坐标对外激振的响应；

(3) 将正则坐标对外激振的响应叠加起来；

(4) 将正则坐标变换到原坐标，求得系统原坐标 $\{x\}$ 对外激振的响应。

4.7.2 周期激振的响应

当系统各坐标上作用有与一般周期函数 $f(t)$ 成比例的激振时，激振力向量可以写成

$$\{F(t)\}=\begin{Bmatrix}B_1\\B_2\\\vdots\\B_N\end{Bmatrix}f(t)$$

周期函数 $f(t)$ 可展成傅里叶级数

$$f(t)=\frac{a_0}{2}+\sum_{j=1}^{\infty}[a_j\cos(j\omega_0 t)+b_j\sin(j\omega_0 t)] \tag{4.108}$$

在一般周期激振力下的振动方程变换成正则坐标后，可得出与式（4.90）类似的 n 个独立方程：

$$\ddot{x}_{\mathrm{N}i}+2\xi_i\omega_{\mathrm{n}i}\dot{x}_{\mathrm{N}i}+\omega_{\mathrm{n}i}^2x_{\mathrm{N}i}=q_{\mathrm{N}i}f(t)\quad(i=1,2,\cdots,n) \tag{4.109}$$

按正则坐标，第 i 阶的有阻尼稳态响应为

$$x_{\mathrm{N}i}=\frac{q_{\mathrm{N}i}}{\omega_{\mathrm{n}i}^2}\sum_{j=1}^{\infty}\beta_{ij}[a_j\cos(j\omega_0 t-\Psi_{ij})+b_j\sin(j\omega_0 t-\Psi_{ij})]\quad(i=1,2,\cdots,n;j=1,2,\cdots,n) \tag{4.110}$$

式中，β_{ij} 为放大因子，$\beta_{ij}=\dfrac{1}{\sqrt{\left(1-\dfrac{j^2\omega^2}{\omega_{\mathrm{n}i}^2}\right)^2+\left(2\xi_i\dfrac{j\omega}{\omega_{\mathrm{n}i}}\right)^2}}$

相位角

$$\Psi_{ij}=\arctan\frac{2\xi_i\dfrac{j\omega}{\omega_{\mathrm{n}i}}}{1-\left(\dfrac{j\omega}{\omega_{\mathrm{n}i}}\right)^2} \tag{4.111}$$

以上对于任意阶正则坐标的响应是多个具有不同频率的激振力引起的响应的叠加。因此对一般周期振动而言，产生共振的可能性要大得多。

当激振力是非周期函数时，可用杜哈梅积分求出正则坐标下的响应，然后再通过坐标变换，求出原坐标下的响应。

4.8　多自由度振动系统工程实例求解

某热电厂的压缩机、涡轮机、发电机的布置如图 4-5 所示，该布置可视为一扭振系统。其中，J_i 表示 3 个组件（压缩机、涡轮机与发电机）的转动惯量，M_i 表示作用在其上的外力矩，k_i 为组件间轴的扭转弹簧常数。将各组件的角位移 θ_i 视为广义坐标，采用拉格朗日方程推导系统的运动微分方程。

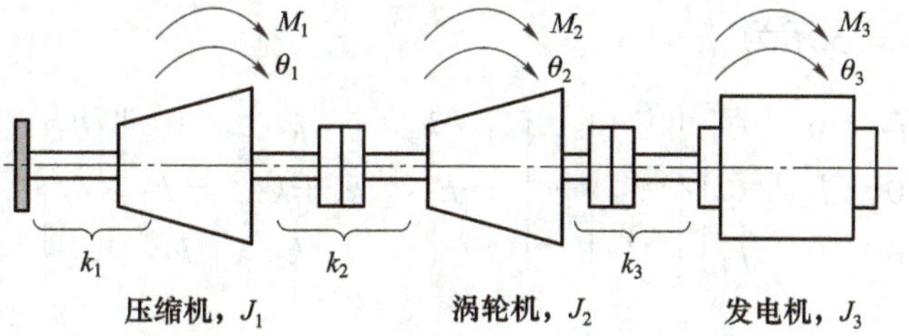

图 4-5　扭转系统

解　此时 $q_1=\theta_1$，$q_2=\theta_2$ 和 $q_3=\theta_3$，系统的动能为

$$T=\frac{1}{2}J_1\dot{\theta}_1^2+\frac{1}{2}J_2\dot{\theta}_2^2+\frac{1}{2}J_3\dot{\theta}_3^2 \tag{1}$$

对轴而言，势能等于轴从动态位形回到参考平衡位置过程中所做的功。于是，若用 θ 表示角位移，对一扭转弹簧常数为 k_i 的轴，则势能等于在角位移 θ 上轴所做的功，即

$$V=\int_0^\theta k_\mathrm{i}\theta\mathrm{d}\theta=\frac{1}{2}k_\mathrm{i}\theta^2 \tag{2}$$

于是系统的总势能可以表示为

$$V=\frac{1}{2}k_1\theta_1^2+\frac{1}{2}k_2\ (\theta_2-\theta_1)^2+\frac{1}{2}k_3\ (\theta_3-\theta_2)^2 \tag{3}$$

由于有作用于组件上的外力矩，则由式

$$Q_j^{(n)}=\sum_i\left(F_{xk}\frac{\partial x_i}{\partial q_j}+F_{yi}\frac{\partial y_i}{\partial q_j}+F_{zi}\frac{\partial z_i}{\partial q_j}\right)k\rightarrow i \tag{4}$$

得

$$Q_j^{(n)}=\sum_{k=1}^{3}M_k\frac{\partial\theta_k}{\partial q_j}=\sum_{k=1}^{3}M_k\frac{\partial\theta_k}{\partial\theta_j}k\rightarrow i$$

由此得

$$\left.\begin{aligned}Q_1^{(n)}&=M_1\frac{\partial\theta_1}{\partial\theta_1}+M_2\frac{\partial\theta_2}{\partial\theta_1}+M_3\frac{\partial\theta_3}{\partial\theta_1}=M_1\\Q_2^{(n)}&=M_1\frac{\partial\theta_1}{\partial\theta_2}+M_2\frac{\partial\theta_2}{\partial\theta_2}+M_3\frac{\partial\theta_3}{\partial\theta_2}=M_2\\Q_3^{(n)}&=M_1\frac{\partial\theta_1}{\partial\theta_3}+M_2\frac{\partial\theta_2}{\partial\theta_3}+M_3\frac{\partial\theta_3}{\partial\theta_3}=M_3\end{aligned}\right\}\tag{5}$$

将式（1）、式（3）与式（5）代入拉格朗日方程

$$\frac{\mathrm{d}}{\mathrm{d}t}\left(\frac{\partial T}{\partial\dot{q}_j}\right)-\frac{\partial T}{\partial q_j}+\frac{\partial V}{\partial q_j}=Q_j^{(n)}\quad(j=1,2,\cdots,n)$$

对 $j=1, 2, 3$，得如下运动微分方程

$$\left.\begin{aligned}&J_1\ddot{\theta}_1+(k_1+k_2)\theta_1-k_2\theta_2=M_1\\&J_2\ddot{\theta}_2+(k_2+k_3)\theta_2-k_2\theta_1-k_3\theta_3=M_2\\&J_3\ddot{\theta}_3+k_3\theta_3-k_3\theta_2=M_3\end{aligned}\right\}$$

可以用矩阵形式表示为

$$\begin{bmatrix}J_1&0&0\\0&J_2&0\\0&0&J_3\end{bmatrix}\begin{Bmatrix}\ddot{\theta}_1\\\ddot{\theta}_2\\\ddot{\theta}_3\end{Bmatrix}+\begin{bmatrix}k_1+k_2&-k_2&0\\-k_2&k_2+k_3&-k_3\\0&-k_3&k_3\end{bmatrix}\begin{Bmatrix}\theta_1\\\theta_2\\\theta_3\end{Bmatrix}=\begin{Bmatrix}M_1\\M_2\\M_3\end{Bmatrix}$$

4.9 习题及参考答案

4-1 写出如图 4-6 所示的质量—弹簧系统的刚度矩阵与阻尼矩阵。

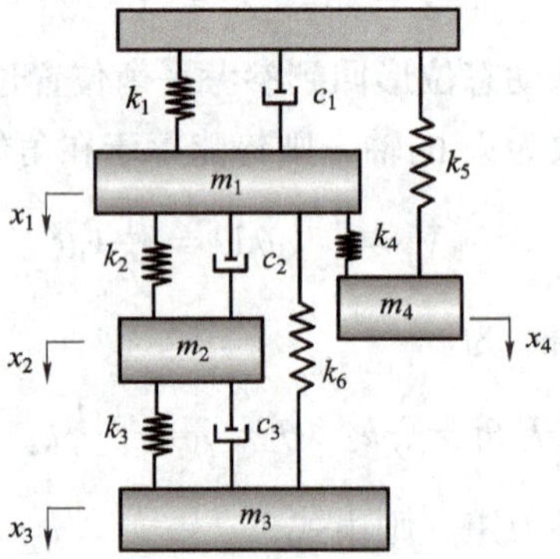

图 4-6 质量—弹簧系统

答案：$\boldsymbol{K}=\begin{bmatrix}k_1+k_2+k_4+k_6&-k_2&-k_6&-k_4\\-k_2&k_2+k_3&-k_3&0\\-k_6&-k_3&k_3+k_6&0\\-k_4&0&0&k_4+k_5\end{bmatrix}$

$$C=\begin{bmatrix} c_1+c_2 & -c_2 & 0 & 0 \\ -c_2 & c_2+c_3 & -c_3 & 0 \\ 0 & -k_3 & c_3 & 0 \\ 0 & 0 & 0 & 0 \end{bmatrix}$$

4-2　如图 4-7 所示的质量—弹簧系统，若 $m_1=m_2=m_3=m$，$k_1=k_2=k_3=k$，求其各阶固有频率的固有振型。如将广义坐标改为 $z_1=x_1$，$z_2=x_2-x_1$，$z_3=x_3-x_2$，再求系统固有频率和固有振型。

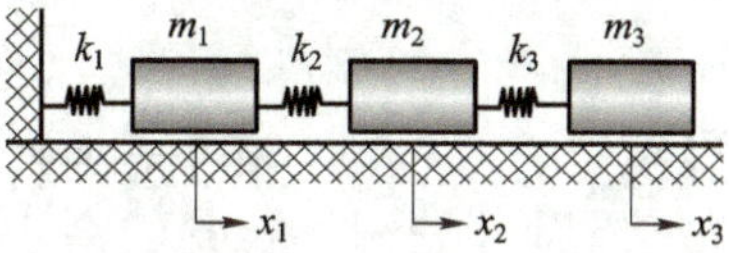

图 4-7　质量—弹簧系统

答案：$\omega_1=0.445\sqrt{\dfrac{k}{m}}$，$\omega_2=1.247\sqrt{\dfrac{k}{m}}$，$\omega_3=1.802\sqrt{\dfrac{k}{m}}$

$$u_{(1)}=\begin{bmatrix}1.000\\1.802\\2.247\end{bmatrix},\ u^{(2)}=\begin{bmatrix}1.000\\0.445\\-0.802\end{bmatrix},\ u^{(3)}=\begin{bmatrix}1.000\\-1.247\\0.555\end{bmatrix}$$

4-3　如图 4-8 所示，两质量被限制在水平面内运动。对于微幅振动，在相互垂直的两个方向的运动彼此独立，求系统的固有频率。

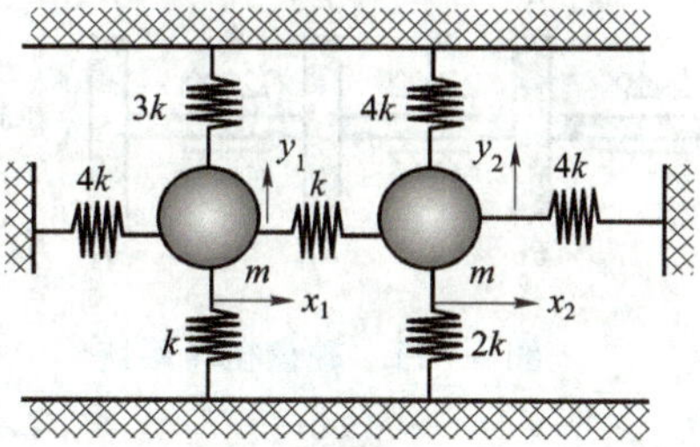

图 4-8

答案：$\omega_1=\omega_2=\sqrt{\dfrac{4k}{m}}$，$\omega_3=\omega_4=\sqrt{\dfrac{6k}{m}}$

4-4　求如图 4-9 所示的质量—弹簧系统的固有频率及固有振型。设 $k_1=6k$，$k_2=6k$，$M=4m$。

答案：$\omega_1=\sqrt{\dfrac{k}{2m}}$，$\omega_2=\omega_3=\omega_4=\sqrt{\dfrac{k}{m}}$，$\omega_5=\sqrt{\dfrac{3k}{m}}$

$$X^{(1)}=[1\ \ 1\ \ 1\ \ 1\ \ 1/2]^{T},\ X^{(2)}=[1\ \ -1\ \ 0\ \ 0\ \ 0]^{T}$$
$$X^{(3)}=[1\ \ 1\ \ -2\ \ 0\ \ 0]^{T},\ X^{(4)}=[1\ \ 1\ \ 1\ \ -3\ \ 0]^{T}$$
$$X^{(5)}=[1\ \ 1\ \ 1\ \ 1\ \ -2]^{T}$$

4-5　对制定的广义坐标 $\theta_1,\theta_2,\theta_3$，求如图 4-10 所示三级摆的固有频率。当第一、第二两质量上作用有简谐振力 $(F_0/2)\sin\omega t$ 时，求系统的稳态响应。其中，F_0 为常量，$\omega^2=2g/5l$。

答案：$\omega_1=0.644\ 8\sqrt{\frac{g}{l}}$，$\omega_2=1.514\ 7\sqrt{\frac{g}{l}}$，$\omega_3=2.508\ 0\sqrt{\frac{g}{l}}$

$$\begin{bmatrix}\theta_1\\ \theta_2\\ \theta_3\end{bmatrix}=\frac{5F_0}{4mg}\begin{bmatrix}4\\ 5\\ 6\end{bmatrix}\sin\omega t$$

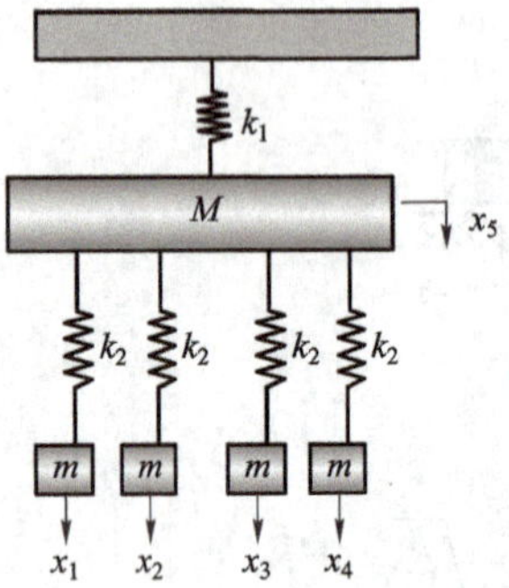

图 4-9　质量—弹簧系统

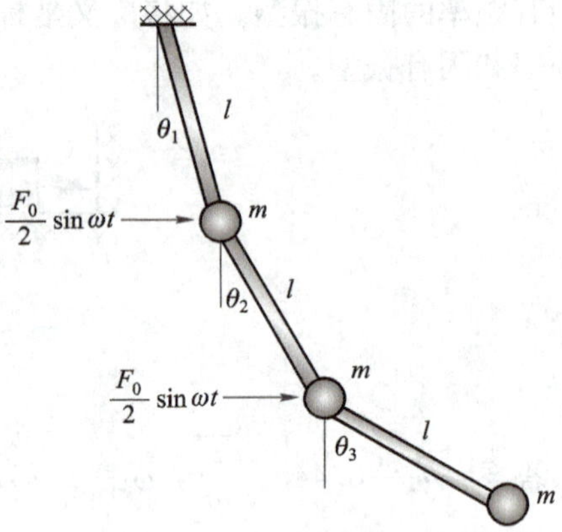

图 4-10　三级摆

4-6　如图 4-11 所示轴盘扭转系统，一端固定。设 $I_1=I_2=I_3=I$，$k_1=k_2=k_3=k$，今在第三盘上作用一简谐力矩 $M_t\sin\omega t$，试用振型叠加法求系统的稳态响应。

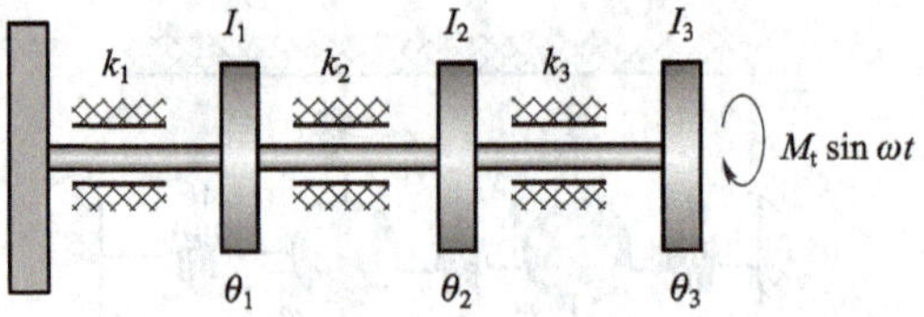

图 4-11　轴盘扭转系统

答案：$$\theta=\Theta_N\theta_N=\frac{M_t}{I}\begin{bmatrix}0.241\ 7\frac{\beta_1}{\omega_1^2}-0.435\ 6\frac{\beta_2}{\omega_2^2}+0.193\ 8\frac{\beta_3}{\omega_3^2}\\ 0.435\ 6\frac{\beta_1}{\omega_1^2}-0.193\ 8\frac{\beta_2}{\omega_2^2}-0.241\ 7\frac{\beta_3}{\omega_3^2}\\ 0.543\ 2\frac{\beta_1}{\omega_1^2}+0.349\ 3\frac{\beta_2}{\omega_2^2}+0.107\ 6\frac{\beta_3}{\omega_3^2}\end{bmatrix}\sin\omega t,$$

$$\beta_r=\frac{1}{1-\omega^2/\omega_r^2}\qquad (r=1,\ 2,\ 3)$$

4-7　图 4-12 所示为四个自由度模型的悬浮系统，这是一个由于道路颠簸的车辆的横向运动模型，$t=0$ 时在前轮作用一个大小为 I 的冲量，$t=0.05$ s 在后轮作用一个大小为 I 的冲量，求运动的响应。

答案：$p_1(t)=-Ie^{-2.12t}[6.73\times10^{-3}\sin(22.9t)u(t)+3.18\times10^{-3}\sin(22.9t-1.145)u(t-0.05)]$

$p_2(t)=-Ie^{-7.84t}[3.05\times10^{-3}\sin(43.6t)u(t)-1.07\times10^{-3}\sin(43.6t-2.18)u(t-0.05)]$

$p_3(t)=-Ie^{-76.7t}[3.38\times10^{-4}\sin(115.3t)u(t)+6.62\times10^{-2}\sin(115.3t-5.77)u(t-0.05)]$

$$p_4(t)=-Ie^{-142.5t}[9.45\times10^{-4}\sin(123.8t)u(t)-2.79\times10^{-1}\sin(123.8t-6.19)u(t-0.05)]$$

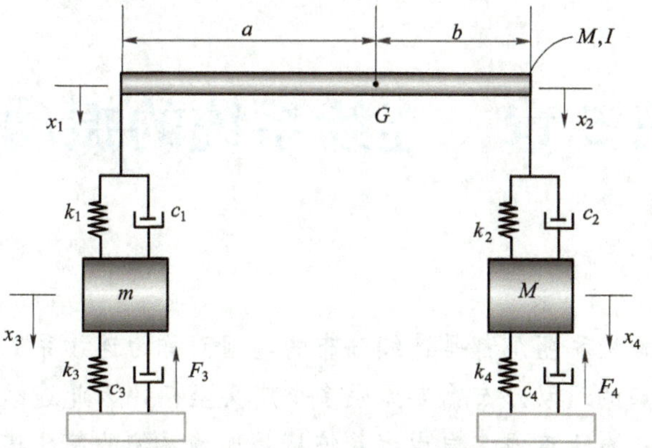

a=3 m, m=30 kg, b=1 m, M=200 kg, $k_1=k_2=4\times10^5$ N/m,
$c_1=c_2=3\ 200$ N · s/m, $k_3=k_4=1\times10^5$ N/m, $c_3=c_4=3\ 200$ N · s/m, I=200 kg·m²

图 4 - 12　四个自由度模型的悬浮系统

计算广义坐标为：

$$x_1(t)=0.018\ 7p_1(t)+0.147p_2(t)-0.007\ 4p_3(t)+0.167p_4(t)$$
$$x_2(t)=0.079\ 1p_1(t)-0.034\ 7p_2(t)-0.031\ 3p_3(t)-0.039\ 5p_4(t)$$
$$x_3(t)=0.015\ 4p_1(t)+0.133p_2(t)+0.039\ 0p_3(t)-0.117\ 7p_4(t)$$
$$x_4(t)=0.006\ 547p_1(t)-0.031\ 5p_2(t)+0.165p_3(t)+0.027\ 7p_4(t)$$

4 - 8　求图 4 - 13 中的 60 kg 物块的稳态振幅。

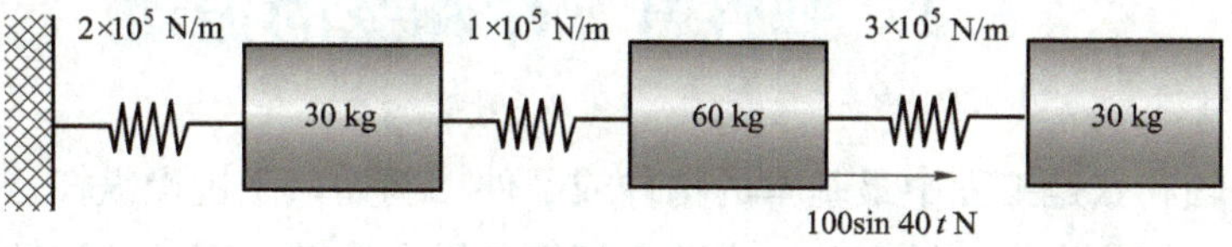

图 4 - 13

答案：1.08×10^{-3} m

4 - 9　在图 4 - 14 所示的系统中，各个质量只能沿铅垂方向运动，假设在质量 $4m$ 上作用有铅垂力 $P_0\cos\omega t$，试求：(1) 各个质量的强迫振动振幅；(2) 系统的共振频率。

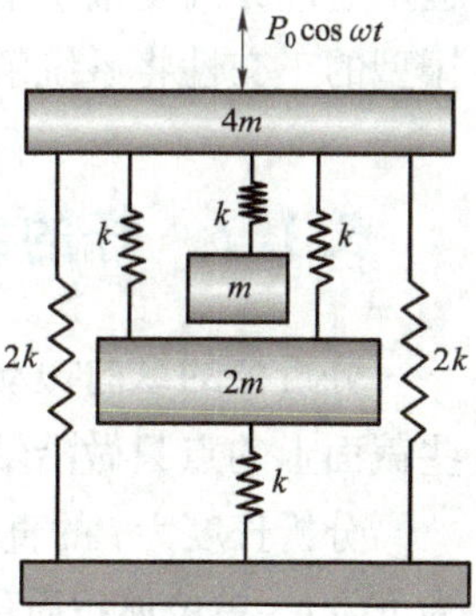

图 4 - 14

答案：(1) $A_1=\dfrac{3-2\alpha^2}{Z}\dfrac{P_0}{k}$,

$$A_2=\frac{2\ (1-\alpha^2)}{Z}\frac{P_0}{k},\ A_3=\frac{(1-\alpha^2)\ (3-\alpha^2)}{Z}\frac{P_0}{k}$$

式中，$\alpha^2=\dfrac{m\omega^2}{k}$，$Z=14-41\alpha^2+34\alpha^4-8\alpha^6$

(2) $\omega_1^2=0.590\dfrac{k}{m}$，$\omega_2^2=1.211\dfrac{k}{m}$，$\omega_3^2=2.449\dfrac{k}{m}$

第 5 章　连续系统的振动

本章导读

振动系统的惯性、弹性和阻尼都是连续分布的，因而称为连续系统或分布参数系统。确定连续系统中无数个质点的运动形态需要无限多个广义坐标，因此连续系统又称为无限自由度系统。前两章论述的单自由度或多自由度系统，是连续系统的简化模型。

本章的研究对象限于由均匀的、各向同性线弹性材料制成的弦、杆、轴、梁、膜以及板，简称为弹性体。本章首先讨论无阻尼弹性体的振动，再讨论阻尼对弹性体振动的影响。弹性体的微振动问题由线性偏微分方程描述，其中一小部分可求得精确解，其余的只能通过近似处理，将连续系统离散化为有限自由度系统，求得振动的近似解。

本章主要内容

(1) 弹性杆、轴、弦的振动。

(2) 弹性梁的振动。

(3) 薄板振动。

5.1　弹性杆、轴和弦的振动

弹性杆、轴和弦是工程中最基本的构件或部件。例如，飞机操纵杆、直升机传动轴、高压输电线可分别简化为杆、轴和弦。本节介绍杆的纵向振动、圆轴的扭转振动、弦的横向振动，因为它们的运动微分方程形式相同，可用同样的方法分析。步骤是：建立运动微分方程，通过分离变量将偏微分方程转化为常微分方程组，由边界条件得出固有振动，利用固有振型的正交性将系统解耦，最后用振型叠加法得到系统的自由振动或受迫振动。

5.1.1　杆的纵向振动

分析杆的纵向振动时，认为杆的横截面在振动中仍保持平面且和原截面保持平行，在这些截面上的点只做沿轴线方向的运动，略去杆纵向振动引起的横向变形。

分析长度为 l 的直杆，取杆的轴线为 x 轴。记杆在坐标 x 的横截面积为 $A(x)$、弹性模量为 $E(x)$、单位体积质量为 $\rho(x)$。用 $u(x,t)$ 表示坐标为 x 的截面在时刻 t 的纵向位移，$f(x,t)$ 是单位长度上均匀分布的轴向外力。取长为 $\mathrm{d}x$ 的杆微段为分离体进行受力分析，如图 5-1 所示。下面为了书写简洁，略去自变量 t 和 x。由材料力学知，该微段左端面的纵向应变和轴向力分别为

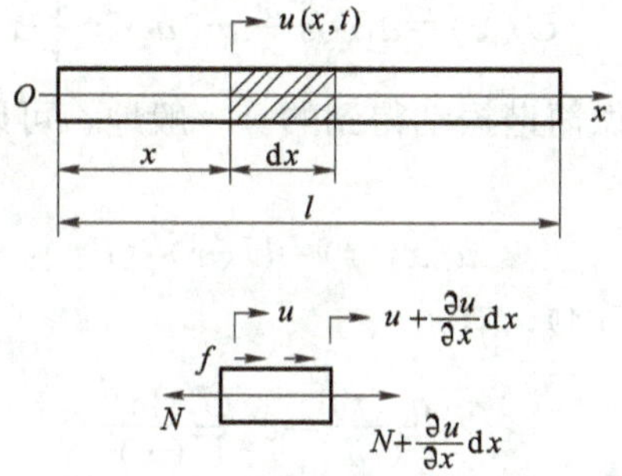

图 5-1　直杆及其微单元体受力分析

$$\varepsilon=\frac{\partial u}{\partial x},\quad N=E\varepsilon A=EA\frac{\partial u}{\partial x} \tag{5.1}$$

根据牛顿第二定律，有

$$\rho A\mathrm{d}x\frac{\partial^2 u}{\partial t^2}=\left(N+\frac{\partial N}{\partial x}\mathrm{d}x\right)-N+f\mathrm{d}x \tag{5.2}$$

将式（5.1）代入式（5.2），得

$$\rho A\frac{\partial^2 u}{\partial t^2}=\frac{\partial}{\partial x}\left(EA\frac{\partial u}{\partial x}\right)+f \tag{5.3}$$

这就是直杆纵向受迫振动的微分方程。对于均匀材料的等截面直杆，EA 为常数，方程（5.3）可简化为

$$\frac{\partial^2 u}{\partial t^2}=c^2\frac{\partial^2 u}{\partial x^2}+\frac{1}{\rho A}f \tag{5.4}$$

式中

$$c\overset{def}{=}\sqrt{\frac{E}{\rho}} \tag{5.5}$$

是杆内弹性纵波沿杆纵向的传播速度。首先考虑自由振动，令方程（5.4）中 $f\equiv0$，得到等截面直杆做纵向自由振动的偏微分方程，求解这种偏微分方程可用分离变量法，即将时间和空间的变量分离。从物理意义上看，就是先求杆的固有振动，再根据初始条件确定具体的自由振动。

因为系统为无阻尼的，可以类比多自由度系统的固有振动，假设一个主振动模态，即系统在做某一种形式的自由振动时，系统中所有质点都做简谐振动、同时达到最大值、同时经过各自的平衡点。因直杆有无限多个质点，故固有振型不再像有限自由度那样是折线，而是一条曲线，称该曲线为固有振型函数，记为 $U(x)$，因此可设直杆的自由振动具有如下形式

$$u(x,t)=U(x)\sin(\omega t+\theta) \tag{5.6}$$

将式（5.6）代入式（5.4）中，得

$$-U(x)\omega^2\sin(\omega t+\theta)=c^2\frac{\mathrm{d}^2U(x)}{\mathrm{d}x^2}\sin(\omega t+\theta) \tag{5.7}$$

消去 $\sin(\omega t+\theta)$ 得到

$$\frac{\mathrm{d}^2U(x)}{\mathrm{d}x^2}+\left(\frac{\omega}{c}\right)^2U(x)=0 \tag{5.8}$$

因而固有振型函数为

$$U(x)=a_1\cos\frac{\omega}{c}x+a_2\sin\frac{\omega}{c}x \tag{5.9}$$

上述结果是在假设直杆做简谐振动得到的。一般地，可以假设直杆的位移函数为空间函数和时间函数之积，即

$$u(x,\ t)=U(x)q(t) \tag{5.10}$$

将式（5.10）代入式（5.4），有

$$\frac{\ddot{q}(t)}{q(t)}=c^2\frac{U''(x)}{U(x)} \tag{5.11}$$

式中，撇号表示对 x 的求导数。式（5.11）左端是 t 的函数，右端是 x 的函数，且 x 和 t 彼此独立，故两端必同时等于一常数。可以证明，该常数不会为正数。记其为 $-\omega^2\leqslant 0$，得到两个独立的常微分方程

$$\begin{cases}U''(x)+\left(\dfrac{\omega}{c}\right)^2U(x)=0\\ \ddot{q}(t)+\omega^2q(t)=0\end{cases} \tag{5.12}$$

上式第一个方程即为式（5.8）。而由第二个方程可解出

$$q(t)=b_1\cos\omega t+b_2\sin\omega t \tag{5.13}$$

式中，ω 为直杆纵向振动的固有频率。固有振型的系数和固有频率由直杆的各种边界条件确定；而时间函数 $q(t)$ 中的系数 b_1 和 b_2 由直杆运动的初始条件确定。将式（5.9）和式（5.13）代回式（5.10），得直杆的固有振动为

$$u(x,\ t)=\left(a_1\cos\frac{\omega}{c}x+a_2\sin\frac{\omega}{c}x\right)(b_1\cos\omega t+b_2\sin\omega t) \tag{5.14}$$

杆的边界条件是杆两端对变形和轴向力的约束条件，又称作几何边界条件和动力边界条件。如果杆的端部固定或自由，则称其为简单边界条件。表 5-1 所示为直杆边界条件。

表 5-1　直杆边界条件

	左端	右端
固支—固支	$u(0,\ t)=0$	$u(l,\ t)=0$
自由—自由	$u'(0,\ t)=0$	$u'(l,\ t)=0$
弹性载荷	$ku(0,\ t)=EAu'(0,\ t)$	$ku(l,\ t)=-EAu'(l,\ t)$
惯性载荷	$m\ddot{u}(0,\ t)=EAu'(0,\ t)$	$m\ddot{u}(l,\ t)=EAu'(l,\ t)$

例 5-1　求两端固支杆的纵向振动固有频率和固有振型。

解　直杆上点的位移函数为

$$u(x,\ t)=\left(a_1\cos\frac{\omega}{c}x+a_2\sin\frac{\omega}{c}x\right)(b_1\cos\omega t+b_2\sin\omega t)$$

代入边界条件 $u(0,\ t)=0$，$u(l,\ t)=0$ 可得

$$a_1=0$$

和

$$\sin\frac{\omega}{c}l=0$$

上式即为纵向振动的频率方程，其特征值为

$$\frac{\omega}{c}l=n\pi(n=1,2,3,\cdots)$$

所以固有频率为

$$\omega_{nn}=\frac{n\pi c}{l}=\frac{n\pi}{l}\sqrt{\frac{E}{\rho}}\quad(n=1,2,3,\cdots)$$

相应的第 n 阶固有振型函数为

$$U_n(x)=\sin\frac{\omega_{nn}}{c}x=\sin\frac{n\pi}{l}x\quad(n=1,2,3,\cdots)$$

因振型函数仅表示各点振幅的相对比值，故上述振型函数将常数 a_2 消去了。

例 5－2　$x=0$ 端固定，$x=l$ 端自由的均质直杆，在其自由端作用一轴向力 F_0，现突然撤去作用力 F_0，求杆的运动。

解　该系统边界条件为 $u(0,\ t)=0$，$u'(l,\ t)=0$，即

$$U(0)=0,\qquad U'(l)=0\tag{5.15}$$

将式（5.9）在 $x=0$ 及其导数在 $x=l$ 的值代入式（5.15），得

$$a_1=0,\qquad a_2\frac{\omega}{c}\cos\frac{\omega}{c}l=0$$

为得到 $U(x)$ 的非零解，a_1 和 a_2 不能同时为零，从而有固有频率方程

$$\cos\frac{\omega}{c}l=0$$

由此求出无限多个固有频率

$$\omega_{nn}=\frac{n\pi}{2l}c=\frac{n\pi}{2l}\sqrt{\frac{E}{\rho}}\quad(n=1,3,5,\cdots)\tag{5.16}$$

将固有频率 ω_{nn} 代入式（5.9）并注意到 $a_1=0$，得

$$U_n(x)=a_2\sin\frac{n\pi x}{2l}\quad(n=1,3,5,\cdots)\tag{5.17}$$

像多自由度系统的固有振型一样，固有振型函数的值是相对的，即 a_2 可以是任意常数。不妨取式（5.17）中 $a_2=1$，则有

$$U_n(x)=\sin\frac{n\pi x}{2l}\quad(n=1,\ 3,\ 5,\ \cdots)$$

根据振型叠加方法，直杆的运动为

$$u(x,t)=\sum_{n=1,3,5,\cdots}^{+\infty}\sin\frac{n\pi x}{2l}(b_{1n}\cos\omega_{nn}t+b_{2n}\sin\omega_{nn}t)\tag{5.18}$$

式中，常数 b_{1n} 和 b_{2n} 由初始条件确定。杆在静力 F_0 作用下的均匀初始应变和原初速度为

$$u(x,\ 0)=\frac{F_0x}{EA},\qquad \dot{u}(x,\ 0)=0$$

根据式（5.18），有

$$\begin{cases}u(x,0)=\displaystyle\sum_{n=1,3,5,\cdots}^{+\infty}b_{1n}\sin\frac{n\pi x}{2l}=\frac{F_0x}{EA}\\ \dot{u}(x,0)=\displaystyle\sum_{n=1,3,5,\cdots}^{+\infty}b_{2n}\frac{n\pi c}{2l}\sin\frac{n\pi x}{2l}=0\end{cases}\tag{5.19}$$

由式（5.19）中第二式得 $b_{2n}=0$，再利用三角函数的正交性，得

$$b_{1n}\int_0^1 \sin^2\left(\frac{n\pi x}{2l}\right)dx=\int_0^1 \frac{F_0 x}{EA}\sin\left(\frac{n\pi x}{2l}\right)dx \tag{5.20}$$

对于奇数 n，上式结果是

$$b_{1n}=\frac{8F_0 l}{n^2\pi^2 EA}(-1)^{(n-1)/2}\quad (n=1,3,5,\cdots) \tag{5.21}$$

设 $n=2m-1$，则杆的纵向运动为

$$u(x,t)=\frac{8F_0 l}{\pi^2 EA}\sum_{m=0}^{+\infty}\left[\frac{(-1)^m}{(2m-1)^2}\sin\frac{(2m-1)\pi x}{2l}\right]\cos\frac{(2m-1)\pi c}{2l}t \tag{5.22}$$

由此可见，杆的自由振动由无限多固有振动线性组合而成。但由于因子 $1/(2m-1)^2$ 随着 m 增加迅速衰减，因而高阶固有振动的贡献并不大。这种情况具有一定的普遍性，所以工程上一般仅关心无限自由度系统的低阶模态贡献。

通过例 5-1 和例 5-2 的分析，可绘出三种边界条件下杆的前 5 阶固有振型如图 5-2 所示。类似于对多自由度系统固有振型的分析，称图中固有振型曲线与坐标轴的交点为节点，系统固有振动幅值在节点处为零。对于简单边界条件的杆，第 n 阶固有振型有 $n-1$ 个节点。

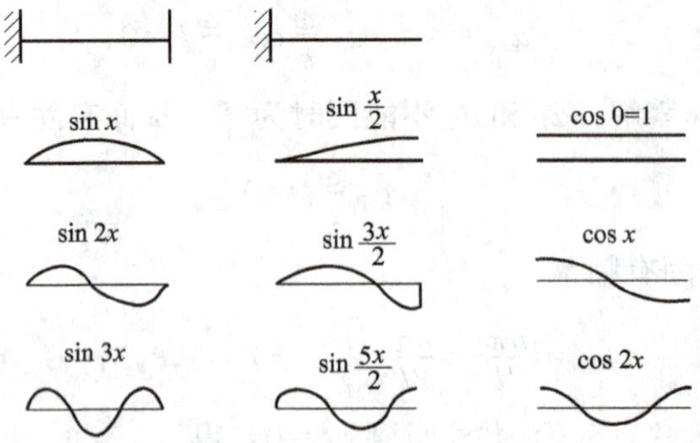

图 5-2　几种等截面直杆的低阶固有振型（$0\leqslant x\leqslant l$，$l=\pi$）

例 5-3　均匀材料等截面直杆，$x=0$ 端固定、$x=l$ 端具有集中质量 m，求其固有频率。

解　该杆的边界条件为

$$U(0)=0,\quad m\omega^2 U(l)=EAU'(l)$$

将式（5.9）及其导数在杆端点的值代入上式，得到

$$a_1=0,\quad m\omega^2\sin\frac{\omega l}{c}=EA\frac{\omega}{c}\cos\frac{\omega l}{c} \tag{5.23}$$

其中第二式就是杆的固有频率方程。

为了求解这一超越代数方程，引入量纲为 1 的参数

$$\alpha\overset{def}{=}\frac{\rho Al}{m},\quad \beta\overset{def}{=}\frac{\omega l}{c} \tag{5.24}$$

式中，α 为杆的质量与杆端集中质量的比值。从而将固有频率方程改写为

$$\beta\tan\beta=\alpha \tag{5.25}$$

用图解法确定杆的固有频率，如图 5-3 所示。对于给定的 α，在 (β,γ) 平面上作曲线 $\gamma=\tan\beta$ 和 $\gamma=\alpha/\beta$，两曲线交点的横坐标 β_γ，即为方程(5.25)的解，代回式(5.24)得固有频率 $\omega_\gamma=c\beta_\gamma/l$。如果感到图解法的精度不够，可将其结果作为初值，用 MATLAB 中的一元方程求根命令得到高

精度的解。图 5-3 显示了质量比 $\alpha=1$ 时方程 (5.25) 最小的几个根，由此得出 $\omega_1\approx0.86c/l$、$\omega_2\approx3.42c/l$ 和 $\omega_3\approx6.437c/l$。

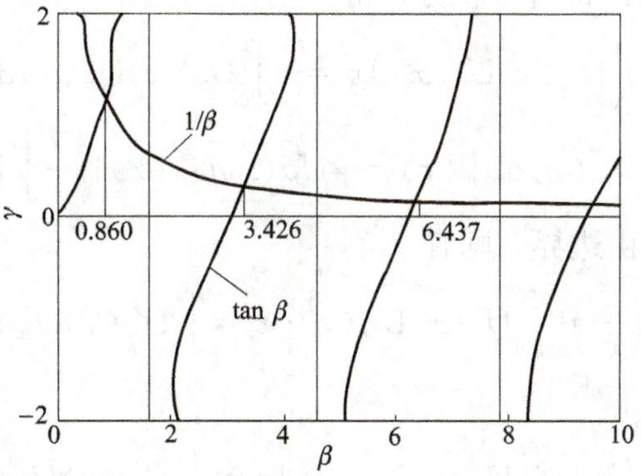

图 5-3 用图解法确定杆的固有频率（$\alpha=1$）

现对该系统做进一步分析：

(1) 如果杆的质量相对于集中质量很小，即 $\alpha\ll1$，则方程 (5.25) 的最小根因满足式 (5.25) 亦很小，故 $\beta\tan\beta\approx\beta^2=\alpha$。由此解出第一阶固有频率为

$$\omega_1=\frac{c}{l}\sqrt{\frac{\rho Al}{m}}=\sqrt{\frac{EA}{ml}}=\sqrt{\frac{k}{m}}$$

式中，$k=EA/l$ 为整根杆的静拉压刚度。这一结果与将弹性杆简化为无质量弹簧得到的单自由度系统固有频率一致。

(2) 若杆质量小于集中质量，但比值 $\alpha<1$ 不是非常小，可取泰勒展开 $\tan\beta\approx\beta+\beta^3/3$，将频率方程 (5.25) 写作

$$\beta^2\left(1+\frac{\beta^2}{3}\right)=\alpha$$

解出 β_1^2 并泰勒展开至二次项

$$\beta_1^2=\frac{3}{2}\left(\sqrt{1+\frac{4\alpha}{3}}-1\right)\approx\alpha-\frac{\alpha^2}{3}\approx\frac{\alpha}{1+\alpha/3}$$

由此得到第一阶固有频率

$$\omega_1=\frac{c\beta_1}{l}=\sqrt{\frac{EA/l}{m+\rho Al/3}}=\sqrt{\frac{k}{m+\rho Al/3}}$$

这一结果相当于将杆质量的 1/5 加到集中质量上后得到的单自由度振动频率，也是用第 4 章 Rayleigh 法得到的近似解。

5.1.2 固有振型的正交性

无限自由度系统的固有振动是否像多自由度系统的固有振动那样彼此不交换能量，即其固有振型具有正交性？答案是肯定的。

先讨论均匀材料等截面直杆的固有振型函数的正交性。杆的第 n 阶固有频率 ω_n 和固有振型函数 $U_n(x)$ 满足方程 (5.12)，即

$$U''_n(x)+\left(\frac{\omega_n}{c}\right)^2 U_n(x)=0 \tag{5.26}$$

将其乘以 $U_k(x)$，并沿杆长对 x 积分，得

$$\begin{aligned}\left(\frac{\omega_n}{c}\right)^2\int_0^l U_m(x)U_n(x)\mathrm{d}x &=-\int_0^l U_m(x)U''_n(x)\mathrm{d}x\\ &=-\int_0^l U_m(x)\mathrm{d}U'_n(x)=-U_m(x)U'_n(x)\big|_0^l+\int_0^l U'_n(x)U'_m(x)\mathrm{d}x\end{aligned} \tag{5.27}$$

若杆具有固定或自由边界，则有

$$\left(\frac{\omega_n}{c}\right)^2\int_0^l U_n(x)U_m(x)\mathrm{d}x=\int_0^l U'_n(x)U'_m(x)\mathrm{d}x \tag{5.28}$$

同理得

$$\left(\frac{\omega_m}{c}\right)^2\int_0^l U_m(x)U_n(x)\mathrm{d}x=\int_0^l U'_m(x)U'_n(x)\mathrm{d}x \tag{5.29}$$

上述两式相减得

$$\frac{\omega_n^2-\omega_m^2}{c^2}\int_0^l U_n(x)U_m(x)\mathrm{d}x=0 \tag{5.30}$$

当 $n\neq m$ 时，杆的固有频率互异，从而有

$$\int_0^l U_n(x)U_m(x)\mathrm{d}x=0,\quad n\neq m \tag{5.31}$$

代入式（5.28）得

$$\int_0^l U'_n(x)U'_m(x)\mathrm{d}x=0,\quad n\neq m \tag{5.32}$$

式（5.31）和式（5.32）就是杆的固有振型函数正交关系。振型函数正交性的物理意义表示各主振型之间的能量不能传递，即对于主振型 U_n 振动时的惯性力不会激起主振型 U_m 的振动。同样，弹性变形之间也不会引起耦合。当 $n=m$ 时，可以定义杆的第 n 阶模态质量和模态刚度

$$M_n\overset{def}{=}\int_0^l \rho A U_n^2(x)\mathrm{d}x,\quad K_n\overset{def}{=}\int_0^l EA\left[U'_n(x)\right]^2\mathrm{d}x\quad(n=1,2,3,\cdots) \tag{5.33}$$

它们的大小取决于固有振型函数的归一化形式，但其比值总满足

$$\omega_n^2=\frac{K_n}{M_n}\quad(n=1,2,3,\cdots) \tag{5.34}$$

对于端点固定或自由的非均匀材料变截面直杆，其固有振型函数的加权正交关系式变为

$$\begin{cases}\displaystyle\int_0^l \rho(x)A(x)U_n(x)U_m(x)\mathrm{d}x=M_n\delta_{nm}\\ \displaystyle\int_0^l E(x)A(x)U'_n(x)U'_m(x)\mathrm{d}x=K_n\delta_{nm}\end{cases} \tag{5.35}$$

一般地，若杆在 $x=0$ 端有弹簧 k_0 和集中质量 m_0，在 $x=l$ 端有弹簧 k_l 和集中质量 m_l，按能量互不交换原则可写出固有振型函数的正交关系为

$$\begin{cases}\displaystyle\int_0^l \rho(x)A(x)U_n(x)U_m(x)\mathrm{d}x+m_0U_n(0)U_m(0)+m_lU_n(l)U_m(l)=M_n\delta_{nm}\\ \displaystyle\int_0^l E(x)A(x)U'_n(x)U'_m(x)\mathrm{d}x+k_0U_n(0)U_m(0)+k_lU_n(l)U_m(l)=K_n\delta_{nm}\end{cases} \tag{5.36}$$

5.1.3 轴的扭转振动

讨论圆轴扭转振动时，依照材料力学中的纯扭转假设，认为轴的横截面在扭转振动中仍保持平面。严格来讲，只有等截面圆轴才能满足这一要求。

取轴的轴线作为 x 轴，设圆轴的长度为 l，截面极惯性矩为 $J_p(x)$，材料的剪切模量为 $G(x)$，密度为 $\rho(x)$。用 $\theta(x,t)$ 表示坐标为 x 的截面在时刻 t 的角位移，$M_e(x,t)$ 是单位长度轴上分布的外扭矩。取长为 dx 的轴微段作为分离体进行受力分析，如图 5-4 所示。

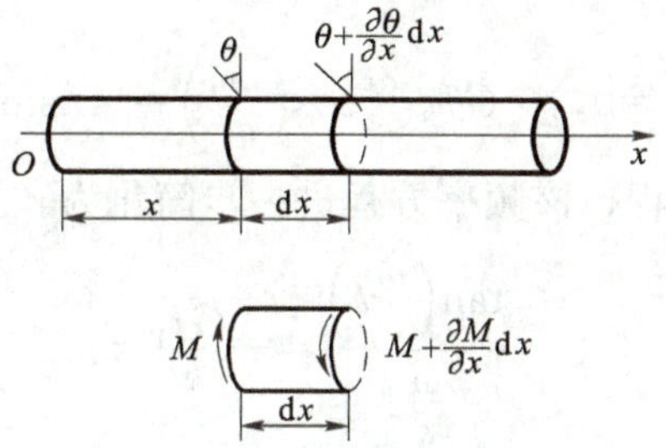

图 5-4 圆轴微单元受力分析

根据材料力学，圆轴的扭转角应变和扭矩分别为

$$\gamma=\frac{\partial \theta}{\partial x},\quad M_t=GJ_p\gamma=GJ_p\frac{\partial \theta}{\partial x} \tag{5.37}$$

由理论力学知，圆轴微段的转动惯量为 $\rho J_p dx$。根据动量矩定理有

$$\rho J_p dx\frac{\partial^2\theta}{\partial t^2}=\left(M_t+\frac{\partial M_t}{\partial x}dx\right)-M_t+M_e dx \tag{5.38}$$

将式（5.37）代入式（5.38），得圆轴扭转振动微分方程为

$$\rho J_p\frac{\partial^2\theta}{\partial t^2}=\frac{\partial}{\partial x}\left(GJ_p\frac{\partial \theta}{\partial x}\right)+M_e \tag{5.39}$$

对于均匀材料的等截面圆轴，GJ_p 为常数，方程（5.39）化为

$$\frac{\partial^2\theta}{\partial t^2}=c^2\frac{\partial^2\theta}{\partial x^2}+\frac{1}{\rho J_p}M_e \tag{5.40}$$

式中

$$c\overset{def}{=}\sqrt{\frac{G}{\rho}} \tag{5.41}$$

是圆轴内剪切弹性波沿轴纵向的传播速度。对于自由振动，$M_e=0$，方程（5.40）和直杆的纵向振动得到的方程相同，故它们的解在形式上完全一样，即

$$\theta(x,t)=W(x)q(t)=\left[a_1\cos\left(\frac{\omega}{c}x\right)+a_2\sin\left(\frac{\omega}{c}x\right)\right](b_1\cos\omega t+b_2\sin\omega t) \tag{5.42}$$

式中，固有频率 ω 和固有振型函数由边界条件确定，系数 b_1 和 b_2 由运动的初始条件确定。

例 5-4 求一端固定、一端有扭转弹簧作用的圆轴（见图 5-5）固有频率及其振型函数。

解 系统的运动方程为

$$\theta(x,t)=\left[a_1\cos\left(\frac{\omega}{c}x\right)+a_2\sin\left(\frac{\omega}{c}x\right)\right](b_1\cos\omega t+b_2\sin\omega t)$$

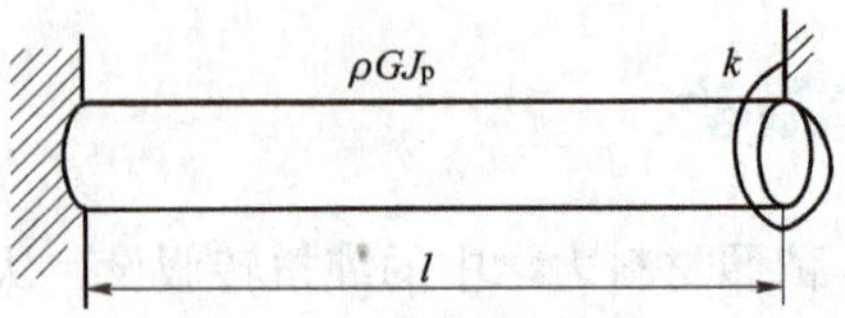

图 5-5　圆轴扭转振动

边界条件是

$$\theta(0,\ t)=0,\quad GJ_p\theta'(l,\ t)=-k\theta(l,\ t)$$

代入边界条件可得

$$a_1=0,\quad GJ_p\frac{\omega}{c}\cos\left(\frac{\omega}{c}l\right)=-k\sin\left(\frac{\omega}{c}l\right)$$

上述第二式即为频率方程，该频率方程进一步简化为

$$\frac{\tan\left(\frac{\omega}{c}l\right)}{\frac{\omega}{c}l}=-\frac{GJ_p}{kl}=\alpha$$

给定 α 值即可确定各阶固有频率。相应的固有振型函数为

$$W_n(x)=\sin\frac{\omega_n}{c}x\quad(n=1,\ 2,\ 3,\ \cdots)$$

下面考虑两个极值情况：

(1) 即 $k\to\infty$，此时右端相当于固定端，$\alpha=0$，频率方程为

$$\tan\frac{\omega}{c}l=0$$

解得

$$\omega_n=\frac{n\pi c}{l}=\frac{n\pi}{l}\sqrt{\frac{G}{\rho}}\quad(n=1,\ 2,\ 3,\ \cdots)$$

相应的固有振型为

$$W_n(x)=\sin\frac{n\pi}{l}x\quad(n=1,\ 2,\ 3,\ \cdots)$$

(2) $k=0$，右端相当于自由端，$\alpha=\infty$，此时

$$\cos\frac{\omega}{c}l=0$$

解得固有频率和固有振型分别为

$$\omega_n=\frac{n\pi}{2l}\sqrt{\frac{G}{\rho}},\quad W_n(x)=\sin\left(\frac{n\pi}{2l}x\right)\quad(n=1,\ 3,\ 5,\ \cdots)$$

上述结果和例 5-1 直杆的纵向振动固有特性在形式上相同。

例 5-5　图 5-6 所示为轴一端固定、一端含有转动惯量为 I 的圆盘轴系扭振系统，试求该系统的固有频率及振型。

解　系统右端相当于附加有惯性载荷，边界条件为

$$\theta(0,\ t)=0,\quad GJ_p\theta'(l,\ t)=-I\ddot{\theta}(l,\ t)$$

由第一个边界条件可得 $a_1=0$，由第二个边界条件得到

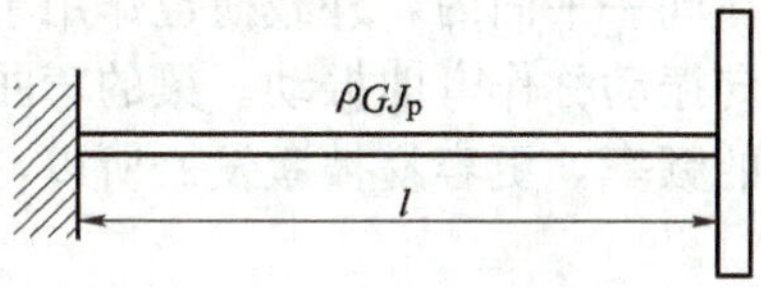

图 5－6　圆盘轴系扭振系统

$$GJ_p \frac{\omega}{c}\cos\frac{\omega}{c}l = I\omega^2 \sin\frac{\omega}{c}l$$

令轴的转动惯量与圆盘转动惯量比为 $\alpha=\frac{\rho J_p l}{I}$，$\beta=\frac{\omega}{c}l$，则频率方程为

$$\beta\tan\beta=\alpha$$

上述结果与例 5.3 在形式上完全相同。若轴的转动惯量远小于圆盘的转动惯量，即 $\alpha\ll 1$，此时轴系扭振的第一阶固有频率为

$$\omega_1=\sqrt{\frac{GJ_p}{Il}}$$

若轴的转动质量小于盘的转动惯量，但比值 $\alpha<1$ 不是非常小，此时轴系扭振的第一阶固有频率为

$$\omega_1=\sqrt{\frac{GJ_p}{l(I+\rho J_p l/3)}}$$

上式即为将轴转动惯量的 1/3 加到圆盘上后单自由度系统的扭振频率，也是用 Rayleigh 法得到的近似解。当 $\alpha\approx 1$ 时，用 Rayleigh 法计算的基频误差不到 1%，因而应用工程振动力学中的近似计算方法实际上已经具有足够的精度要求。

5.2　弹性梁的振动

以弯曲为主要变形的杆件称为梁，它是工程中广泛采用的一种基本构件。在一定条件下，飞机机翼、直升机旋翼、发动机叶片、火箭箭体、长枪炮的发射筒均可以简化为梁模型来研究。大到土木工程结构（如悬索桥），小到原子力显微镜、微陀螺等都要涉及弹性梁的振动问题，如图 5－7 所示。

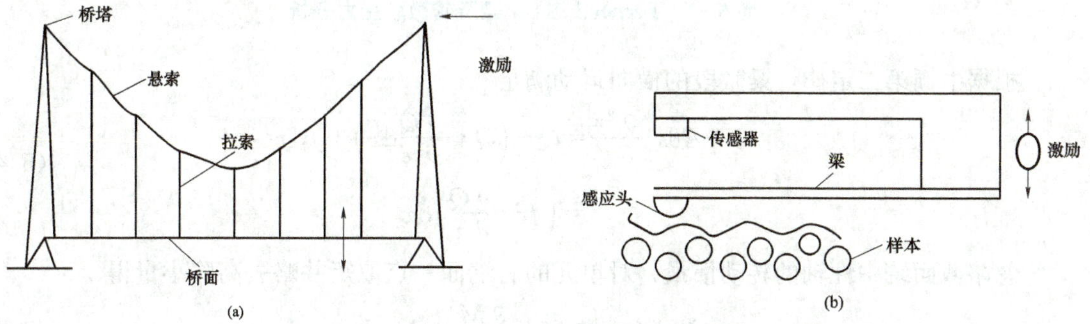

图 5－7　弹性梁的振动

(a) 悬索桥示意图；(b) 原子力显微镜原理图

如果梁各截面的中心主轴在同一平面内，外载荷也作用于该平面内，则梁的主要变形是弯曲变形，梁在该平面内的横向振动称作弯曲振动。梁的弯曲振动频率通常低于它作为杆的纵向振动或作为轴的扭转振动的频率，更容易被激发。所以，梁的弯曲振动在工程上具有重要意义。

对于细长梁的低频振动，可以忽略梁的剪切变形以及截面绕中性轴转动惯量的影响，这种梁模型称为 Bernoulli-Euler 梁。计及这两种因素的梁模型称为 Timoshenko 梁。本节讨论 Bernoulli-Euler 梁的弯曲振动，第 5.5 节简单介绍 Timoshenko 梁的弯曲振动。

5.2.1 弹性梁弯曲振动

设有长度为 l 的直梁，取其轴线作为 x 轴，建立如图 5－8 所示的坐标系。今后只要不另行说明，x 轴原点均取在梁的左端点。记梁在坐标为 x 处的横截面积为 $A(x)$，材料弹性模量为 $E(x)$，密度为 $\rho(x)$，截面关于中性轴的惯性矩为 $I(x)$。用 $w(x,t)$ 表示坐标为 x 的截面中性轴在时刻 t 的横向位移，$f(x,t)$，$m(x,t)$ 分别表示单位长度梁上分布的横向外力和外力矩。取长为 $\mathrm{d}x$ 的微段作为分离体，其受力分析如图 5－8 所示。其中，$Q(x,t)$ 和 $M(x,t)$ 分别是截面上的剪力和弯矩，$\rho(x)A(x)\mathrm{d}x\dfrac{\partial^2 w(x,t)}{\partial t^2}$ 是梁微段的惯性力，图中所有力和力矩均按正方向画出。

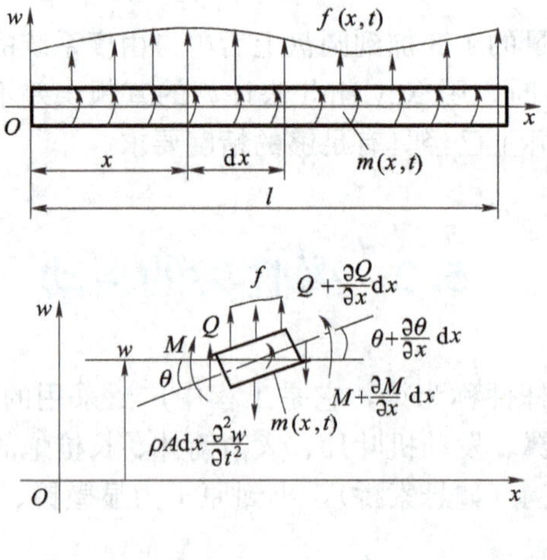

图 5－8 Bernoulli-Euler 梁及其微段受力分析

根据牛顿第二定律，梁微段的横向运动满足

$$\begin{aligned}\rho A\mathrm{d}x\frac{\partial^2 w}{\partial t^2}&=Q-\left(Q+\frac{\partial Q}{\partial x}\mathrm{d}x\right)+f\mathrm{d}x\\&=\left(f-\frac{\partial Q}{\partial x}\right)\mathrm{d}x\end{aligned}\tag{5.43}$$

忽略截面绕中性轴的转动惯量，对单元的右端面一点取矩并略去高阶小量得

$$M+Q\mathrm{d}x=M+\frac{\partial M}{\partial x}\mathrm{d}x+m\mathrm{d}x\tag{5.44}$$

或写为

$$Q=\frac{\partial M}{\partial x}+m \tag{5.45}$$

将上式代入式（5.43），得到

$$\rho A\frac{\partial^2 w}{\partial t^2}=f-\left(\frac{\partial^2 M}{\partial x^2}+\frac{\partial m}{\partial x}\right) \tag{5.46}$$

由材料力学知，$M=EI\frac{\partial^2 w}{\partial x^2}$，将之代入式（5.46）得到 Bernoulli-Euler 梁的弯曲振动微分方程

$$\rho A\frac{\partial^2 w}{\partial t^2}+\frac{\partial^2}{\partial x^2}\left(EI\frac{\partial^2 w}{\partial x^2}\right)=f-\frac{\partial m}{ax} \tag{5.47}$$

对于等截面均质直梁，ρA 和 EI 为常数，于是方程成为

$$\rho A\frac{\partial^2 w}{\partial t^2}+EI\frac{\partial^4 w}{\partial x^4}=f-\frac{\partial m}{\partial x} \tag{5.48}$$

下面考虑梁的自由振动，即令方程（5.49）中 $f(x,t)\equiv 0$、$m(x,t)\equiv 0$，得到等截面均质直梁的弯曲自由振动微分方程

$$\rho A\frac{\partial^2 w}{\partial t^2}+EI\frac{\partial^4 w}{\partial x^4}=0 \tag{5.49}$$

这是一个四阶常系数线性齐次偏微分方程，可用分离变量法求解。设梁具有如下形式的横向固有振动

$$w(x,t)=W(x)q(t) \tag{5.50}$$

将上式代入方程（5.48）得

$$\rho AW(x)q''(t)+EIW^{(4)}(x)q(t)=0 \tag{5.51}$$

式中，$W^{(4)}(x)$表示 $W(x)$对 x 的 4 阶导数。上式还可写为

$$\frac{EI}{\rho A}\frac{W^{(4)}(x)}{W(x)}=-\frac{\ddot{q}(t)}{q(t)} \tag{5.52}$$

该方程左端为 x 的函数，右端为 t 的函数，且 x 与 t 彼此独立，故方程两端必同时等于一常数。可以证明该常数非负，记其为$w^2\geqslant 0$。因此，式（5.52）分离为两个独立的常微分方程

$$\begin{cases}W^{(4)}(x)-s^4W(x)=0\\ \ddot{q}(t)+w^2q(t)=0\end{cases} \tag{5.53}$$

式中

$$s^4\overset{def}{=}\frac{\rho A}{EI}w^2 \tag{5.54}$$

解方程（5.53）得

$$\begin{cases}W(x)=a_1\cos sx+a_2\sin sx+a_3\mathrm{ch}\, sx+a_4\mathrm{sh}\, sx\\ q(t)=b_1\cos\omega t+b_2\sin\omega t\end{cases} \tag{5.55a，b}$$

式（5.55a）描述了梁横向振动幅值沿梁长的分布。梁横向振动幅值在梁的两端必须满足给定的边界条件，由此可确定 ω、a_1 和 a_2（或比值）。式（5.55b）则描述了梁振动随时间简谐变化，如同前面一样，常数 b_1 和 b_2 由系统的初始条件来确定。

边界条件要考虑四个量，即扰度、转角、弯矩和剪力。类似于杆的边界条件，将限制挠度、转角的边界条件称作几何边界条件，而限制弯矩、剪力的边界条件称作动力边界条件。直梁常见边界条件如表 5-2 所示。

表 5-2　直梁常见边界条件

端部情况	扰度	转角	弯矩 *	剪力 *
	w	$\frac{\partial w}{\partial x}$	$M=EI\frac{\partial^2 w}{\partial x^2}$	$Q=EI\frac{\partial^3 w}{\partial x^3}$
固支	$w=0$	$\frac{\partial w}{w x}=0$		
自由			$M=0$	$Q=0$
铰支	$w=0$	$\frac{\partial^2 w}{\partial x^2}=0$		
弹性载荷			$M=-k\frac{\partial w}{\partial x}$	$Q=kw$
惯性载荷			$M=0$	$Q=m\frac{\partial^2 w}{\partial x^2}$
* 该边界条件是对梁的右端而言，若对梁的左端，则 M、Q 改变符号。				

下面以简支梁为例求其固有频率和固有振型函数。简支梁边界条件分别为

$$W(0)=0,\quad W''(0)=0 \tag{5.56}$$

$$W(l)=0,\quad W''(l)=0 \tag{5.57}$$

将式（5.56）代入式（5.55a）及其二阶导数，得

$$a_1+a_3=0,\qquad -a_1+a_3=0$$

由此得出

$$a_1=a_3=0 \tag{5.58}$$

将式（5.57）及式（5.58）代入式（5.45a）及其二阶导数，得

$$a_2\sin sl+a_4\operatorname{sh} sl=0, -a_2\sin sl+a_4\operatorname{sh} sl=0 \tag{5.59}$$

于是

$$a_2\sin sl=0,\qquad a_4\operatorname{sh} sl=0$$

因简支梁无刚体运动，故 $sl\neq 0$，从而得出频率方程

$$\sin sl=0,\qquad a_2\neq 0,\qquad a_4=0$$

其解为

$$s_n=\frac{n\pi}{l}\quad (n=1,\ 2,\ 3,\ \cdots)$$

由式（5.54）得出固有频率

$$\omega_n = s_n^2\sqrt{\frac{EI}{\rho A}} = (n\pi)^2\sqrt{\frac{EI}{\rho A l^4}} \quad (n=1,2,3,\cdots)$$

相应的固有振型函数是

$$W_n(x) = \sin\frac{n\pi x}{l} \quad (n=1,2,3,\cdots)$$

简支梁的固有频率和固有振型比较简单。下面看其他边界条件的情况：

1）两端自由

频率方程为

$$\cos sl \ \mathrm{ch}\ sl = 1$$

$s_0=0$ 表示整个梁做刚体运动，除此之外其余所有特征根近似为

$$s_n l \approx \left(n+\frac{1}{2}\right)\pi \quad (n=1,2,3,\cdots)$$

固有频率为

$$\omega_n = s_n^2\sqrt{\frac{EI}{\rho A}} = \left(n+\frac{1}{2}\right)^2\pi^2\sqrt{\frac{EI}{\rho A l^4}} \quad (n=1,\ 2,\ 3,\ \cdots)$$

相应的固有振型为

$$W_n(x) = \mathrm{ch}\ s_n x + \cos s_n x + v_n(\mathrm{sh}\ s_n x + \sin s_n x) \quad (n=1,2,3,\cdots)$$

式中，$v_n = -\dfrac{\mathrm{sh}\ s_n l + \sin s_n l}{\mathrm{ch}\ s_n l + \cos s_n l}$。

2）两端固支

频率方程为

$$\cos sl \ \mathrm{ch}\ sl = 1$$

此时特征根和固有频率与两端自由时完全相同，而振型函数不同，固有振型函数为

$$W_n(x) = \mathrm{ch}\ s_n x - \cos s_n x + v_n(\mathrm{sh}\ s_n x - \sin s_n x) \quad (n=1,2,3,\cdots)$$

3）悬臂梁

频率方程为

$$\cos sl \ \mathrm{ch}\ sl = -1$$

该方程的根可由图解法大致确定后再用 MATLAB 精确化，其由小到大依次为

$$s_n l = 1.875\ 1,\ 4.694\ 1,\ 7.854\ 8,\ 10.995\ 5,\ 14.137\ 2,\ \cdots$$

固有频率为

$$\omega_n = s_n^2\sqrt{\frac{EI}{\rho A}} = (s_n l)^2\sqrt{\frac{EI}{\rho A l^4}} \quad (n=1,2,3,\cdots)$$

固有振型函数为

$$W_n(x) = \mathrm{ch}\ s_n - \cos s_n x + v_n(\mathrm{sh}\ s_n x - \sin s_n x) \quad (n=1,2,3,\cdots)$$

式中，$v_n = -\dfrac{\mathrm{sh}\ s_n l - \sin s_n l}{\mathrm{ch}\ s_n l + \cos s_n l}$。

从上述结果可见一个有趣的现象：略去刚体运动后，两端自由梁与两端固支梁的固有频率方程相同，而一端铰支一端自由梁与一端铰支一端固支梁的固有频率方程相同。图 5 - 9 所示为相应梁的前 3 阶固有振型。如果把对应零固有频率的刚体运动振型包括在内，简单边界条件

下梁的第 n 阶固有振型均有 $n-1$ 个节点。可以证明，这是杆、轴、梁这几种一维弹性体固有振型的共性。

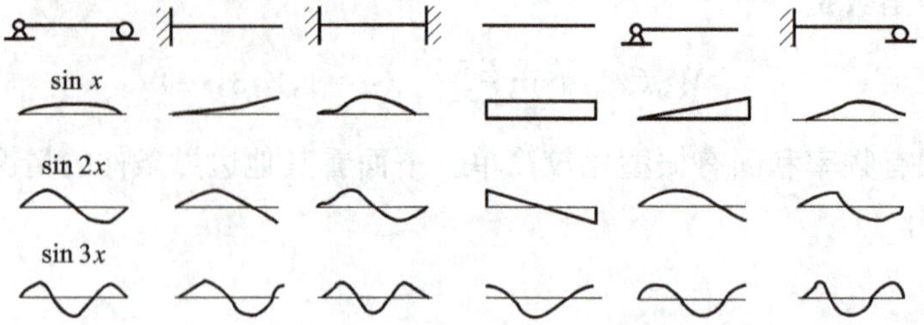

图 5-9　简单边界条件下等截面均质梁的前 3 阶固有振型（$0\leqslant x\leqslant l$，$l=\pi$）

例 5-6　求一端固支、一端简支的均质梁（见图 5-10）固有频率。

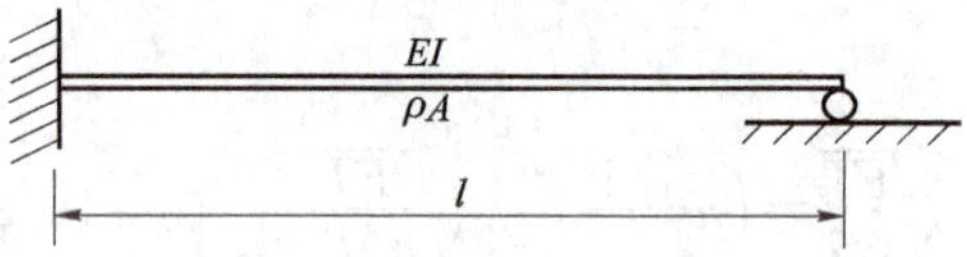

图 5-10　固支—简支梁

解　根据式（5-54），梁的固有振型函数为

$$W(x)=a_1\cos sx+a_2\sin sx+a_3\mathrm{ch}\, sx+a_4\mathrm{sh}\, sx$$

固定端边界条件为

$$W(0)=0,\quad W'(0)=0$$

因此可得 $a_1+a_3=0$，$a_2+a_4=0$，将振型函数写为

$$W(x)=a_1(\cos sx-\mathrm{ch}\, sx)+a_2(\sin sx-\mathrm{sh}\, sx)$$

简支端边界条件为

$$W(l)=0,W''(l)=0$$

根据上式可得

$$\begin{cases}a_1(\cos sl-\mathrm{ch}\, sl)+a_2(\sin sl-\mathrm{sh}\, sl)=0\\-a_1(\cos sl+\mathrm{ch}\, sl)-a_2(\sin sl+\mathrm{sh}\, sl)=0\end{cases}$$

上式有非零解的条件是

$$\begin{vmatrix}\cos sl-\mathrm{ch}\, sl & \sin sl-\mathrm{sh}\, sl\\-(\cos sl+\mathrm{ch}\, sl) & -(\sin sl+\mathrm{sh}\, sl)\end{vmatrix}=0$$

展开上式获得频率方程为

$$\tan sl=\mathrm{th}\, sl$$

可用图解法解该超越方程，其近似解为

$$s_nl=\left(n+\frac{1}{4}\right)\pi\quad(n=1,2,3,\cdots)$$

5.2.2　固有振型的正交性

考察具有简单边界条件的等截面均质直梁，其固有振型函数 $W_n(x)$ 满足方程

$$s_n^4 W_n(x)=W_n^{(4)}(x) \tag{5.60}$$

将上式两端同乘以 $W_m(x)$ 并沿梁长对 x 积分，利用分部积分得

$$\begin{aligned} s_n^4\int_0^l W_m(x)W_n(x)\mathrm{d}x &= \int_0^l W_m(x)W_n^4(x)\mathrm{d}x \\ &= W_m(x)W'''_n(x)\big|_0^l - W'_m(x)W''_n(x)\big|_0^l + \int_0^l W''_m(x)W''_n(x)\mathrm{d}x \end{aligned} \tag{5.61}$$

根据简单边界（固定端、铰支端、自由端）条件，等式右端前两项总为零，故

$$\int_0^l W''_m(x)W''_n(x)\mathrm{d}x = s_n^4\int_0^l W_m(x)W_n(x)\mathrm{d}x \tag{5.62}$$

因为 n 和 m 是任取的，交换次序有

$$\int_0^l W''_m(x)W''_n(x)\mathrm{d}x = s_m^4\int_0^l W_m(x)W_n(x)\mathrm{d}x \tag{5.63}$$

上述两式相减得

$$(s_n^4 - s_m^4)\int_0^l W_m(x)W_n(x)\mathrm{d}x \tag{5.64}$$

除了两端自由梁的两个固有频率，$n\neq m$ 时总有 $s_n\neq s_m$。故得

$$\int_0^l W_m(x)W_n(x)\mathrm{d}x = 0 \quad n\neq m \tag{5.65}$$

根据 $s_n\neq 0$ 或 $s_m\neq 0$ 将上式代回式（5.62）或式（5.63），得

$$\int_0^l W''_m(x)W''_n(x)\mathrm{d}x = 0 \quad n\neq m \tag{5.66}$$

式（5.65）和式（5.66）即为等截面均质直梁固有振型函数的正交性条件。

对于不等截面非均质直梁，固有振型函数的正交性条件为

$$\begin{cases} \displaystyle\int_0^l \rho(x)A(x)W_m(x)W_n(x)\mathrm{d}x = M_n\delta_{nm} \\ \displaystyle\int_0^l E(x)l(x)W''_m(x)W''_n(x)\mathrm{d}x = k_n\delta_{nm} \end{cases} \tag{5.67}$$

式中，M_n 和 K_n 分别为第 n 阶模态质量和模态刚度，其大小取决于固有振型函数 $W_n(x)$ 归一化系数的大小，但总满足

$$K_n=\omega_n^2 M_n \quad (n=1,2,3,\cdots) \tag{5.68}$$

例 5-7　试求两端铰支等截面均质直梁在下列两种扰动下的自由振动。

(1) $w(x,0)=\sin\dfrac{\pi x}{l},\dfrac{\partial w(x,0)}{\partial t}=0$　　(5.69)

(2) 梁在初瞬时处于平衡状态，在 $x=a$ 处的微段 ε 内受脉冲力作用，引起在 $x=a$ 处的初速度为 v_0。

解　梁的自由振动是各阶固有振动的线性组合

$$w(x,t) = \sum_{n=1}^{+\infty} W_n(x)(b_{1n}\cos\omega_n t + b_{2n}\sin\omega_n t) \tag{5.70}$$

简支梁的固有频率及固有振型函数已在 5.2.1 节中给出，分别为

$$\omega_n=(n\pi)^2\sqrt{\frac{EI}{\rho A l^4}},W_n(x)=\sin\frac{n\pi x}{l} \quad (n=1,2,3,\cdots) \tag{5.71}$$

(1) 将式 (5.71) 中的固有振型代入式 (5.70)，再代入初始条件 (5.69) 得

$$\sum_{n=1}^{+\infty} b_{1n}\sin\frac{n\pi x}{l}=\sin\frac{\pi x}{l},\quad \sum_{n=1}^{+\infty}\omega_n b_{2n}\sin\frac{n\pi x}{l}=0$$

比较上式两端同次谐波的系数得

$$\begin{cases} b_{11}=1, \quad b_{1n}=0 \quad (n=2,3,4,\cdots) \\ b_{2n}=0 \quad (n=1,2,3,\cdots) \end{cases}$$

于是梁的弯曲自由振动为

$$w(x,t)=\sin\frac{\pi x}{l}\cos\omega_1 t$$

这说明，若初始条件与梁的第一阶固有振型成比例，响应中仅含第一阶固有振动成分。

(2) 由初始位移为零得

$$\sum_{n=1}^{+\infty} b_{1n}\sin\frac{n\pi x}{l}=0$$

解出

$$b_{1n}=0 \quad (n=1,2,3,\cdots)$$

再考察初速度条件

$$\frac{\partial w(x,0)}{\partial t}=\sum_{n=1}^{+\infty}\omega_n b_{2n}\sin\frac{n\pi x}{l}$$

将上式两端同乘 $\sin\frac{m\pi x}{l}$后沿梁长对 x 积分，根据固有振型正交性得

$$b_{2m}=\frac{2}{\omega_m l}\int_0^l\frac{\partial w(x,0)}{\partial t}\sin\frac{m\pi x}{l}\mathrm{d}x=\frac{2}{\omega_m t}\int_{a-\frac{\varepsilon}{2}}^{a+\frac{\varepsilon}{2}}v_0\sin\frac{m\pi x}{l}\mathrm{d}x$$

$$=\frac{4v_0}{m\pi\omega_m}\sin\frac{m\pi a}{l}\sin\frac{m\pi\varepsilon}{l}\approx\frac{2\varepsilon v_0}{\omega_m l}\sin\frac{m\pi a}{l}\quad (m=1,2,3,\cdots)$$

于是得到梁的弯曲自由振动

$$w(x,t)=\frac{2\varepsilon v_0}{l}\sum_{n=1}^{+\infty}\left[\frac{1}{\omega_n}\sin\frac{n\pi a}{l}\sin\frac{n\pi x}{l}\right]\sin\omega_n t$$

可见，对于一般初始扰动，梁的自由振动响应含有各阶固有振动成分。当 $a=l/2$ 时，该梁的自由振动为

$$w(x,t)=\frac{2\varepsilon v_0}{l}\sum_{n=1,3,5,\cdots}^{+\infty}\left[(-1)^{(n-1)/2}\frac{1}{\omega_n}\sin\frac{n\pi x}{l}\right]\sin\omega_n t$$

由于初始条件具有对称性，响应中只含具有对称振型的各阶固有振动。

5.2.3 振型叠加法计算梁的振动响应

利用振型函数的正交性，类似于有限自由度系统的模态分析方法，可以使连续系统的偏微分方程变换成一系列用主坐标表示的常微分方程。仍用振型叠加法求解，为此引入模态坐标变换

$$w(x,t)=\sum_{n=1}^{+\infty}W_n(x)q_n(t) \tag{5.72}$$

将其代入方程 (5.48) 得

$$\rho A\sum_{n=1}^{+\infty}W_n(x)\ddot{q}_n(t)+EI\sum_{n=1}^{+\infty}W_n^{(4)}q_n(t)=f-\frac{\partial m}{\partial x} \tag{5.73}$$

相应的初始条件为

$$\begin{cases}w(x,0)=w_0(x)=\sum\limits_{n=1}^{+\infty}W_n(x)q_n(0)\\ \dfrac{\partial w(x,t)}{\partial t}=v_0(x)=\sum\limits_{n=1}^{+\infty}W_n(x)\dot{q}_n(0)\end{cases} \tag{5.74}$$

将式（5.73）和（5.74）两端同乘 $W_m(x)$并沿梁长对 x 积分，利用固有振型正交性得到

$$M_n\ddot{q}(t)+K_nq_n=f_n(t)\qquad(n=1,\ 2,\ 3,\ \cdots) \tag{5.75}$$

$$\begin{cases}q_n(0)=\dfrac{1}{M_n}\displaystyle\int_0^l\rho Aw_0(x)W_n(x)\mathrm{d}x\\ \dot{q}_n(0)=\dfrac{1}{M_n}\displaystyle\int_0^l\rho Av_0(x)W_n(x)\mathrm{d}x\end{cases}\quad(n=1,2,3,\cdots) \tag{5.76}$$

式中，M_n 和 K_n 分别为第 n 阶模态质量和模态刚度，而

$$f_n(t)=\int_0^l\left(f-\frac{\partial m}{\partial x}\right)W_n(x)\mathrm{d}x\quad(n=1,2,3,\cdots) \tag{5.77}$$

为第 n 阶模态力。对于无刚体运动的梁，具有分布外力矩 $m(x,t)$时，将式（5.77）分部积分，则模态力可表示成

$$f_n(t)=\int_0^l[fW_n(x)+m(x,t)W'_n(x)]\mathrm{d}x\quad(n=1,2,3,\cdots) \tag{5.78}$$

方程（5.75）与初始条件（5.76）构成一组解耦的单自由度无阻尼系统受迫振动问题。梁振动响应解为各阶主振动的叠加，求解后代回式（5.74），得

$$w(x,t)=\sum_{n=1}^{+\infty}W_n(x)\left[q_n(0)\cos\omega_nt+\frac{\dot{q}_n(0)}{\omega_n}\sin\omega_nt+\int_0^l\frac{\sin\omega_n(t-\tau)}{M_n\omega_n}f_n(\tau)\mathrm{d}\tau\right] \tag{5.79}$$

例 5-8　一阶跃力 F_0 突然作用于等截面均质简支梁的中央，求梁的振动响应。

解　简支梁的固有频率和固有振型函数为

$$\omega_n=(n\pi)^2\sqrt{\frac{EI}{\rho Al^4}},W_n(x)=\sin\frac{n\pi x}{l}\quad(n=1,2,3,\cdots) \tag{5.80}$$

于是，模态质量、模态刚度和模态力分别为

$$M_n=\int_0^l\rho A\sin^2\frac{n\pi x}{l}\mathrm{d}x=\frac{1}{2}\rho Al,K_n=\omega_n^2M_n\quad(n=1,2,3,\cdots) \tag{5.81}$$

$$f_n(t)=F_0\sin\frac{n\pi}{2}=\begin{cases}(-1)^{(n-1)/2}F_0 & (n=1,3,5,\cdots)\\ 0 & (n=2,\ 4,\ 6,\ \cdots)\end{cases} \tag{5.82}$$

注意梁初始静止，由方程（5.75）和（5.76）解出各模态坐标在阶跃模态力下的响应

$$q_n(t)=\frac{f_n(t)}{K_n}(1-\cos\omega_nt)\quad(n=1,2,3,\cdots) \tag{5.83}$$

将式（5.81）、(5.82）和（5.83）代入模态变换式（5.72），得到梁的受迫振动响应为

$$w(x,t)=\frac{2F_0l^3}{\pi^4EI}\sum_{n=1,3,5,\cdots}^{+\infty}\left[(-1)^{(n-1)/2}\frac{1}{n^4}\sin\frac{n\pi x}{l}\right](1-\cos\omega_nt) \tag{5.84}$$

由于外载荷作用在梁的中央，载荷对称，故零状态响应中仅含具有对称振型的各阶振动成分。

例 5-9 均质简支梁在 $x=x_0$ 处受到简谐力 $F_0=f_0\sin\omega t$ 的作用，求梁的稳态响应，设梁的初始条件为零。

解 利用上例结果，简支梁模态质量 $M_n=\rho Al/2$，固有振型 $W_n(x)=\sin\frac{n\pi x}{l}$，则梁的正则振型为

$$W_{N\pi}(x)=\sqrt{\frac{\rho Al}{2}}\sin\frac{n\pi x}{l}\quad(n=1,2,3,\cdots)$$

模态力为

$$\begin{aligned}f_{N\pi}(t)&=\int_0^l f_0\sin\omega t\cdot\delta(x-x_0)W_{N\pi}(x)\mathrm{d}x\\&=\sqrt{\frac{\rho Al}{2}}f_0\sin\frac{n\pi x_0}{l}\sin\omega t\quad(n=1,2,3,\cdots)\end{aligned}$$

参考式（5.84）中括号最后一项，在零初始条件下，有

$$\begin{aligned}q_{N\pi}(t)&=\frac{1}{\omega_\pi}\int_0^l f_{N\pi}\sin\omega_\pi(t-\tau)\mathrm{d}\tau\\&=\frac{1}{\omega_\pi}\sqrt{\frac{2}{\rho Al}}f_0\sin\frac{n\pi x_0}{l}\int_0^l\sin\omega_\pi(t-\tau)\sin\tau\,\mathrm{d}\tau\\&=\sqrt{\frac{2}{\rho Al}}\frac{f_0}{\omega_\pi^2-\omega^2}\sin\frac{n\pi x_0}{l}\left(\sin\omega t-\frac{\omega}{\omega_\pi}\sin\omega_\pi t\right)\end{aligned}$$

于是，梁的稳态振动为

$$w(x,t)=\frac{2}{\rho Al}\sum_{n=1}^{+\infty}\frac{f_0}{\omega_\pi^2-\omega^2}\cdot\sin\frac{n\pi x_0}{l}\cdot\sin\frac{n\pi x}{l}\left(\sin\omega t-\frac{\omega_\pi}{\omega_n}\sin\omega_\pi t\right)$$

可见，当激励频率接近于梁的某阶固有频率时将引起该阶模态的共振。

5.3 梁振动的特殊问题

上节分析了等截面均质直梁弯曲振动的一些基本问题，本节再讨论梁弯曲振动中的几个特殊问题，包括：轴向力、剪切变形及绕截面中性轴转动惯量等因素对梁固有振动的影响。

5.3.1 轴向力作用下梁的横向振动

工程中，不少梁形构件在发生弯曲变形的同时还承受轴向力的作用。例如，直升机桨叶和发动机叶片在旋转状态下要受到离心轴向力的作用。因此，我们来分析 Bernoulli-Euler 梁在沿梁纵向变化的轴力作用下的弯曲固有振动。

如图 5-11 所示，梁微段 dx 沿横向所受外力有：剪力 $Q(x)$ 和 $-Q(x+\mathrm{d}x)$，轴向力 $-S(x)$ 和 $S(x+\mathrm{d}x)$ 在 w 轴上的投影。根据牛顿第二定律，梁微段横方向的运动满足

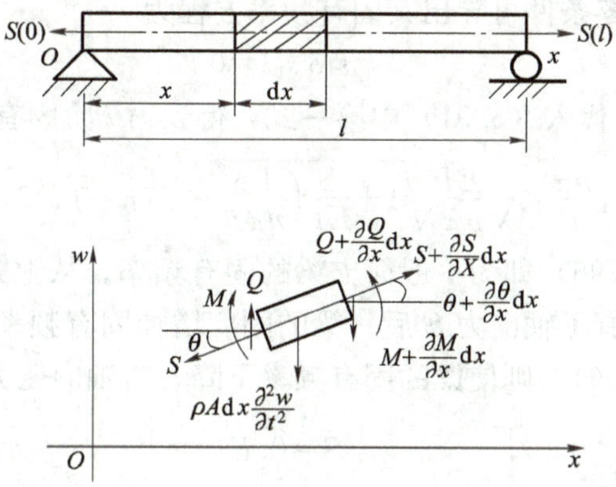

图 5-11　具有轴力作用的梁及其微段受力分析

$$\begin{aligned}\rho A\mathrm{d}x\frac{\partial^2 w}{\partial t^2}&=Q-\left(Q+\frac{\partial Q}{\partial x}\mathrm{d}x\right)-S\theta+\left(S+\frac{\partial S}{\partial x}\mathrm{d}x\right)\left(\theta+\frac{\partial \theta}{\partial x}\mathrm{d}x\right)\\&\approx-\frac{\partial Q}{\partial x}\mathrm{d}x+\frac{\partial}{\partial x}(S\theta)\mathrm{d}x\end{aligned}\tag{5.85}$$

代入用挠度表示的转角和剪力，得到受轴向力的梁弯曲自由振动微分方程

$$\rho A\frac{\partial^2 w}{\partial t^2}-\frac{\partial}{\partial x}\left(S\frac{\partial w}{\partial x}\right)+\frac{\partial^2}{\partial x^2}\left(EI\frac{\partial^2 w}{\partial x^2}\right)=0\tag{5.86}$$

对于受定常轴向力的等截面均质直梁，$S(x)$和$E(x)I(x)$为常数，式（5.86）可写作

$$\rho A\frac{\partial^2 w}{\partial t^2}-S\frac{\partial^2 w}{\partial x^2}+EI\frac{\partial^4 w}{\partial x^2}=0\tag{5.87}$$

可见，具有轴向力的梁横向变形可看作无轴向力梁与张力弦横向变形的叠加。类似于第 5.1 节的分析，方程（5.87）的解仍设成

$$w(x,t)=W(x)\sin(\omega t+\theta)\tag{5.88}$$

代入方程（5.87），得到

$$EIW^{(4)}(x)-SW''(x)-\rho A\omega^2 W(x)=0\tag{5.89}$$

令 $\alpha=\sqrt{\frac{S}{EI}}$ 和 $\beta^4=\omega^2\frac{\rho A}{EI}$，代入式（5.89）得

$$W^{(4)}(x)-\alpha^2 W''(x)-\beta^2 W(x)=0\tag{5.90}$$

方程（5.90）的解为

$$W(x)=a_1\cos s_1 x+a_2\sin s_1 x+a_3\operatorname{ch} s_2 x+a_4\operatorname{sh} s_2 x\tag{5.91}$$

式中

$$s_1=\sqrt{-\frac{\alpha^2}{2}+\sqrt{\frac{\alpha^4}{4}+\beta^4}},s_2=\sqrt{\frac{\alpha^2}{2}+\sqrt{\frac{\alpha^4}{4}+\beta^4}}\tag{5.92}$$

常数 $a_n(n=1,2,3,4)$由梁的边界条件确定。以简支梁为例，端点边界条件为

$$W(0)=0,W''(0)=0,W(l)=0,W''(l)=0\tag{5.93}$$

代入式（5.91）得

$$\begin{cases}a_1=a_3=0\\a_2\sin s_1 l+a_4\operatorname{sh} s_2 x=0\\-a_2 s_1^2\sin s_1 l+a_4 s_2^2\operatorname{sh} s_2 x=0\end{cases}\tag{5.94}$$

根据系数行列式为零条件可导出其固有频率方程为

$$\sin s_1 l=0 \tag{5.95}$$

将该方程的根 $s_{1n}=n\pi/l$ 代入（5.91）中第一式，得到第 i 阶固有频率

$$\omega_n=\left(\frac{n\pi}{l}\right)^2\sqrt{\frac{EI}{\rho A}}\sqrt{1+\frac{S}{EI}\left(\frac{1}{n\pi}\right)^2}\quad (n=1,\ 2,\ 3,\ \cdots) \tag{5.96}$$

当 $S=0$ 时，式（5.96）即为一般简支梁的固有频率。从上式可见，轴向力 S 对梁弯曲振动固有频率有影响。有了轴向力 S 后，梁的刚度增加固有频率升高。若将拉力改为压力，将 S 取负值代入式（5.96），则使梁的固有频率下降。若轴向压力达到 Euler 临界压力

$$S=\frac{\pi^2}{l^2}EI \tag{5.97}$$

一阶固有频率下降为零，此时受压梁成为失稳压杆而导致破坏。

对于由方程（5.86）描述的受变轴向力的变截面梁，问题比上述情况复杂得多，其解难以用解析式写出，一般只能寻求近似解。至于实际的发动机叶片，各截面主惯性轴还不在一个平面内，由此会引起双向弯曲耦合振动或弯—扭转耦合振动，对于这类梁结构的动力学设计，通常采用式（5.92）这类近似公式估算固有频率，进行参数初步设计，然后用有限元方法进行较精确的计算校核。

5.3.2 Timoshenko 梁的固有振动

5.2 节介绍的 Bernoulli-Euler 梁适用于描述细长梁以低阶固有振动为主的振动。以简支梁为例，其固有振型是沿梁长度变化的正弦波。随着固有振动阶次提高，固有振型波数增加，梁被节点平面分成若干短粗的小段。这时，梁的剪切变形及绕截面中性轴转动惯量的影响变得突出。计入这两种因素的梁模型称为 Timoshenko 梁，它对变形的基本假设是：梁截面在弯曲变形后仍保持平面，但未必垂直于中性轴。

如图 5-12 所示，取坐标 x 处的梁微段 $\mathrm{d}x$ 为分离体。由于剪切变形，梁横截面的法线不再与梁轴线重合。法线转角 θ 由轴线转角 $\frac{\partial w}{\partial x}$ 和剪切角 γ 两部分合成

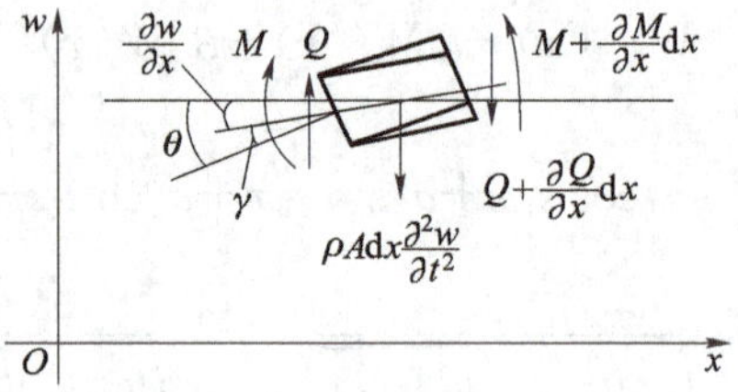

图 5-12　Timoshenko 梁微段变形与受力分析

$$\theta=\frac{\partial w}{\partial x}+\gamma \tag{5.98}$$

剪切角可根据材料力学确定

$$\gamma=\frac{Q}{\beta AG} \tag{5.99}$$

对于矩形截面，$\beta=5/6$；对于圆形截面，$\beta=0.9$。根据牛顿第二定律和动量矩定理，自由振动梁的挠度和转角满足

$$\begin{cases}\rho A\dfrac{\partial^2 w}{\partial t^2}+\dfrac{\partial}{\partial x}\left[\beta AG\left(\theta-\dfrac{\partial w}{\partial x}\right)\right]=0\\ \rho I\dfrac{\partial^2\theta}{\partial t^2}-\dfrac{\partial}{\partial x}\left(EI\dfrac{\partial\theta}{\partial x}\right)+\beta AG\left(\theta-\dfrac{\partial w}{\partial x}\right)=0\end{cases}\tag{5.100}$$

式中，ρI 是单位长度梁对截面惯性主轴的转动惯量。对于均匀材料等截面直梁，ρI、EI 和 βAG 为常数。由式（5.100）消去转角 θ，得到自由振动微分方程为

$$\rho A\frac{\partial^2 w}{\partial t^2}+EI\frac{\partial^4 w}{\partial x^4}-\rho I\left(1+\frac{E}{\beta G}\right)\frac{\partial^4 w}{\partial x^2\partial t^2}+\frac{\rho^2 I}{\beta G}\frac{\partial^4 w}{\partial t^4}=0\tag{5.101}$$

现以简支梁为例，考察剪切变形与转动惯量对梁振动固有频率的影响。根据边界条件，设该梁的第 n 阶固有振动为

$$w_n(x,t)=\sin\frac{n\pi x}{l}\sin\omega_n t\tag{5.102}$$

代入方程（5.101），得到有非零解应满足的频率方程

$$\frac{\rho^2 I}{\beta G}\omega_n^4-\left[\rho A+\rho I\left(1+\frac{E}{\beta G}\right)\left(\frac{n\pi}{l}\right)^2\right]\omega_n^2+EI\left(\frac{n\pi}{l}\right)^4=0\tag{5.103}$$

上式第一项与其他几项相比通常很小，可以忽略不计。从而有

$$\rho A\omega_n^2+\rho I\left(\frac{n\pi}{l}\right)^2\omega_n^2+\frac{\rho EI}{\beta G}\left(\frac{n\pi}{l}\right)^2\omega_n^2-EI\left(\frac{n\pi}{l}\right)^4=0\tag{5.104}$$

式中，左端第二、三项分别反映了转动惯量和剪切变形的影响。

（1）当不计剪切变形和转动惯量的影响时，略去式（5.103）左端的第二、三项得

$$\omega_n=\left(\frac{n\pi}{l}\right)^2\sqrt{\frac{EI}{\rho A}}\overset{def}{=}\omega_{n0}\tag{5.105}$$

上式即为两端铰支 Bernoulli-Euler 梁的固有频率。

（2）当忽略剪切变形的影响，只计转动惯量的影响时

$$\omega_n=\omega_{n0}\left[1+\frac{I}{A}\left(\frac{n\pi}{l}\right)^2\right]^{-1/2}\tag{5.106}$$

（3）当不计转动惯量的影响，只计剪切变形的影响时

$$\omega_n=\omega_{n0}\left[1+\frac{EI}{\beta AG}\left(\frac{n\pi}{l}\right)^2\right]^{-1/2}\tag{5.107}$$

（4）既计转动惯量，又计剪切变形的影响时

$$\omega_n=\omega_{n0}\left[1+\left(\frac{n\pi}{l}\right)^2\frac{I}{A}\left(1+\frac{E}{\beta G}\right)\right]^{-\frac{1}{2}}\tag{5.108}$$

以矩形截面的钢制梁为例，由 $\beta=5/6$ 和 Poisson 比 $\mu=0.28$ 得

$$\frac{E}{\beta G}=\frac{2\ (1+\mu)}{\beta}\approx 3\tag{5.109}$$

这说明剪切变形的影响比转动惯量的影响大。此外，由式（5.108）可以看出，Bernoulli-Euler 梁的固有频率比真实值偏高。如果第 i 阶固有振型的半波长 l/n（相邻两节点间的距离）是梁截面高度 h 的 10 倍，则转动惯量与剪切变形的总修正量约为 1.6%。

5.3.3 梁的弯曲—扭转振动

若梁的横截面对称、截面形心与质心重合，且沿梁长方向为 x 轴并使之通过横截面形心，而 y 和 z 轴作为横截面的主惯性轴，则当梁在 y、z 方向做自由振动时，惯性力正好通过截面形心并与之主惯性轴重合，此时无扭转力矩作用于梁上，梁不会发生扭转振动。然而一旦梁的横截面不对称或对称但截面形心与质心不重合时，则梁运动的惯性力将对截面的扰曲中心产生力矩作用，使梁发生扭转形变，于是梁产生弯曲—扭转的耦合振动。

图 5-13 所示为一梁的横截面，y、z 为通过弯曲中心 O 且平行于主惯性轴的两轴，y_0、z_0 过质心 C 且平行于 y 和 z 轴。当梁进行弯扭耦合振动时，这里用 y、z 表示弯曲中心 O 的位移、φ 表示截面的转动角度。考虑小幅振动，则 φ 很小，此时质心坐标近似表示为

$$\begin{cases} y_C = y + b\varphi\cos\theta \\ y_C = z + b\varphi\sin\theta \end{cases} \tag{5.110}$$

式中，$b=\overline{OC}$。

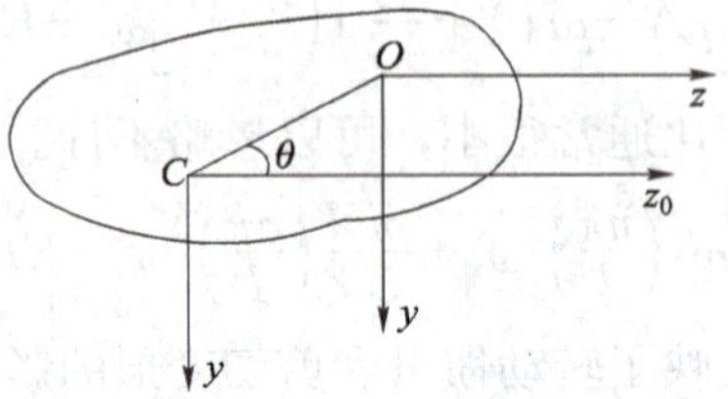

图 5-13 梁的横截面

下面考虑 b 和 θ 都为常数的情形。应用质心运动定理和绕扰曲中心的转动方程并借助前述梁的弯曲振动、轴的扭转振动方程可得

$$\begin{cases} \rho A \dfrac{\partial^2 y}{\partial t^2} + EI_z \dfrac{\partial^4 y}{\partial x^4} + \rho Ab\cos\theta \cdot \dfrac{\partial^2 \varphi}{\partial t^2} = 0 \\ \rho A \dfrac{\partial^2 Z}{\partial t^2} + EI_y \dfrac{\partial^4 Z}{\partial x^4} + \rho Ab\sin\theta \cdot \dfrac{\partial^2 \varphi}{\partial t^2} = 0 \\ \rho I_0 \dfrac{\partial^2 \varphi}{\partial t^2} + GI_p \dfrac{\partial^2 \varphi}{\partial x^2} + \rho Ab\cos\theta \cdot \dfrac{\partial^2 y}{\partial t^2} + \rho Ab\sin\theta \cdot \dfrac{\partial^2 y}{\partial t^2} = 0 \end{cases} \tag{5.111}$$

式中，ρI_0 为横截面对弯曲中心的转动惯量；GI_p 为抗扭刚度；I_y 和 I_z 分别为截面对 y、z 轴的惯性矩。设梁做主振动，其解为

$$y = Y(x)\sin\omega t, z = Z(x)\sin\omega t, \varphi = \Phi(x)\sin\omega t \tag{5.112}$$

将式 (5.112) 代入方程 (5.110) 得到

$$\begin{cases} EI_z \dfrac{d^4 Y}{dx^4} - \rho A\omega^2 Y - (\rho Ab\omega^2\cos\theta)\ \Phi = 0 \\ EI_y \dfrac{d^4 Z}{dx^4} - \rho A\omega^2 Z - (\rho Ab\omega^2\sin\theta)\ \Phi = 0 \\ GI_p \dfrac{d^2 \Phi}{dx^2} - \rho I_0\omega^2 \Phi - (\rho Ab\omega^2\cos\theta)\ Y - (\rho Ab\omega^2\sin\theta)\ Z = 0 \end{cases} \tag{5.113}$$

上述方程不易求解。为了说明问题，这里考虑几种特殊情况：

(1) 弯心 O 和质心 C 位于 y 轴上，$\theta=90°$ 或 $270°$，此时方程（5.113）第一式成为在 y 方向上的独立的弯曲振动，而第二、三式形成弯扭耦合振动。

(2) 弯心 O 和质心 C 位于 z 轴上，$\theta=0°$ 或 $180°$，此时方程（5.113）第二式成为在 z 方向上的独立的弯曲振动，而第一、三式在 y 方向发生弯扭耦合振动。

(3) 若弯心 O 和 C 质心重合，则梁在三个方向的振动彼此独立。下面以第（1）种情况为例来说明具体求解过程。

当 $\theta=90°$ 时，只需讨论方程（5.113）的第二、三两式，即

$$\begin{cases} EI_y \dfrac{d^4 Z}{dx^4} - pA\omega^2 Z - pAb\omega^2 \Phi = 0 \\ CI_p \dfrac{d^2 \Phi}{dx^2} - pI_0 \omega^2 \Phi - pAb\omega^2 Z = 0 \end{cases} \tag{5.114}$$

由方程（5.114）第一式解出 Φ，并对 Φ 求二阶导数后代入第二式得到

$$\dfrac{d^6 Z}{dx^6} - \dfrac{\rho I_0 \omega^2}{GI_p} \dfrac{d^4 Z}{dx^4} - \dfrac{\rho A \omega^2}{EI_y} \dfrac{d^2 Z}{dx^4} + \dfrac{\rho A \omega^4}{GI_p EI_y}(\rho I_0 - \rho Ab^2) Z = 0 \tag{5.115}$$

其特征方程为

$$s^6 - \dfrac{\rho I_0 \omega^2}{GI_p} s^4 - \dfrac{\rho A \omega^2}{EI_y} s^2 + \dfrac{\rho A \omega^4}{GI_p EI_y}(\rho I_0 - \rho Ab^2) = 0 \tag{5.116}$$

若 $\rho Ab^2 > \rho I_0$，则上述特征方程有一正实根和两个负实根，即

$$\begin{cases} s_1^2 = r + p + \dfrac{\rho I_0 \omega^2}{3GI_p} \\ s_2^2 = -\left(\dfrac{-1+\sqrt{3}}{2}r + \dfrac{-1-\sqrt{3}}{2}p + \dfrac{\rho I_0 \omega^2}{3GI_p}\right) \\ s_3^2 = -\left(\dfrac{-1-\sqrt{3}}{2}r + \dfrac{-1+\sqrt{3}}{2}p + \dfrac{\rho I_0 \omega^2}{3GI_p}\right) \end{cases} \tag{5.117}$$

式中

$$r = \sqrt[3]{-\dfrac{q}{2} + \sqrt{\left(\dfrac{q}{2}\right)^2 + \left(\dfrac{Q}{3}\right)^2}}, \quad p = \sqrt[3]{-\dfrac{q}{2} - \sqrt{\left(\dfrac{q}{2}\right)^2 + \left(\dfrac{Q}{3}\right)^2}} \tag{5.118}$$

式中

$$q = \dfrac{1}{27}\left(\dfrac{\rho I_0 \omega^2}{GI_p}\right)^3 - \dfrac{\rho A \omega^4}{GI_p EI_y}(\rho Ab^2 - \rho I_0), \quad Q = \dfrac{1}{3}\left(\dfrac{\rho I_0 \omega^2}{GI_p}\right)^2 - \dfrac{\rho A \omega^2}{EI_y} \tag{5.119}$$

因而振型函数 $Z(x)$ 可表示成

$$\begin{aligned} Z(x) = & a_1 \operatorname{sh} s_1 x + a_2 \operatorname{ch} s_1 x + a_3 \sin s_2 x + a_4 \cos s_2 x + \\ & a_5 \sin s_3 x + a_6 \sin s_3 x \end{aligned} \tag{5.120}$$

式中，常系数 $a_n (n=1,2,\cdots,6)$ 由边界条件确定，其中两个为扭转作用、四个为弯曲作用。例如，对于简支梁的弯扭耦合振动，其边界条件是

$$\begin{cases} Z(0)=0, Z'(0)=0, \Phi(0)=0 \\ EI_y Z''(l)=0, EI_y Z'''(l)=0, \Phi'(l)=0 \end{cases} \tag{5.121}$$

式（5.121）中扭转的两个边界条件可以转变成弯曲条件，即

$$\begin{cases} \Phi(0)=0 \Rightarrow Z^{(4)}(0)=0 \\ \Phi'(l)=0 \Rightarrow \dfrac{EI_y}{\rho Ab\omega^2} Z^{(5)}(l) - \dfrac{1}{b} Z'(l) = 0 \end{cases} \tag{5.122}$$

根据 $x=0$ 的三个边界条件可得三个方程

$$\begin{cases} a_2+a_4+a_6=0 \\ a_1 s_1+a_3 s_2+a_5 s_3=0 \\ a_2 s_1^4+a_4 s_2^4+a_6 s_3^4=0 \end{cases} \tag{5.123}$$

解出

$$a_1=-\frac{s_2}{s_1}a_3-\frac{s_2}{s_1}a_5,\quad a_2=\frac{s_2^4-s_3^4}{s_1^4-s_2^4}a_6,\quad a_4=\frac{s_1^4-s_3^4}{s_1^4-s_2^4}a_6 \tag{5.124}$$

将上述部分系数代入方程（5.120），有

$$\begin{aligned} Z(x)=&a_3\left(\operatorname{sh} s_2 x-\frac{s_2}{s_1}\operatorname{sh} s_1 x\right)+a_5\left(\sin s_2 x-\frac{s_3}{s_1}\operatorname{sh} s_1 x\right)+ \\ &a_6\left(\cos s_3 x+\frac{s_2^4-s_3^4}{s_1^4-s_2^4}\operatorname{ch} s_1 x-\frac{s_1^4-s_3^4}{s_1^4-s_2^4}\cos s_2 x\right) \end{aligned} \tag{5.125}$$

再根据 $x=l$ 的三个边界条件可得关于 a_3，a_5，a_6 的三个齐次方程组，由齐次方程组系数行列式为零条件可得频率方程，解该频率方程即可求出相应的参数。

通过进一步的计算分析表明，扭转振动对于弯曲振动的基频影响很小，而对于弯曲振动高阶频率的影响则逐步加大。

5.4 阻尼系统的振动

真实系统的振动总要受到阻尼影响。由于本章侧重于研究系统的自由度从有限到无限给振动行为带来的差异，所以仅以杆和梁为例，介绍计入黏性阻尼或材料内阻尼后如何对弹性体进行振动分析。

5.4.1 含黏性阻尼的弹性杆纵向振动

当弹性体在空气或液体中低速运动时，应考虑其受到的黏性阻尼力。以等截面均质直杆为例，根据式（5.3），计黏性阻尼的直杆纵向振动微分方程为

$$\rho A\frac{\partial^2 u}{\partial t^2}+c\frac{\partial u}{\partial t}-EA\frac{\partial^2 u}{\partial x^2}=f \tag{5.126}$$

式中，c 为单位长度杆的黏性阻尼系数。设杆的运动为

$$u(x,t)=\sum_{n=1}^{+\infty}U_n(x)q_n(t) \tag{5.127}$$

类似第 5.2.3 节的分析，方程（5.125）可解耦为模态坐标描述的单自由度系统

$$M_n\ddot{q}_n(t)+C_n\dot{q}_n(t)+K_n q_n(t)=f_n(t)\quad (n=1,2,3,\cdots) \tag{5.128}$$

式中

$$C_n\overset{def}{=}c\int_0^l U_n^2(x)\mathrm{d}x\quad (n=1,2,3,\cdots) \tag{5.129}$$

C_n 为模态阻尼系数。显然，具有黏性阻尼的弹性杆是一比例阻尼系统。系统的模态质量、模态刚度、模态力与无阻尼系统相同，模态坐标下的初始条件也与无阻尼系统相同。方程

（5.127）的解为

$$q_n(t)=\mathrm{e}^{-\xi_n\omega_n(t-\tau)}\left[q_n(0)\cos\omega_{dn}t+\frac{\dot{q}_n(0)+\xi_n\omega_n q_n(0)}{\omega_{dn}}\sin\omega_{dn}{}^{t}\right]+ \\ \frac{1}{M_n\omega_{dn}}\int_0^l \mathrm{e}^{-\xi_n\omega_n(t-\tau)}\sin\omega_{dn}(t-\tau)f_n(\tau)\mathrm{d}\tau \tag{5.130}$$

式中

$$\xi_n\overset{def}{=}\frac{C_n}{2M_n\omega_n},\ \omega_{dn}\overset{def}{=}\omega_n\sqrt{1-\xi_n^2} \tag{5.131}$$

将式（5.129）代回式（5.126），即得到具有黏性阻尼弹性杆的纵向振动。

5.4.2　含有材料阻尼的弹性梁简谐受迫振动

任何材料在变形过程中总有能耗，即材料自身具有阻尼。对材料阻尼的机理研究需要从微观进行，但振动分析通常基于某些宏观等效的阻尼模型。例如，对金属杆件进行简谐加载的拉压试验表明，杆内的动应力可近似表示成

$$\sigma(x,t)=E\left[\varepsilon(x,t)+\eta\frac{\partial\varepsilon(x,t)}{\partial t}\right],0<\eta<1 \tag{5.132}$$

式中，与应变速率有关的项反映了材料的内阻尼。

现分析金属材料等截面 Bernoulli-Euler 梁在简谐激励下的稳态振动。相应于式（5.132），梁的弯矩与挠度关系为

$$M=EI\left(\frac{\partial^2\omega}{\partial x^2}+\eta\frac{\partial^3\omega}{\partial x^2\partial t}\right) \tag{5.133}$$

于是，可得梁的简谐受迫振动微分方程为

$$\rho A\frac{\partial^2 w}{\partial t^2}+EI\frac{\partial^4 w}{\partial x^4}+\eta EI\frac{\partial^5 w}{\partial t\partial x^4}=f(x)\sin\omega t \tag{5.134}$$

设梁的运动为

$$W(x,y)=\sum_{n=1}^{+\infty}W_n(x)q_n(t) \tag{5.135}$$

则解耦后的模态坐标微分方程是

$$\ddot{q}_n(t)+\eta\omega_n^2\dot{q}_n(t)+\omega_n^2 q_n(t)=f_n\sin\omega t\quad(n=1,2,3,\cdots) \tag{5.136}$$

式中，模态力的幅值为

$$f_n\overset{def}{=}\frac{\int_0^l W_n(x)f(x)\mathrm{d}x}{\rho A\int_0^l W_n^2(x)\mathrm{d}x}\quad(n=1,2,3,\cdots) \tag{5.137}$$

方程（5.135）的稳态解是

$$q_n(t)=\frac{f_n}{\sqrt{(\omega_n^2-\omega^2)^2+(\eta\omega_n^2\omega)^2}}\sin\left[\omega t-\tan^{-1}\left(\frac{\eta\omega_n^2\omega}{\omega_n^2-\omega^2}\right)\right]\quad(n=1,2,3,\cdots) \tag{5.138}$$

代回式（5.135），即得到梁的稳态振动响应。

5.5 薄板的振动

弹性薄板是指厚度比平面尺寸要小得多的弹性体，它可提供抗弯刚度。在板中，与两表面等距离的平面称为中面。为了描述板的振动，建立一直角坐标系，其（x，y）平面与中面重合，z 轴垂直于板面。对板弯曲振动的分析基于下述 Kirchhoff 假设：

（1）微振动时，板的挠度远小于厚度，从而中面挠曲为中性面，中面内无应变。

（2）垂直于平面的法线在板弯曲变形后仍为直线，且垂直于挠曲后的中面；该假设等价于忽略横向剪切变形，即 $\gamma_{yz}=\gamma_{xz}=0$。

（3）板弯曲变形时，板的厚度变化可忽略不计，即 $\varepsilon_z=0$。

（4）板的惯性主要由平动的质量提供，忽略由于弯曲而产生的转动惯量。

设板的厚度为 h，材料密度为 ρ，弹性模量为 E，泊松比为 μ，中面上的各点只做沿 z 轴方向的微幅振动，运动位移为 w。下面根据虚功原理导出薄板振动微分方程。

薄板上任意点 $a(x,y,z)$ 的位移为

$$u_a=-z\frac{\partial w}{\partial x},\quad v_a=-z\frac{\partial w}{\partial y},\quad w_a=w+O(2) \tag{5.139}$$

应变为

$$\begin{cases}\varepsilon_x=\dfrac{\partial u_a}{\partial x}=-z\dfrac{\partial^2 w}{\partial x^2},\varepsilon_y=\dfrac{\partial v_a}{\partial x}=-z\dfrac{\partial^2 w}{\partial y^2}\\ \gamma_{xy}=\dfrac{\partial u_a}{\partial y}+\dfrac{\partial v_a}{\partial x}=-2z\dfrac{\partial^2 w}{\partial x\partial y}\end{cases} \tag{5.140}$$

根据 Hook 定律，沿 x，y 方向的法向应力和在板面内的剪切应力是

$$\begin{cases}\sigma_x=\dfrac{E}{1-\mu^2}(\varepsilon_x+\mu\varepsilon_y)=\dfrac{E_z}{1-\mu^2}\left(\dfrac{\partial^2 w}{\partial x^2}+\dfrac{\partial^2 w}{\partial y^2}\right)\\ \sigma_y=\dfrac{E}{1-\mu^2}(\varepsilon_y+\mu\varepsilon_x)=\dfrac{E_z}{1-\mu^2}\left(\dfrac{\partial^2 w}{\partial y^2}+\dfrac{\partial^2 w}{\partial x^2}\right)\\ \tau_x y=G\gamma_{xy}=-\dfrac{E}{1+\mu}\dfrac{\partial^2 w}{\partial x\partial y}\end{cases} \tag{5.141}$$

于是得到板的势能表达式

$$V=\frac{1}{2}\iiint_{-\frac{h}{2}}^{\frac{h}{2}}(\sigma_x\varepsilon_x+\sigma_y\varepsilon_y+\tau_{xy}\gamma_{xy})\mathrm{d}z\mathrm{d}x\mathrm{d}y$$

$$\begin{aligned}&\int_{t_1}^{t_2}\iint\Big\{(D\nabla^4 w+\rho h\ddot{w}-q)\delta w\mathrm{d}x\mathrm{d}y+\\ &\oint\Big[D\Big(\Big(\frac{\partial^2 w}{\partial x^2}+\mu\frac{\partial^2 w}{\partial y^2}\Big)\cos^2\theta+\Big(\frac{\partial^2 w}{\partial y^2}+\mu\frac{\partial^2 w}{\partial x^2}\Big)\sin^2\theta+\\ &2(1-\mu)\frac{\partial^2 w}{\partial x\partial y}\sin\theta\cos\theta\Big)+M_n\Big]\delta\frac{\partial w}{\partial n}\mathrm{d}s-\\ &\oint\Big[D\Big(\Big(\frac{\partial^3 w}{\partial x^3}+\frac{\partial^3 w}{\partial x\partial y^2}\Big)\cos\theta+\Big(\frac{\partial^3 w}{\partial y^3}+\mu\frac{\partial^2 w}{\partial x^2\partial y}\Big)\sin\theta\Big)+\\ &\frac{D}{2}\Big(\frac{\partial}{\partial S}\Big(\frac{\partial^2 w}{\partial y^2}+\mu\frac{\partial^2 w}{\partial x^2}\Big)\sin 2\theta-\Big(\frac{\partial^2 w}{\partial x^2}+\mu\frac{\partial^2 w}{\partial y^2}\Big)\sin 2\theta+\\ &(1-\mu)\frac{\partial^2 w}{\partial x\partial y}\cos 2\theta\Big)+Q_n-\frac{\partial M_\tau}{\partial s}\Big]\delta w\mathrm{d}s\Big\}\mathrm{d}t=0\end{aligned} \tag{5.142}$$

式中，$D=\dfrac{Eh^3}{12(1-\mu^2)}$为板的抗弯刚度，$\nabla=\dfrac{\partial^2}{\partial x^2}+\dfrac{\partial^2}{\partial y^2}$为拉普拉斯算子。板的动能是

$$T=\frac{1}{2}\iiint_{-\frac{h}{2}}^{\frac{h}{2}}\rho\dot{w}^2\mathrm{d}z\mathrm{d}x\mathrm{d}y=\frac{1}{2}\iint\rho h\dot{w}^2\mathrm{d}x\mathrm{d}y \tag{5.143}$$

考虑作用于板上的载荷和边界力。对于作用于板上的分布载荷 $q(x,y,t)$，其虚功可表示为

$$\delta W_1=\iint q\,\delta w\,\mathrm{d}x\mathrm{d}y \tag{5.144}$$

对于边界力，设板的边界曲线为 $x=x(s),y=y(s)$，这里 s 为弧长。边界上点的外法线单位矢量和切向单位矢量记为 $\boldsymbol{n}$ 和 $\boldsymbol{\tau}$，在边界上各点作用有弯矩 M_n、横向力 Q_n 和扭矩 M_τ，如图 5-14 所示。这些边界力的虚功为

$$\delta W_2=-\oint\left(M_n\delta\frac{\partial w}{\partial n}-Q_n\delta w-M_\tau\delta\frac{\partial w}{\partial s}\right)\mathrm{d}s \tag{5.145}$$

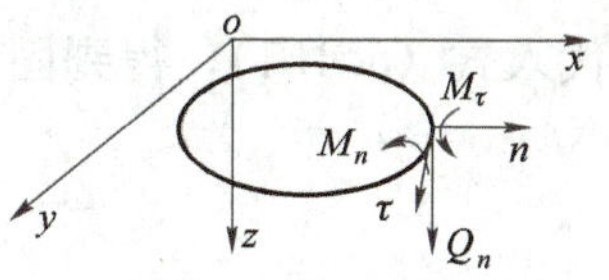

图 5-14　边界载荷

根据变分方程

$$\delta\int_{t_1}^{t_2}(T-V)\mathrm{d}t+\int_{t_1}^{t_2}(\delta W_1+\delta W_2)\mathrm{d}t=0 \tag{5.146}$$

利用格林公式 $\iint\left(\dfrac{\partial Y}{\partial x}-\dfrac{\partial X}{\partial y}\right)\mathrm{d}x\mathrm{d}y=\oint(x\mathrm{d}x+Y\mathrm{d}y)$ 可得

$$\begin{aligned}&\int_{t_1}^{t_2}\iint\{(D\nabla^4 w+\rho h\ddot{w}-q)\delta w\,\mathrm{d}x\mathrm{d}y+\\&\oint\Big[D\Big(\Big(\frac{\partial^2 w}{\partial x^2}+\mu\frac{\partial^2 w}{\partial y^2}\Big)\cos^2\theta+\Big(\frac{\partial^2 w}{\partial y^2}+\mu\frac{\partial^2 w}{\partial x^2}\Big)\sin^2\theta+\\&2(1-\mu)\frac{\partial^2 w}{\partial x\partial y}\sin\theta\cos\theta\Big)+M_n\Big]\delta\frac{\partial w}{\partial n}\mathrm{d}s-\\&\oint\Big[D\Big(\Big(\frac{\partial^3 w}{\partial x^3}+\frac{\partial^3 w}{\partial x\partial y^2}\Big)\cos\theta+\Big(\frac{\partial^3 w}{\partial y^3}+\mu\frac{\partial^2 w}{\partial x^2\partial y}\Big)\sin\theta\Big)+\\&\frac{D}{2}\Big(\frac{\partial}{\partial S}\Big(\frac{\partial^2 w}{\partial y^2}+\mu\frac{\partial^2 w}{\partial x^2}\Big)\sin 2\theta-\Big(\frac{\partial^2 w}{\partial x^2}+\mu\frac{\partial^2 w}{\partial y^2}\Big)\sin 2\theta+\\&(1-\mu)\frac{\partial^2 w}{\partial x\partial y}\cos 2\theta\Big)+Q_n-\frac{\partial M_\tau}{\partial s}\Big]\delta w\,\mathrm{d}s\Big\}\mathrm{d}t=0\end{aligned} \tag{5.147}$$

式中，$\nabla^4=\dfrac{\partial^4}{\partial x^4}+2\dfrac{\partial^4 w}{\partial x^2\partial y^2}+\dfrac{\partial^4}{\partial y^4}$为直角坐标系中的二重拉普拉斯算子；$\theta$ 为边界线的外法线和 x 轴之间的夹角。因 δw任意，$\delta(\partial w/\partial n)$和 δw相互独立，由此可得到板的振动微分方程

$$ph\ddot{w}+D\nabla^4 w\ (x,\ y,\ t)\ =0 \tag{5.148}$$

对于简支—自由边以及自由边情形，还可由式（5.146）得到相应的动力边界条件，不再赘述。

对于长为 a、宽为 b 的矩形薄板，可采用分离变量法求解。设

$$w(x,y,t)=W(x,y)q(t) \tag{5.149}$$

代入方程(5.148),可得出

$$\frac{\ddot{q}(t)}{q(t)}=-\frac{D}{ph}\frac{\nabla^4 W(x,y)}{W(x,y)}=-\omega^2 \tag{5.150}$$

分离为

$$\begin{cases}\nabla^4 W(x,y)-\beta^4 W(x,y)=0 & (5.151a)\\ \ddot{q}(t)+\omega^2 q(t)=0 & (5.151b)\end{cases}$$

式中

$$\beta^4=\frac{\rho h}{D}\omega^2 \tag{5.152}$$

如果板的四边均为铰支，可设满足边界条件的试探解

$$W(x,y)=W_0\sin\frac{m\pi x}{a}\sin\frac{n\pi y}{b} \tag{5.153}$$

代入方程（5.150），得出板的固有频率方程

$$\beta_{mn}^4=\pi^4\left[\left(\frac{m}{a}\right)^2+\left(\frac{n}{b}\right)^2\right]^2 \quad (m,\ n=1,\ 2,\ 3,\ \cdots) \tag{5.154}$$

代入式（5.151），得到固有频率

$$\omega_{mn}=\pi^2\sqrt{\frac{D}{\rho h}}\left(\frac{m^2}{a^2}+\frac{n^2}{b^2}\right) \quad (m,\ n=1,\ 2,\ 3,\ \cdots) \tag{5.155}$$

相应的固有振型函数为

$$W_{mn}(x,y)=\sin\frac{m\pi x}{a}\sin\frac{n\pi y}{b} \quad (m,n=1,2,3,\cdots) \tag{5.156}$$

当 a/b 为有理数时，矩形板的固有频率会出现重频；对应重频的固有振型，其形态不是唯一的。若令 $m=n=1$，则在 $x=0$，a；$y=0$，b 四条边上的点没有振动位移；若令 $m=2$，$n=1$，则除了板的四条边界线外，在 $x=a/2$ 时也有 $z=0$，故在 $x=a/2$ 上的点没有振动位移。通常将 $x=a/2$ 这条线称为节线。若取 $m=1$，$n=2$，则 $y=b/2$ 成为节线。对于矩形板而言，节线总和四边平行。

至于其他边界条件的矩形板或其他形状的板，目前尚未得到显示的解析解。关于各种近似求解方法的内容可参考相关专著。

第 6 章　非线性振动理论简介

本章导读

尽管线性系统分析可以解释许多振动系统的现象，但有些振动现象不能用线性理论来预言或解释，如大振幅条件下的单摆振动问题、非线性振动存在着分叉和混沌等复杂动力学现象，很难得到其精确解，线性系统的求解方法中“叠加原理”是不适用于非线性系统的，所以，对于非线性系统的求解方法需另辟蹊径。

本章主要内容

(1) 非线性振动系统的分类。

(2) 非线性振动系统的稳定性。

(3) 非线性振动系统的摄动求解法。

(4) 非线性振动系统的林斯泰特一庞加莱求解法。

(5) 非线性振动系统的 KBM 解法。

6.1　非线性振动系统的分类

单自由度非线性系统的运动微分方程一般形如

$$m\ddot{u}(t)+p[u(t),\ \dot{u}(t),\ t]=f(t) \tag{6.1}$$

它表示了系统惯性力$-m\ddot{u}(t)$、非线性力$-p[u(t),\ \dot{u}(t),\ t]$与外激励$f(t)$的力学平衡关系。

6.1.1　保守系统

在保守系统中总能量保持常量，其运动微分方程形式为

$$m\ddot{u}(t)+p[u(t)]=0 \tag{6.2}$$

式中，$p(u)$只与系统位移u的非线性有势力有关，例如重力、弹性力等。

图 6-1 中的重力摆是保守系统最简单的例子，其运动满足微分方程

$$\ddot{u}(t)+\frac{g}{l}\sin u(t)=0 \tag{6.3}$$

式中，g为重力加速度；l为摆长。该系统的非线性有势力

$$p(u)=\frac{g}{l}\sin u \tag{6.4}$$

对于微小量u，可近似$\sin u\approx u$，将系统简化为一线性系统。如果振幅并不是很小，就

必须取 $\sin u$ 展开级数中更多的项，如可取 $\sin u \approx u - u^3/6$，将方程（6.3）简化为

$$\ddot{u}(t)+\frac{g}{l}\left[u(t)-\frac{1}{6}u^3(t)\right]=0 \tag{6.5}$$

即非线性微分方程。

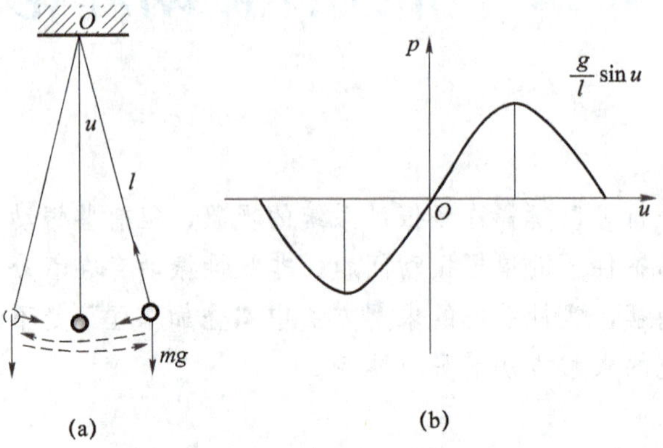

图 6-1 重力场的单摆及其非线性有势力

通常，如果运动微分方程形式满足

$$\ddot{u}(t)+au(t)+bu^3(t)=0 \tag{6.6}$$

则将这样的方程称作达芬方程，式中 a，b 是常数。对于稍大摆角，重力摆运动微分方程（6.5）就是达芬方程，其中 $a=g/l>0$、$b=-g/6l<0$。Duffing 系统的另一个例子是图 6-2 (a)所示端部有集中质量的弹性梁。梁的大挠度变形会产生如图 6-2（b）所示的非线性弹性恢复力，如果端部集中质量远大于梁的质量，其大挠度振动微分方程近似满足式（6.6），此时 $a>0$，$b>0$。

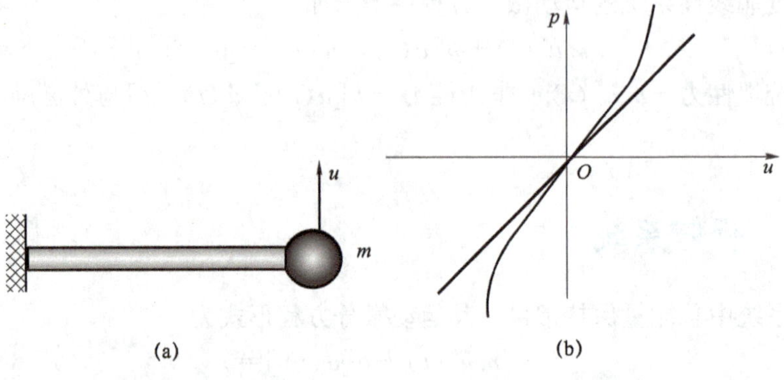

图 6-2 具有集中质量的大挠度梁及其非线性弹性恢复力

如果将保守系统与单自由度线性系统相比，有势力 $p(u)$可近似认为是一非线性弹簧弹性恢复力的反作用力。因此，非线性刚度可定义为

$$k(u)\overset{def}{=}p'(u)\overset{def}{=}\frac{\mathrm{d}p(u)}{\mathrm{d}u} \tag{6.7}$$

非线性刚度是随系统位移大小而变的。如果非线性弹簧满足 $uk'(u)\geqslant 0$，则称系统刚度渐硬；反之则为刚度渐软。显然，重力摆是一刚度渐软系统，而集中质量的大挠度梁则是刚

度渐硬系统。

在机械系统中，间隙与弹性约束的系统随处可见。图 6-3 所示为弹性约束的单自由度系统，其非线性有势力是位移 u 的分段线性函数

$$p(u)=\begin{cases} ku & u\leqslant\delta \\ k(1+u)u & u>\delta \end{cases} \tag{6.8}$$

故称这样的系统为分段线性系统。显然，它是一刚度渐硬系统。

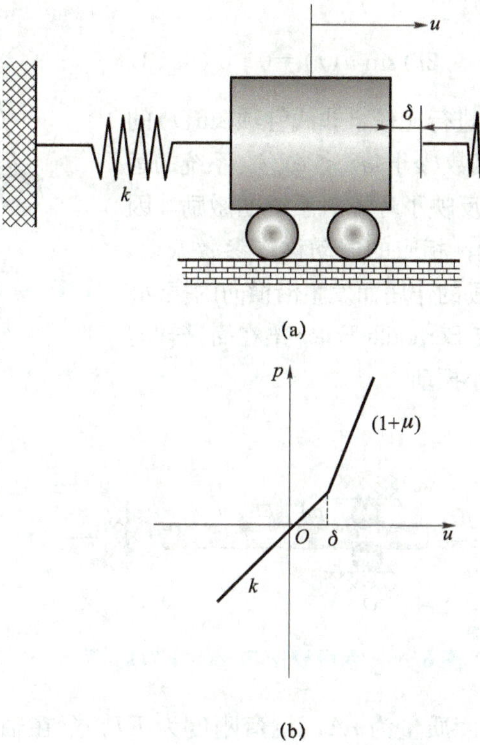

图 6-3　含弹性约束的系统及其分段线性弹性恢复力

6.1.2　非保守系统

非保守系统的机械能不守恒，系统存在内部耗能或是吸收外界能量。首先考察由阻尼耗能导致的非保守系统

$$m\ddot{u}(t)+d[\dot{u}(t)]+ku(t)=0 \tag{6.9}$$

其中阻尼力的反力为

$$d(\dot{u})=c\,|\,\dot{u}\,|^{n-1}\dot{u}\qquad(n=0,\ 1,\ 2,\ \cdots) \tag{6.10}$$

(1) 当 $n=0$ 时，式 (6.10) 可写作

$$d(\dot{u})=c\,\mathrm{sgn}\,\dot{u}\overset{def}{=}\mu N\,\mathrm{sgn}\,\dot{u} \tag{6.11}$$

式中，$-d(\dot{u})$称作库仑干摩擦力；N 为摩擦界面间正压力；μ 为干摩擦系数。

(2) 当 $n=1$ 时，$-d(\dot{u})$是线性黏性阻尼力，适用于物体在空气或液体中低速运动的

场合。

(3) 当 $n=2$ 时，$-d(\dot{u})$ 是低黏度流体阻尼力，适用于物体在空气或低黏度液体中做中高速运动的场合。

图 6-4 所示为基础做铅垂运动的重力摆，其运动微分方程为

$$ml^2\ddot{u}(t)=ml[\ddot{v}(t)-g]\sin u(t) \qquad (6.12)$$

如果基础做铅垂简谐振动 $v(t)=a\cos 2t$，代入式 (6.12)，于是运动微分方程为

$$\ddot{u}(t)+\frac{1}{l}(g+4a\cos 2t)\sin u(t)=0 \qquad (6.13)$$

将式 (6.13) 与式 (6.3) 进行比较，非线性项 $\sin(t)$ 的系数由常数 g/l 变为时间 t 的函数 $(g+4a\cos 2t)/l$。系统的运动微分方程以时变参数的形式反映了环境对系统的激励，因此将这样的激励称作参数激励；相应的振动称作参激振动，其特征表现为系统受到纵向激励的作用而发生沿横向的振动。例如，图 6-5 所示为两端铰支 Bernoulli-Euler 梁在简谐轴向力 $f(t)=f_0\cos\omega t$ 作用下的微小振动。

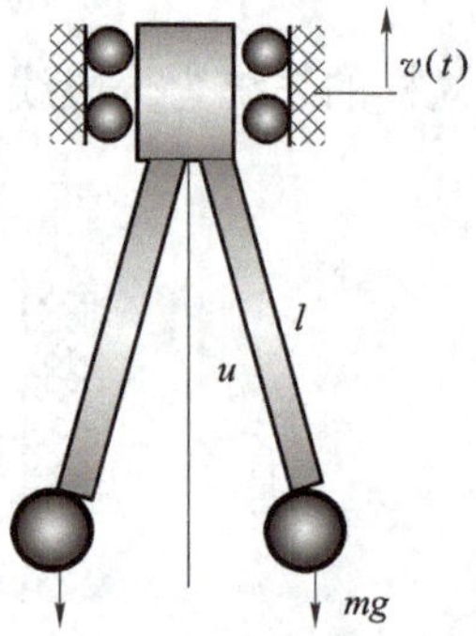

图 6-4 基础做铅垂运动的重力摆

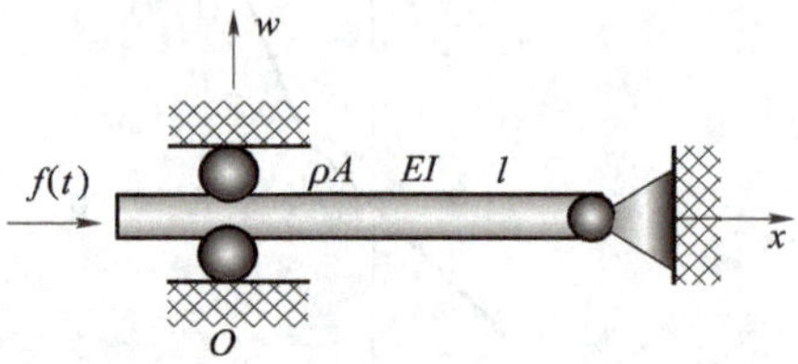

图 6-5 两端铰支 Bernoulli-Euler 梁

设梁的长度为 l，单位长度质量为 ρA，抗弯刚度为 EI。梁在轴向压力作用下沿横向振动的微分方程为

$$\rho A\frac{\partial^2 w(x,t)}{\partial t^2}+f_0\cos\omega t\frac{\partial^2 w(x,t)}{\partial x^2}+EI\frac{\partial^4 w(x,t)}{\partial x^4}=0 \qquad (6.14)$$

以两端铰支 Bernoulli-Euler 梁的固有振型作为基底，将挠度表示为

$$w(x,t)=\sum_{r=1}^{+\infty}\sin\frac{r\pi x}{l}u_r(t) \qquad (6.15)$$

将式 (6.15) 代入式 (6.14)，根据固有振型的加权正交性得到一组解耦的常微分方程

$$\ddot{u}_r(t)+\omega_r^2(1-g_r\cos\omega t)u_r(t)=0 \quad (r=1,2,\cdots) \qquad (6.16)$$

式中

$$\omega_r^2=\frac{r^4\pi^4 EI}{\rho A l^4},\qquad g_r=\frac{f_0 l^2}{r^2\pi^2 EI}\ll 1 \quad (r=1,\ 2,\ \cdots) \qquad (6.17)$$

引入

$$\tau=\frac{\omega t}{2},\qquad \delta_r=\left(\frac{2\omega_r}{\omega}\right)^2,\qquad \varepsilon_r=-\frac{g_r}{2}\delta_r \quad (r=1,\ 2,\ \cdots) \qquad (6.18)$$

以 $()'$ 代表对新时间变量 τ 的导数，得到

$$u''_r(\tau)+(\delta_r+2\varepsilon_r\cos 2\tau)u_r(\tau)=0 \quad (r=1,\ 2,\ \cdots) \qquad (6.19)$$

式（6.19）为一参数激励系统。

1868 年 Mathieu 在研究椭圆薄膜振动问题时提到这种形式的微分方程。因此，将它称作 Mathieu 方程。进一步研究表明，一旦激励频率 ω 与梁的某阶固有频率 ω_r 的二倍足够接近时，梁受到横向微小扰动时将发生参激振动而失稳。

非线性系统的分类除了按保守与非保守以外，还可按自治与非自治进行分类。自治系统是指方程（6.1）的特殊形式

$$m\ddot{u}(t)+p[u(t),\ \dot{u}(t)]=0 \tag{6.20}$$

其非线性力不显含时间 t，不具备这种形式的系统称作非自治系统。

6.2　非线性振动的稳定性

处理非线性微分方程的解析过程是困难的，它要求广泛的数学研究。大家知道非线性系统的精确解是相对很少的，非线性系统学科的大部分发展来自近似解和图解以及在计算机上所做的研究。然而，应用状态空间方法以及研究在相平面内描述的运动，能获得很多关于非线性系统知识。

考察单自由度自治系统

$$\ddot{u}(t)+p[u(t),\ \dot{u}(t)]=0 \tag{6.21}$$

自治系统的一个基本性质是：对于时间坐标 t 的平移其运动微分方程形式保持不变。因此，今后一般不再写出时间变量 t，并取系统初始时刻为 $t=0$。

1. 相轨线

用系统位移 u 和速度 $\dot{u}$ 组成二维状态向量

$$\boldsymbol{u}\overset{def}{=}[u_1\quad u_2]^{\mathrm{T}}\overset{def}{=}[u\quad \dot{u}]^{\mathrm{T}} \tag{6.22}$$

将式（6.21）改写为

$$\dot{\boldsymbol{u}}\overset{def}{=}\begin{bmatrix}\dot{u}_1\\ \dot{u}_2\end{bmatrix}=\begin{bmatrix}u_2\\ -p(u_1,\ u_2)\end{bmatrix}\overset{def}{=}p(u) \tag{6.23}$$

在给定初始条件后，方程（6.23）的解 $u_1(t), u_2(t)(t\geqslant 0)$是$(u_1,\ u_2)$平面上随参数 t 增加而变化的一条积分曲线。通常，称$(u_1,\ u_2)$平面为相平面，称上述解曲线为相轨线，而相轨线的全体构成相图，将状态向量所存在的空间称为相空间。

另一个有用的概念是状态速度 v，它由下列方程定义

$$v=\sqrt{\dot{u}_1^2+\dot{u}_2^2}$$

当状态速度为零时，达到平衡状态。

式（6.23）消去 $\mathrm{d}t$，得到相轨线的切方向

$$\frac{\mathrm{d}u_2}{\mathrm{d}u_1}=-\frac{p(u_1,\ u_2)}{u_2} \tag{6.24}$$

它仅依赖于相轨线在相平面上的位置$(u_1,\ u_2)$，而与时间 t 无关。只要式中分子和分母在$(u_1,\ u_2)$处不同时为零，则相轨线在该处的切方向是唯一确定的，即过$(u_1,\ u_2)$有且仅有一条相轨线。自治系统在相空间各点都有确定不变的状态速度，相轨线在它经过的所有点都

与该点的速度相切。

2. 平衡点及其稳定性

系统在相平面上的速度和加速度同时为零的相点称为平衡点，记为 u_s。从方程（6.23）不难看出，平衡点 u_s 满足

$$p(u_s)=0 \tag{6.25}$$

对照式（6.24），相轨线的切方向在平衡点处不唯一。因此，平衡点又称为奇点。在平衡点上，所有状态变量的变化率 $\dot{u}_s$ 均为零。由于变化率为零，状态变量不会改变；另一方面，状态变量不改变，其结果是系统就只能静止在原来的位置上，不可能运动。如果在一个平衡点的领域中不存在其他的平衡点，这样的平衡点称为孤立平衡点。

如上所述，在平衡点上状态点移动的速度和加速度都为零，而由于连续性的关系，在平衡点附近状态点移动的速度和加速度也无限小。因此，从理论上讲，系统沿着一条轨线运动到平衡点所需时间是无限长的。因此平衡点可以说是可趋近而不可即的。但在工程实践中，当时间足够长时，就认为系统的状态点已达到平衡点。

Lyapunov 意义下的稳定性：若对于任给的 $\varepsilon>0$，存在 $\delta(\varepsilon)>0$，使当 $\|u(0)-u_s\|\leqslant\delta(\varepsilon)$ 时，系统的运动满足

$$\|u(t)-u_s\|\leqslant\varepsilon,\ t\geqslant 0 \tag{6.26}$$

则称系统的平衡点 u_s 是稳定的，否则称为不稳定。如果在稳定前提下还有

$$\lim_{t\to+\infty}u(t)=u_s \tag{6.27}$$

则称系统的平衡点 u_s 是渐近稳定的。稳定的平衡点与不稳定的平衡点的差别并不在于平衡点本身的状态，而在于系统在略微偏离平衡点时的运动趋势是趋向于回到平衡点保持在平衡点附近运动，还是趋向于偏离该平衡点越来越远，相应的，该平衡点称为渐近稳定的，仅稳定的或不稳定的。

应该弄清楚“平衡”与“稳定”这两个概念之间的联系与差别，须知“平衡”并不一定“稳定”，而稳定则一定是围绕着平衡点而言的。这些概念对于工程实践是至关重要的。一般来说，如果要求一个工程系统稳定运行，则它当然应该工作在其平衡点上，但这样说还不够确切，应该说，它必须工作在其稳定平衡点上。这是由于一个真实的系统必然经受各种各样的扰动，只有稳定平衡点才具有抗扰动的能力，从而能将系统维系在其周围而稳定地运转。对于处在这种平衡状态下的系统，短暂、微小的扰动只会引起其工作状态短暂的、微小的变化，而这些变化一般是工程实践可以容忍的。可是对于不稳定平衡点来说，任何短暂、微小的扰动都足以使系统永远、大幅度地偏离其正常工作点，完全破坏系统的工作条件。由于这种不稳定平衡状态不具备抗干扰的能力，因此只是一种理论上的平衡状态，实际上是观察不到的。

6.3 基本的摄动方法

摄动法是适用于解决小参数 u 与微分方程的非线性项相结合的问题。这类问题的解是由摄动参数 u 的级数构成的，它是在线性问题解的邻域中发展的结果。如果线性问题的解是周

期性的，且 u 是小的，那么可以期望摄动解也是周期性的。

“摄动法”的基本思想是首先就一种比较基本、比较简单的情况，确定一个分析问题的基本解答，然后考虑与问题有关的参数的微小变化对基本解答所造成的影响，即所谓“摄动”。而这种影响是以级数的形式给出的，其目的是对基本解答进行修正。所取级数的项数越多，修正就越完善，其结果就越精确；另一方面，公式也越复杂，计算量也越大。摄动法被用于解决拟线性系统的振动分析问题，其要点是将系统运动方程中的非线性项看成是一种微小的摄动项，而设法寻求此摄动项对相应的线性系统的解的影响与修正。

研究的对象限于弱非线性自治系统的初值问题

$$\begin{cases} \ddot{u}(t)+\omega_0^2u(t)=\varepsilon p[u(t),\ \dot{u}(t)] & (6.28a) \\ u(0)=a_0,\ \dot{u}(0)=0 & (6.28b) \end{cases}$$

式中，$0<\varepsilon<1$ 是一小参数。由于时间坐标平移不改变自治系统的形式，因此将时间起点选在初速为零的时刻。

当 $\varepsilon=0$ 时，式（6.28）退化为派生系统，其运动为

$$u_0(t)=a_0\cos\omega_0 t \tag{6.29}$$

称作派生解。本节将要介绍的几种定量分析方法都是研究 $0<\varepsilon\ll 1$ 时非线性因素对系统运动的影响，获得对派生解（6.29）的某种修正。

6.3.1　Lindstedt-Poincare 摄动法

此法是比较经典的摄动法。方程（6.28）含有小参数 ε，其解 $u(t)$ 仅与 ε 有关。系统自由振动的频率 ω 与非线性项有关，也依赖于 ε。因此，将 $u(t)$ 和 ω^2 展开为 ε 的幂级数

$$\begin{cases} u(t)=u_0(t)+\varepsilon u_1(t)+\varepsilon^2u_2(t)+\cdots \\ \omega^2=\omega_0^2+\varepsilon b_1+\varepsilon^2 b_2+\cdots \end{cases} \tag{6.30}$$

通过对未知系数 $u_r(t),b_r(r=1,2,\cdots)$ 的确定，得到方程（6.28）在派生解附近的一个周期解。将这种方法称为摄动法，即在简单问题的解附近求解复杂问题级数解的方法。

式（6.30）右边的第一项分别表示相应的线性系统的振动位移及其振动频率，而其后的各项则分别表示由于微小非线性 $\varepsilon p[u(t),\ \dot{u}(t)]$ 的存在对系统的解所造成的影响和修正，这里同时考虑到非线性项对振动位移 $u(t)$ 和振动频率 ω 的双重影响。

将式（6.30）分别代入式（6.28a）和式（6.28b），得

$$\begin{aligned} &\ddot{u}_0+\varepsilon\ddot{u}_1+\varepsilon^2\ddot{u}_2+\cdots+(\omega^2-\varepsilon b_1-\varepsilon^2 b_2+\cdots)(u_0+\varepsilon u_1+\varepsilon^2u_2+\cdots) \\ &=\varepsilon p(u_0+\varepsilon u_1+\varepsilon^2u_2+\cdots,\ \dot{u}_0+\varepsilon\dot{u}_1+\varepsilon^2\dot{u}_2+\cdots) \end{aligned} \tag{6.31a}$$

$$\begin{cases} u_0(0)+\varepsilon u_1(0)+\varepsilon^2u_2(0)+\cdots=a_0 \\ \dot{u}_0(0)+\varepsilon\dot{u}_1(0)+\varepsilon^2\dot{u}_2(0)+\cdots=0 \end{cases} \tag{6.31b}$$

要想使式（6.31）对任意的参数 $0<\varepsilon<1$ 都成立，等式两端 ε 的同次幂系数均应相等。由此可以得到一系列线性常微分方程的初值问题

$$\varepsilon^0:\begin{cases} \ddot{u}_0+\omega^2u_0=0 \\ u_0(0)=a_0,\ \dot{u}_0(0)=0 \end{cases} \tag{6.32a}$$

$$\varepsilon^1:\begin{cases} \ddot{u}_1+\omega^2u_1=p(u_0,\ \dot{u}_0)+b_1u_0 \\ u_1(0)=0,\ \dot{u}_1(0)=0 \end{cases} \tag{6.32b}$$

$$\varepsilon^2:\begin{cases}\ddot{u}_2+\omega^2u_2=\dfrac{\partial p(u_0,\dot{u}_0)}{\partial u}u_1+\dfrac{\partial p(u_0,\dot{u}_0)}{\partial \dot{u}}\dot{u}_1+b_2u_0+b_1u_1\\ u_2(0)=0,\dot{u}_2(0)=0\end{cases}\tag{6.32c}$$

这些线性微分方程初值问题可依次求解。

方程（6.32a）是线性无阻尼系统自由振动问题，对其求解，得

$$u_0(t)=a_0\cos\omega t\tag{6.33}$$

将其代入式（6.32b），得到

$$\begin{cases}\ddot{u}_1+\omega^2u_1=p(a_0\cos\omega t,\ -\omega a_0\sin\omega t)+b_1a_0\cos\omega t\overset{def}{=}\tilde{p}(t)\\ u_1(0)=0,\ \dot{u}_1(0)=0\end{cases}\tag{6.34}$$

显然，函数 $p(a_0\cos\omega t,\ -\omega a_0\sin\omega t)$是时间 t 的周期函数，因此函数 $\tilde{p}(t)$也是时间 t 的周期函数。这是线性无阻尼系统在周期激励下的振动问题。将激励 $\tilde{p}(t)$展为 Fourier 级数

$$\tilde{p}(t)=\sum_{r=0}^{+\infty}(\alpha_r\cos r\omega t+\beta_r\sin r\omega t)+b_1a_0\cos\omega t\tag{6.35}$$

将式（6.35）中各简谐激励引起的响应进行叠加便形成系统(6.34)的响应。若 $\tilde{p}(t)$中含有 $\cos\omega t$ 或 $\sin\omega t$，则响应中将含有 $t\cos\omega t$ 或 $t\sin\omega t$ 这种随时间增加而趋于无穷的永年项，即系统（6.34)将发生共振。要想使该系统做周期运动，需要消除永年项。为此，令式(6.35)中 $\cos\omega t$ 和 $\sin\omega t$ 项的系数为零，即

$$\alpha_r+b_1a_0=0,\ \beta_r=0\tag{6.36}$$

此时，方程（6.34）变为

$$\begin{cases}\ddot{u}_1+\omega^2u_1=\alpha_0+\sum\limits_{r=2}^{+\infty}[\alpha_r\cos(r\omega t)+\beta_r\sin(r\omega t)]\\ u_1(0)=0,\dot{u}_1(0)=0\end{cases}\tag{6.37}$$

通过式（6.36）和式（6.37)，可得到派生解的一阶修正 $u_1(t)$和自由振动频率的修正 b_1。再将结果代入式（6.32c)，即可确定二阶修正 $u_2(t)$和 b_2。

6.3.2 多尺度法

根据 6.3.1 节，自治系统周期振动的相位为

$$\omega t=\omega_0t+\varepsilon\omega_1t+\omega_2\varepsilon^2t+\cdots=\omega_0t+\omega_1(\varepsilon t)+\omega_2(\varepsilon^2t)+\cdots\tag{6.38}$$

它包含了不同的时间尺度

$$T_r\overset{def}{=}\varepsilon^rt\qquad(r=0,\ 1,\ 2,\ \cdots)\tag{6.39}$$

多尺度法就是将这些时间尺度视为独立变量，将方程（6.28）的解表示成

$$u(t)=u_0(T_0,\ T_1,\ \cdots)+\varepsilon u_1(T_0,\ T_1,\ \cdots)+\varepsilon^2u_2(T_0,\ T_1,\ \cdots)+\cdots\tag{6.40}$$

并通过偏导数算子表示导数算子

$$\frac{\mathrm{d}}{\mathrm{d}t}=\sum_{r=0}^{+\infty}\frac{\mathrm{d}T_r}{\mathrm{d}t}\frac{\partial}{\partial T_r}=\sum_{r=0}^{+\infty}\varepsilon^r\frac{\partial}{\partial T_r}\overset{def}{=}\sum_{r=0}^{+\infty}\varepsilon^rD_r\tag{6.41a}$$

$$\frac{\mathrm{d}^2}{\mathrm{d}t^2}=\sum_{r=0}^{+\infty}\varepsilon^rD_r\Big(\sum_{r=0}^{+\infty}\varepsilon^sD_s\Big)=D_0^2+2\varepsilon D_0D_1+\varepsilon^2(D_1^2+2D_0D_2)+\cdots\tag{6.41b}$$

将式(6.40)、式(6.41)代入方程(6.28)中，比较 ε 同次幂的系数得一系列线性偏微分方程

$$D_0^2 u_0 + \omega_0^2 u_0 = 0 \tag{6.42a}$$

$$D_0^2 u_1 + \omega_0^2 u_1 = -2D_0 D_1 u_0 + p(u_0,\ D_0 u_0) \tag{6.42b}$$

$$D_0^2 u_2 + \omega_0^2 u_2 = -(D_1^2 + 2D_0 D_2)u_0 - 2D_0 D_1 u_1 + \frac{\partial p(u_0,\ D_0 u_0)}{\partial u} u_1 + \frac{\partial p(u_0,\ D_0 u_0)}{\partial \dot{u}}(D_1 u_0 + D_0 u_1) \tag{6.42c}$$

这组方程可依次求解。

现讨论上述线性偏微分方程的求解方法。首先，式（6.42a）的解形如

$$u_0 = a(T_1,\ T_2,\ \cdots)\cos[\omega_0 T_0 + \varphi(T_1,\ T_2,\ \cdots)] \tag{6.43}$$

为了方便求解 u_1，将式（6.43）写作复数形式

$$u_0 = A(T_1,\ T_2,\ \cdots)\mathrm{e}^{\mathrm{i}\omega_0 T_0} + cc \tag{6.44}$$

式中，cc 代表其前面各项的共轭。将这一解代入式（6.42b），得到

$$D_0^2 u_1 + \omega_0^2 u_1 = -2\mathrm{i}\omega_0 D_1 A\mathrm{e}^{\mathrm{i}\omega_0 T_0} + cc + p(A\mathrm{e}^{\mathrm{i}\omega_0 T_0} + cc,\ \mathrm{i}\omega_0 A\mathrm{e}^{\mathrm{i}\omega_0 T_0} + cc) \tag{6.45}$$

为了消除永年项，式（6.45）右端不能含有 $\mathrm{e}^{\mathrm{i}\omega_0 T_0}$ 或 $\mathrm{e}^{-\mathrm{i}\omega_0 T_0}$ 这样的项，即上式右端的 Fourier 系数为零

$$-2\mathrm{i}\omega_0 D_1 A + \frac{\omega_0}{2\pi}\int_0^{2\pi/\omega_0} p(A\mathrm{e}^{\mathrm{i}\omega_0 T_0} + cc, \mathrm{i}\omega_0 A + cc)\mathrm{e}^{-\mathrm{i}\omega_0 T_0}\,\mathrm{d}T_0 = 0 \tag{6.46}$$

式（6.46）的三角函数形式是

$$\mathrm{i}(D_1 a + \mathrm{i}aD_1\varphi) = \frac{1}{2\pi\omega_0}\int_0^{2\pi} p(a\cos\psi, -\omega_0 a\sin\psi)(\cos\psi - \mathrm{i}\sin\psi)\,\mathrm{d}\psi \tag{6.47}$$

分离实部和虚部得到

$$\begin{cases} D_1 a = -\dfrac{1}{2\pi\omega_0}\displaystyle\int_0^{2\pi} p(a\cos\psi, -\omega_0 a\sin\psi)\sin\psi\,\mathrm{d}\psi \\ D_1\varphi = -\dfrac{1}{2\pi\omega_0 a}\displaystyle\int_0^{2\pi} p(a\cos\psi, -\omega_0 a\sin\psi)\cos\psi\,\mathrm{d}\psi \end{cases} \tag{6.48}$$

在这组条件下求解方程（6.45），得到一次修正 $u_1(T_0,\ T_1,\ \cdots)$，同 $u_0(T_0,\ T_1,\ \cdots)$一起代入方程（6.42c），类似地，消除永年项，解出 $u_2(T_0,\ T_1,\ \cdots)$。

6.4　林斯泰特－庞加莱法

1883 年林斯泰特为了消除永年项，提出对基本摄动法的改进。1892 年庞加莱证明了此方法的合理性，其基本思想是认为当 $\varepsilon \neq 0$ 时非线性系统的振动频率不再是常数 ω_0，而是由线性系统的常数 ω_0 变成 ω，这种变化是由摄动项引起的，而摄动项又与系统的运动有关，所以 ω 应该是 ε 的函数，即 $\omega=\omega(\varepsilon)$，因此振动频率 $\omega(\varepsilon)$和周期解 $x(t,\ \varepsilon)$一样，都必须在摄动过程中逐步加以确定。

考虑到弱非线性自治方程，为了便于计算频率的变化，引入新的自变量 τ 代替 t，令变换关系式为 $\tau=\omega t$，且有 $\dot{x} = \frac{\mathrm{d}x}{\mathrm{d}t} = \frac{\mathrm{d}x}{\mathrm{d}\tau}\frac{\mathrm{d}\tau}{\mathrm{d}t} = \omega\frac{\mathrm{d}x}{\mathrm{d}\tau} = \omega x'$，$\ddot{x} = \frac{\mathrm{d}^2 x}{\mathrm{d}t^2} = \frac{\mathrm{d}}{\mathrm{d}\tau}(\omega x') = \omega^2 x''$。于是弱线

性自治方程变为

$$\omega^2 x''+\omega_0^2 x=\varepsilon f(x,\ \omega x') \tag{6.49}$$

这样，以未知周期为 $2\pi/\omega(\varepsilon)$的解 $x(t,\ \varepsilon)$变成以已知周期为 2π 的解 $x(\tau,\ \varepsilon)$。

林斯泰特把 $x(\tau,\ \varepsilon)$和 $\omega(\varepsilon)$都展成 ε 的幂级数

$$\left.\begin{aligned} x(\tau,\ \varepsilon)&=x_0(\tau)+\varepsilon x_1(\tau)+\varepsilon^2 x_2(\tau)+\cdots \\ \omega(\varepsilon)&=\omega_0+\varepsilon\omega_1+\varepsilon^2\omega_2+\cdots \end{aligned}\right\} \tag{6.50}$$

式中，x_i (τ) ($i=0$，1，2，…) 是 τ 的未知函数，ω_i ($i=0$，1，2，…) 是待定的参数。根据微分方程的理论，要想求解两个未知函数需要有两个微分方程。现在有两个未知函数 x (τ，ε) 和 ω (ε)，而只有一个控制方程 (6.49)，所以不能唯一确定。设 x_i (τ) ($i=0$，1，2，…) 是 τ 的以 2π 为周期的周期函数，因而都是有界的，利用这一附加条件便可以消除永年项。通过控制方程 (6.49) 和一个附加条件可以唯一地确定 x (τ，ε) 和 ω (ε)。从下面的演算过程可以看到这一设想是可以实现的。x_i (τ) 都是 2π 的周期函数的数学形式为

$$x_i(\tau+2\pi)=x_i(\tau) \quad (i=0,\ 1,\ 2,\ \cdots) \tag{6.51}$$

将式 (6.50) 代入式 (6.49) 的左端，得

$$\begin{aligned} \omega^2 x''+\omega_0^2 x &=(\omega_0+\varepsilon\omega_1+\varepsilon^2\omega_2+\cdots)^2(x''_0+\varepsilon x''_1+\varepsilon^2 x''_2+\cdots)+ \\ &\quad \omega_0^2(x_0+\varepsilon x_1+\varepsilon^2 x_2+\cdots) \\ &=(\omega_0^2 x''_0+\omega_0^2 x_0)+\varepsilon(\omega_0^2 x''_1+\omega_0^2 x_1+2\omega_0\omega_1 x''_0)+ \\ &\quad \varepsilon^2[\omega_0^2 x''_2+\omega_0^2 x_2+(2\omega_0\omega_2+\omega_1^2)x''_0+2\omega_0\omega_1 x''_1]+\cdots \end{aligned} \tag{6.52}$$

将式 (6.50) 代入式 (6.49) 的右端，并将 $f(x,\ \omega x')$在 $x=x_0$，$x'=x'_0$，$\omega=\omega_0$ 附近展开为 ε 的幂级数，得到

$$f(x,\ \omega x')=f(x_0,\ \omega_0 x'_0)+\varepsilon\left(\frac{\partial f_0}{\partial x}x_1+\frac{\partial f_0}{\partial x'}x'_1+\frac{\partial f_0}{\partial \omega}\omega_1\right)+\cdots \tag{6.53}$$

式中，$\dfrac{\partial f_0}{\partial x}$是$\dfrac{\partial f(x,\ \omega x')}{\partial x}$在 $x=x_0$，$x'=x'_0$，$\omega=\omega_0$ 的值。对式 (6.52) 与式 (6.53) 进行比较，令 ε 同次幂的系数相等，得线性方程组

$$\omega_0^2 x''_0+\omega_0^2 x_0=0 \tag{6.54a}$$

$$\omega_0^2 x''_1+\omega_0^2 x_1=f(x_0,\ \omega_0 x'_0)-2\omega_0\omega_1 x''_0 \tag{6.54b}$$

$$\omega_0^2 x''_2+\omega_0^2 x_2=\frac{\partial f_0}{\partial x}x_1+\frac{\partial f_0}{\partial x'}x'_1+\frac{\partial f_0}{\partial \omega}\omega_1-(2\omega_0\omega_2+\omega_1^2)x''_0-2\omega_0\omega_1 x''_1 \tag{6.54c}$$

$$\vdots$$

上述方程组和基本摄动法得到的线性方程一样可以依次求解。利用式 (6.51) 这一附加条件确定式 (6.50) 中的 ω_i ($i=0$，1，2，…)，由于方程 (6.54a) 是齐次方程，所以它的解 x_0 是周期函数。要想 x_i (τ) ($i=0$，1，2，…) 成为周期函数，只要使方程 (6.54b，c，…) 的右端不含有第一谐波项，即第一谐波的系数为零，则共振就不会发生，x_i 就是周期的，从而消除了永年项。通过第一谐波的系数为零就可确定 ω_i ($i=0$，1，2，…)。

6.5 KBM 法

KBM 法是 1937 年在克雷洛夫和博戈留博夫提出的渐近法的基础上由博戈留博夫和米特

罗波尔斯基给出了严密的数学证明并加以推广，因此也称作克雷洛夫-博戈留博夫-米特罗波尔斯基方法，简称 KBM 法。与林斯泰特法一样，KBM 法在解中设立了某种任意性，通过求解的周期性以消除这种任意性对于求解非线性振动问题这种方法是非常有效的。它既可以求得周期解，又可求得非周期解，既可求解自治系统，又可求解非自治系统。

考虑非线性系统

$$\ddot{x}+\omega_n^2 x=\varepsilon f(x,\ \dot{x}) \tag{6.55}$$

式中，ε 是小参数；$f(x,\ \dot{x})$为 x 与$\dot{x}$的非线性解析函数。当 $\varepsilon=0$ 时，系统是线性的，而且是简谐振动系统，其解为

$$x=a\cos\varphi,\quad \varphi=\omega_n t+\varphi_0 \tag{6.56}$$

式（6.56）实际上是非线性方程（6.55）的一次渐近解。式中，振幅 a、固有频率 ω_n 和相角 φ_0 都是常数。当 $\varepsilon\neq 0$ 且为微小量时，式（6.55）右边可以看作一个小摄动，它引起的振幅与频率都随时间缓慢地变化，这时振幅 a 和全相位 φ 均为时间 t 的函数。按照 KBM 法，将振幅 a 和全相位 φ 看作两个基本变量，把解写成 ε 的幂级数形式，即

$$x=a\cos\varphi+\varepsilon x_1(a,\ \varphi)+\varepsilon^2 x_2(a,\ \varphi)+\cdots \tag{6.57}$$

式中，$x_i(a,\ \varphi)(i=1,\ 2,\ \cdots)$是缓慢变化的 a 和 φ 的函数，而且 φ 是以 2π 为周期的周期函数。a 和 φ 都是时间 t 的函数，它们可以通过下列微分方程求得，这组方程也是按 ε 展开的幂级数，即它们对时间 t 的导数 $\dot{a}$ 和 $\dot{\varphi}$ 也展成 ε 的幂级数

$$\dot{a}=\varepsilon A_1(a)+\varepsilon^2 A_2(a)+\cdots \tag{6.58}$$

$$\dot{\varphi}=\omega_0+\varepsilon\omega_1(a)+\varepsilon^2\omega_2(a)+\cdots \tag{6.59}$$

为求解式（6.57），将式（6.57）、式（6.58）和式（6.59）代入方程（6.55），令得到的方程两端关于 ε 的同次幂的系数相等，就得到关于 $x_i(i=0,\ 1,\ 2,\ \cdots)$的方程，这些方程中含有 $A_1(a)$和 $\omega_i(a)$。$A_1(a)$和 $\omega_i(a)$可以通过消除永年项，得到周期解而确定。通过逐阶地确定 $A_1(a)$和 $\omega_i(a)$就可逐阶地求解，从而得到各阶渐近解。

从式（6.57）、式（6.58）和式（6.59）出发，应用函数求导数的法则，有

$$\begin{aligned}\dot{x}&=\frac{\mathrm{d}x}{\mathrm{d}t}=\frac{\partial x}{\partial a}\dot{a}+\frac{\partial x}{\partial \varphi}\dot{\varphi}\\&=-a\omega_0\sin\varphi+\varepsilon\left(A_1\cos\varphi-\omega_1 a\sin\varphi+\omega_0\frac{\partial x_1}{\partial \varphi}\right)+\cdots\end{aligned} \tag{6.60}$$

$$\begin{aligned}\ddot{x}&=\frac{\mathrm{d}^2x}{\mathrm{d}t^2}=\frac{\partial^2 x}{\partial a^2}\dot{a}^2+2\frac{\partial^2 x}{\partial a\partial\varphi}\dot{a}\dot{\varphi}+\frac{\partial^2 x}{\partial\varphi^2}\dot{\varphi}^2+\left(\frac{\partial x}{\partial a}\frac{\mathrm{d}\dot{a}}{\mathrm{d}a}+\frac{\partial x}{\partial\varphi}\frac{\mathrm{d}\dot{\varphi}}{\mathrm{d}a}\right)\dot{a}\\&=-\omega_0^2 a\cos\varphi+\varepsilon\left(-2A_1\omega_0\sin\varphi-2\omega_0\omega_1 a\cos\varphi+\omega_0^2\frac{\partial^2 x_1}{\partial\varphi^2}\right)+\\&\quad\varepsilon^2\left\{\begin{aligned}&-\left[2(\omega_0A_2+\omega_1A_1)+aA_1\frac{\mathrm{d}\omega_1}{\mathrm{d}a}\right]\sin\varphi-\left[(\omega_1^2+2\omega_0\omega_2)a-A_1\frac{\mathrm{d}A_1}{\mathrm{d}a}\right]\cos\varphi\\&+2\omega_0A_1\frac{\partial^2 x_1}{\partial a\partial\varphi}+\omega_0^2\frac{\partial^2 x_1}{\partial\varphi^2}+2\omega_0\omega_1\frac{\partial^2 x_1}{\partial\varphi^1}\end{aligned}\right\}+\cdots\end{aligned} \tag{6.61}$$

函数 $f(x,\ \dot{x})$展成 ε 的幂级数。引入记号

$$x_0=a\cos\varphi,\quad \dot{x}_0=-a\omega_0\sin\varphi \tag{6.62}$$

应该明确，这里所取的 x_0 和 $\dot{x}_0$ 是式（6.57）和（6.60）右端的第一项，而把右端第二项之后各项的和分别记为 Δx 和 $\Delta\dot{x}$。将 $f(x,\dot{x})$ 在 x_0 和 $\dot{x}_0$ 附近展成泰勒级数

$$\begin{aligned}f(x,\dot{x})&=f(x_0,\dot{x}_0)+\frac{\partial f_0}{\partial x}\Delta x+\frac{\partial f_0}{\partial \dot{x}}\Delta\dot{x}+\cdots\\&=f(x,\dot{x}_0)+\varepsilon\left[\frac{\partial f_0}{\partial x}x_1+\frac{\partial f_0}{\partial \dot{x}}\left(A_1\cos\varphi-\omega_1 a\sin\varphi+\omega_0\frac{\partial x_1}{\partial\varphi}\right)\right]+\cdots\end{aligned}\tag{6.63}$$

式中，$\frac{\partial f_0}{\partial x}$，$\frac{\partial f_0}{\partial \dot{x}}$ 分别是 $\frac{\partial f(x,\dot{x})}{\partial x}$，$\frac{\partial f(x,\dot{x})}{\partial \dot{x}}$ 在 $x=x_0$，$\dot{x}=\dot{x}_0$ 处的值。最后把式（6.57）、式（6.61）和式（6.63）代入原方程（6.55），令两端关于 ε 同次幂的系数相等，可得到下列关于 x_i（$i=0$，1，2，…）的微分方程组

$$\omega_0^2\frac{\partial^2 x_1}{\partial\varphi^2}+\omega_0^2 x_1=f(x_0,\dot{x}_0)+2\omega_0 A_1\sin\varphi+2\omega_0\omega_1 a\cos\varphi\tag{6.64}$$

$$\begin{aligned}\omega_0^2\frac{\partial^2 x_2}{\partial\varphi^2}+\omega_0^2 x_2&=\frac{\partial f_0}{\partial x}x_1+\frac{\partial f_0}{\partial \dot{x}}\left(A_1\cos\varphi-\omega_1 a\sin\varphi+\omega_0\frac{\partial x_1}{\partial\varphi}\right)+\\&\left[2(\omega_0A_2+\omega_1A_1)+aA_1\frac{d\omega_1}{da}\right]\sin\varphi+\left[(\omega_1^2+2\omega_0\omega_2)a-A_1\frac{dA_1}{da}\right]\cos\varphi-\\&2\omega_0A_1\frac{\partial^2 x_1}{\partial a\,\partial\varphi}-2\omega_0\omega_1\frac{\partial^2 x_1}{\partial\varphi^2}\end{aligned}\tag{6.65}$$

$$\vdots$$

上面这个方程组可以依次求解。在求解过程中，为了防止形成永年项，利用 x_i（$i=1$，2，…）是周期解，可得每个方程右端的 $\sin\varphi$ 项与 $\cos\varphi$ 项的系数等于零的附加条件，就能定出 A_i，ω_i（$i=1$，2，…）。

6.6 非线性振动系统实例

例 6-1 用摄动法求解下述 Duffing 系统自由振动的一次近似解

$$\begin{cases}\ddot{u}(t)+\omega_0^2u(t)+\varepsilon\omega_0^2u^3(t)=0\\u(0)=a_0,\ \dot{u}(0)=0\end{cases}\tag{1}$$

解 式（6.32）已给出了零次近似，由式（6.37）得一次修正 u_1 满足的微分方程

$$\begin{aligned}\ddot{u}_1+\omega^2u_1&=-\omega_0^2(a_0\cos\omega t)^3+b_1a_0\cos\omega t\\&=\left(b_1-\frac{3}{4}\omega_0^2a_0^2\right)a_0\cos\omega t-\frac{1}{4}\omega_0^2a_0^3\cos3\omega t\end{aligned}\tag{2}$$

为消除永年项，应有

$$b_1=\frac{3}{4}\omega_0^2a_0^2\tag{3}$$

在该条件下，确定一次修正 u_1 的初值问题为

$$\begin{cases}\ddot{u}_1+\omega^2u_1=-\dfrac{1}{4}\omega_0^2a_0^3\cos3\omega t\\u_1(0)=0,\ \dot{u}_1(0)=0\end{cases}\tag{4}$$

解出

$$u_1(t)=\frac{\omega_0^2 a_0^3}{32\omega^2}(\cos 3\omega t-\cos \omega t) \tag{5}$$

因此，一次近似解为

$$u(t)=a_0\cos \omega t+\frac{\varepsilon\omega_0^2 a_0^3}{32\omega^2}(\cos 3\omega t-\cos \omega t) \tag{6}$$

式中

$$\omega=\sqrt{\omega_0^2+\varepsilon\frac{3\omega_0^2 a_0^2}{4}}\approx\omega_0\left(1+\varepsilon\frac{3a_0^2}{8}\right) \tag{7}$$

由式（6）和式（7）可见：立方非线性使 Duffing 系统的自由振动包括了基频 ω 和三次谐波成分；而基频 ω 不同于派生系统的固有频率 ω_0，当系统刚度渐硬($\varepsilon>0$)时，ω 随着振幅（即初位移）的增加而增加，刚度渐软时则相反。这显著有别于线性系统的自由振动。

例 6-2　用林斯泰特法求下列 Duffing 方程的解。

$$\ddot{x}+\omega_0^2(x+\varepsilon x^3)=0 \quad (\varepsilon\ll 1)$$

$$\omega^2 x''+\omega_0^2 x=-\varepsilon\omega_0^2 x^3$$

给定初始条件为

$$x(0)=A_0,\quad \dot{x}(0)=0$$

解　比较方程（6.49）有 $f(x,\omega x')=-\omega_0^2 x^3$，将其代入方程（6.54），并通除 ω_0^2 得到

$$x''_0+x_0=0$$

$$x''_1+x_1=-x_0^3-2\frac{\omega_1}{\omega_0}x''_0$$

$$x''_2+x_2=-3x_0^2 x_1-\frac{1}{\omega_0^2}(2\omega_0\omega_2+\omega_1^2)x''_0-2\frac{\omega_1}{\omega_0}x''_1$$

$$\vdots$$

初始条件为

$$x_0(0)=A_0,\quad x'_0(0)=0$$

$$x_i(0)=0,\quad x'_i(0)=0\quad i=1,2,\cdots$$

由第一个方程得零阶近似解

$$x_0=A_0\cos\tau$$

显然 x_0 自动满足周期性条件（6.51）。将 x_0 代入有关 x_i 的第二个方程，并考虑到 $\cos^3\tau=\frac{1}{4}(\cos 3\tau+3\cos\tau)$得

$$x''_1+x_1=\frac{1}{4\omega_0}A_0(8\omega_1-3\omega_0 A_0^2)\cos\tau-\frac{1}{4}A_0^3\cos 3\tau$$

式中，右端的第一项是第一谐波项，它将引起共振，使解 x_1 出现永年项。但是现在 $\cos\tau$ 的系数中 ω_1 的待定的，因此可使该系数等于零，于是得到

$$\omega_1=\frac{3}{8}\omega_0 A_0^2$$

考虑 $i=1$ 的初始条件，x_1 的解为

$$x_1=\frac{1}{32}A_0^3(\cos 3\tau-\cos\tau)$$

将 x_0，ω_1 和 x_1 的表达式代入第三个方程，并考虑到 $\cos^2\tau\cos 3\tau=\frac{1}{4}(\cos\tau+2\cos 3\tau+\cos 5\tau)$ 得到

$$x''_2+x_2=\left(2\frac{\omega_2}{\omega_0}A_0+\frac{21}{128}A_0^5\right)\cos\tau+\frac{24}{128}A_0^5\cos 3\tau-\frac{3}{128}A_0^5\cos 5\tau$$

根据周期性条件，得

$$\omega_2=-\frac{21}{256}\omega_0A_0^4$$

对应于 $i=2$ 的初始条件，x_2 的解为

$$x_2=\frac{A_0^5}{1\,024}(23\cos\tau-24\cos 3\tau+\cos 5\tau)$$

按照同样的方法，可依次得 x_3，x_4，…。将已经求出的 x_0，x_1，x_2 代入式（6.50），就得到二次渐近解

$$x(\tau)=A_0\cos\tau-\varepsilon\frac{A_0^3}{32}(\cos\tau-\cos 3\tau)+\varepsilon^2\frac{A_0^5}{1\,024}(23\cos\tau-24\cos 3\tau+\cos 5\tau)$$

式中，$\tau=\omega t$。根据式（6.50）和 ω_1，ω_2 的表达式，则 ω 为

$$\omega=\omega_0\left(1+\varepsilon\frac{3}{8}A_0^2-\varepsilon^2\frac{21}{256}A_0^4+\cdots\right)$$

渐近解 x 是一致有效的。由于非线性弹性项的影响，使得系统的振动中有高次谐波出现，同时频率与振幅有关。对于具有硬特性($\varepsilon>0$)的弹簧，频率比线性系统有所提高，反之，$\varepsilon<0$，频率减小。

例 6-3 用 KBM 法求 Duffing 方程的解

$$\ddot{x}+\omega_0^2(x+\varepsilon x^3)=0\quad(\varepsilon\ll 1)$$

解 在这里 $f(x,\ \dot{x})=-\omega_0^2x^3$，计算

$$f(x_0,\ \dot{x}_0)=-\omega_0^2x_0^3=-\omega_0^2a^3\cos^3\varphi=-\frac{1}{4}\omega_0^2a^3(3\cos\varphi+\cos 3\varphi)$$

$$\frac{\partial f(x_0,\ \dot{x}_0)}{\partial x}=-3\omega_0^2x_0^2=-3\omega_0^2a^3\cos^2\varphi=-\frac{3}{2}\omega_0^2a^3(1+\cos 2\varphi)$$

$$\frac{\partial f(x_0,\ \dot{x}_0)}{\partial \dot{x}}=0$$

将式 $f(x_0,\ \dot{x}_0)$ 的表达式代入方程（6.64）得

$$\frac{\partial^2x_1}{\partial\varphi^2}+x_1=2\frac{A_1}{\omega_0}\sin\varphi+\frac{1}{4}\frac{a}{\omega_0}(8\omega_1-3\omega_0a^2)\cos\varphi-\frac{1}{4}a^3\cos 3\varphi$$

为了消除永年项，令 $\sin\varphi$ 项与 $\cos\varphi$ 项的系数等于零，得

$$A_1=0,\quad \omega_1=\frac{3}{8}\omega_0a^2$$

于是上面微分方程的解 x_1 的表达式为

$$x_1=\frac{1}{32}a^3\cos 3\varphi$$

将 $\frac{\partial f(x_0,\ \dot{x}_0)}{\partial x}$，$\frac{\partial f(x_0,\ \dot{x}_0)}{\partial \dot{x}}$，$A_1$，$\omega_1$ 和 x_1 的表达式代入式（6.65），并注意到

$$x_1(1+\cos 2\varphi)=\frac{1}{32}a^3\cos 3\varphi(1+\cos 2\varphi)=\frac{1}{64}a^3(\cos\varphi+2\cos 3\varphi+\cos 5\varphi)$$

得到

$$\frac{\partial^2 x_2}{\partial \varphi^2}+x_2=2\frac{A_2}{\omega_0}\sin\varphi+\left(\frac{15}{128}a^4+2\frac{\omega_2}{\omega_0}\right)a\cos\varphi+\frac{21}{128}a^5\cos 3\varphi-\frac{3}{128}a^5\cos 5\varphi$$

再令 $\sin\varphi$ 项与 $\cos\varphi$ 项的系数等于零，有

$$A_2=0,\qquad \omega_2=-\frac{15}{256}\omega_0 a^4$$

于是上面微分方程的解 x_2 的表达式为

$$x_2=-\frac{21}{1\,024}a^5\cos 3\varphi+\frac{1}{1\,024}a^5\cos 5\varphi$$

将 x_1 和 x_2 的表达式都代入式（6.57），就得到 Duffing 方程的二次渐近解

$$x=a\cos\varphi+\varepsilon\frac{1}{32}a^3\cos 3\varphi+\varepsilon^2\frac{1}{1\,024}a^5(-21\cos 3\varphi+\cos 5\varphi)$$

再根据已经算出的 $A_1=0$，$A_2=0$，由式（6.58）得到

$$\dot{a}=0,\text{ 即 } a=\text{常数}$$

因为系统是保守的，对每一次近似，总有 $a=$常数。又根据已算出的 ω_1 和 ω_2，代入式（6.59），得到

$$\dot{\varphi}=\omega_0\left(1+\varepsilon\frac{3}{8}a^2-\varepsilon^2\frac{15}{256}a^4\right)$$

因为 $a=$常数，由上式对 t 积分得

$$\varphi=\omega t+\varphi_0$$

式中

$$\omega=\omega_0\left(1+\varepsilon\frac{3}{8}a^2-\varepsilon^2\frac{15}{256}a^4\right)$$

这里 ω 为系统的二次近似基频，而 φ_0 为常数相角。如果把初始条件 $x(0)=A_0$，$\dot{x}(0)=0$ 代入解 x，即可解出 a 和 φ_0，再代回解 x 和解 ω，则解 x 的表达式和解 ω 的表达式将与由林斯泰特法求出的结果相同。

第7章 随机振动

本章导读

前面各章讨论的振动，其激励和响应都是时间的确定函数，但自然界和工程中大量振动现象都是非确定的，系统的激励也是不确定、不可预估的。但系统的振动情况不可能用一个明确的函数表达式来描述，并且根据以往的数据也无法确切地预测将来的振动情况，故常用概率统计方法来研究这种非重复性机械或结构的特性，这种振动称为随机振动。

本章主要内容

(1) 随机过程的统计特性。

(2) 单个随机激励下振动系统的响应。

(3) 随机激励系统的数值计算方法。

7.1 随机变量和随机过程

7.1.1 随机变量

随机变量是概率论的主要研究对象，随机变量的统计规律用分布函数来描述。

定义 7.1 设$(\Omega,\mathcal{L},P)$是概率空间。$X=X(e)$是定义在Ω上的函数，如果对任意实数x，$\{e:X(e)\leqslant x\}\in\mathcal{L}$，则称$X(e)$是$\mathcal{L}$上的随机变量，简记为随机变量$X$，称

$$F(x)=P[e:X(e)\leqslant x]\quad -\infty<x<\infty$$

为随机变量X的分布函数。

分布函数$F(x)$具有下列性质：

(1) $F(x)$是非降函数，即当$x_1<x_2$时，有$F(x_1)\leqslant F(x_2)$；

(2) $F(-\infty)=\lim\limits_{x\to-\infty}F(x)=0,F(\infty)=\lim\limits_{x\to\infty}F(x)=1$；

(3) $F(x)$右连续，即$F(x+0)=F(x)$。

可以证明，定义在$R=(-\infty,\infty)$上实值函数$F(x)$，若具有上述三个性质，必存在一个概率空间$(\Omega,\mathcal{L},P)$及其上的随机变量X，其分布函数是$F(x)$。

在应用中，常见的随机变量有两种类型：离散型随机变量和连续型随机变量。

离散型随机变量X的概率分布用分布列描述：

$$p_k=P(X=x_k)\qquad(k=1,2,\cdots)$$

其分布函数为

$$F(x)=\int_{-\infty}^{x}f(t)\mathrm{d}t$$

下面我们讨论 n 维随机变量及其概率分布。

定义7.2 设$(\Omega,\mathcal{L},P)$是概率空间，$X=X(e)=[X_1(e),\cdots,X_n(e)]$是定义在$\Omega$上的$n$维空间$\mathbf{R}^n$中取值的函数。如果对于任意$x=(x_1,x_2,\cdots,x_n)\in\mathbf{R}^n$，$\{e:X_1(e)\leqslant x_1,X_2(e)\leqslant x_2,\cdots,X_n(e)\leqslant x_n\}\in\mathcal{L}$，则称$X=X(e)$为$n$维随机变量，称

$$F(x)=F(x_1,x_2,\cdots,x_n)=P[e:X_1(e)\leqslant x_1,X_2(e)\leqslant x_2,\cdots,X_n(e)\leqslant x_n]$$
$$x=(x_1,x_2,\cdots,x_n)\in\mathbf{R}^n$$

为随机变量$X=(X_1,X_2,\cdots,X_n)$的联合分布函数。

联合分布函数$F(x_1,x_2,\cdots,x_n)$具有下列性质：

(1) 对于每个变元x_i $(i=1,2,\cdots,n)$，$F(x_1,x_2,\cdots,x_n)$是非降函数；

(2) 对于每个变元x_i $(i=1,2,\cdots,n)$，$F(x_1,x_2,\cdots,x_n)$是右连续的；

(3) 对于$\mathbf{R}^n$中的任意区域$(a_1,b_1;\cdots;a_n,b_n)$，其中

$$a_i\leqslant b_i,i=1,\cdots,n,p(a_1<X_1\leqslant b_1,\cdots,a_n<X_n\leqslant b_n)$$
$$=F(b_1,b_2,\cdots,b_n)-\sum_{i=1}^{n}F(b_1,\cdots,b_{i-1},a_i,b_{i+1},\cdots,b_n)+$$
$$\sum_{n}F(b_1,\cdots,b_{i-1},a_i,b_{i+1},\cdots,b_{j-1},a_j,b_{j+1},\cdots,b_n)+\cdots+(-1)^nF(a_1,a_2,\cdots,a_n)\geqslant 0$$

(4) $\lim\limits_{x_i\to-\infty}F(x_1,x_2,\cdots,x_i,\cdots,x_n)=0,i=1,2,\cdots,n,$

$$\lim_{x_1,x_2,\cdots,x_n\to\infty}F(x_1,x_2,\cdots,x_n)=1$$

可以证明，对于定义在$\mathbf{R}^n$上具有上述性质的实函数$F(x_1,x_2,\cdots x_n)$，$(x_1,x_2,\cdots,x_n)\in\mathbf{R}^n$必存在一个概率空间$(\Omega,\mathcal{L},P)$及其上的$n$维随机变量$X=(X_1,X_2,\cdots,X_n)$，其联合分布函数为$F(x_1,x_2,\cdots,x_n)$，$(x_1,x_2,\cdots,x_n)\in\mathbf{R}^n$。

在应用中，常见的n维随机变量也有两种类型：离散型和连续型。下面对于非离散型非连续型随机变量，给出一个例子。

例7-1 设随机变量X的绝对值不大于1；$P\{X=-1\}=\frac{1}{8}$，$P\{X=1\}=\frac{1}{4}$；在事件$\{-1<X<1\}$出现的条件下，X在$(-1,1)$内任一子区间上的条件概率与该子区间长度成正比，试求随机变量X的分布函数$F(x)=P\{X\leqslant x\}$。

解 由条件知，当$x<-1$时，$F(x)=0$，$F(-1)=\frac{1}{8}$

$$P\{-1<X<1\}=1-\frac{1}{8}-\frac{1}{4}=\frac{5}{8}$$

故在$\{-1<X<1\}$的条件下，事件$\{-1<X\leqslant x\}$的条件概率为

$$P\{-1<X\leqslant x|-1<X<1\}=x+1$$

于是，对于$-1<x<1$，有

$$\begin{aligned}P\{-1<X\leqslant x\}&=P\{-1<X\leqslant x,-1<X<1\}\\&=P\{-1<X\leqslant x|-1<X<1\}\cdot\\&\quad P\{-1<X<1\}\\&=\frac{x+1}{2}\times\frac{5}{8}=\frac{5(x+1)}{16}\end{aligned}$$

$$F(x) = P(X \leqslant -1) + P(-1 < X \leqslant x) = \frac{1}{8} + \frac{5x+5}{16} = \frac{5x+7}{16}$$

对于 $x \geqslant 1$，有 $F(x) = 1$。

从而

$$F(x) = \begin{cases} 0, & x < -1, \\ \dfrac{5x+7}{16}, & -1 \leqslant x < 1 \\ 1, & x \geqslant 1 \end{cases}$$

若随机变量 $X=(X_1, X_2, \cdots, X_n)$ 的每个分量 $X_i(i=1,2,\cdots,n)$ 都是离散型随机变量，则称 X 是离散型随机向量。

对于离散型随机变量 $X=(X_1, X_2, \cdots, X_n)$，其联合分布列为

$$p_{x_1,\cdots,x_n} = P(X_1 = x_n, \cdots, X_n = x_n)$$

式中，$x_i \in I_i$，I_i 是离散集，$i=1, 2, \cdots, n$。X 的联合分布函数

$$F(y_1, y_2, \cdots, y_n) = \int_{-\infty}^{y_1} \cdots \int_{-\infty}^{y_n} f(x_1, x_2, \cdots, x_n) \mathrm{d}x_1 \cdots \mathrm{d}x_n$$

则称 X 是连续型随机变量，$f(x_1, x_2, \cdots, x_n)$ 称为 X 的联合分布函数。

定义 7.3 设 $\{X_t, t \in T\}$ 是一族随机变量，若对于任意 $n \geqslant 2$ 和 $t_1, t_2, \cdots, t_n \in T$，$x_1, x_2, \cdots, x_n \in R$，有

$$P(X_{t_1} \leqslant x_1, X_{t_2} \leqslant x_2, \cdots, X_{t_n} \leqslant x_n) = \prod_{i=1}^{n} p(X_{t_i} \leqslant x_i) \tag{7.1}$$

则称 $\{X_t, t \in T\}$ 是独立的。

如果 $\{X_t, t \in T\}$ 是一族独立的离散型随机变量，式（7.1）等价于

$$P(X_{t_1} = x_1, X_{t_2} = x_2, \cdots, X_{t_n} = x_n) = \prod_{i=1}^{n} p(X_{t_i} = x_i),$$

式中，x_i 是 X_{t_i} 是任意可能值，$i=1, 2, \cdots, n$。

如果 $\{X_t, t \in T\}$ 是一族独立的连续型随机变量，式（7.1）等价于

$$f_{t_1,\cdots,t_n}(x_1, x_2, \cdots, x_n) = \prod_{i=1}^{n} f_{t_i}(x_i) \tag{7.2}$$

式中，$f_{t_1,\cdots,t_n}(x_1, x_2, \cdots, x_n)$ 是随机向量 $(X_{t_1}, X_{t_2}, \cdots, X_{t_n})$ 的联合概率密度，$f_{t_i}(x_i)$ 是随机变量 X_{t_i} 的概率密度，$i=1, 2, \cdots, n$。

独立性是概率中的重要概念，在实际问题中，独立性的判断通常是根据经验或具体情况来决定的。

随机变量的概率分布完全由其分布函数描述，但是如何确定分布函数却是相当麻烦的。在实际问题中，有时只需要知道随机变量的某些特征值就够了。

定义 7.4 设随机变量 X 的分布函数为 $F(x)$，若 $\int_{-\infty}^{\infty} |x| \mathrm{d}F(x) < \infty$，则

$$EX \stackrel{d}{=} \int_{-\infty}^{\infty} x \mathrm{d}F(x)$$

为 X 的数学期望或均值，上式右边的积分称为 Lebesgue-Stieltjes 积分。

若 X 是离散型随机变量，分布列

$$p_k=P\ (X=x_k)\qquad (k=1,\ 2,\ \cdots)$$

则

$$EX=\sum_{k=1}^{\infty}x_k p_k$$

若 X 是连续型随机变量，概率密度为 $f\ (x)$，则

$$EX=\int_{-\infty}^{\infty}xf(x)\mathrm{d}x$$

随机变量的数学期望是随机变量的取值依概率的平均。

定义 7.5 设 X 是随机变量，若 $EX^2<\infty$，则称 $DX\overset{d}{=}E\ (X-EX)^2$ 为 X 的方差。

随机变量的方差反映随机变量的离散程度。

定义 7.6 设 X,Y 是随机变量，$EX^2<\infty,EY^2<\infty$，则称 $B_{XY}\overset{d}{=}E[(X-EX)(Y-EY)]$为 X，Y 的协方差，称

$$\rho_{XY}\overset{d}{=}\frac{B_{XY}}{\sqrt{DX}\sqrt{DY}}$$

为 X，Y 的相关系数。

若 $\rho_{XY}=0$，则称 X，Y 不相关。

相关系数 ρ_{XY} 表示 X，Y 之间的线性相关程度的大小，其特性为：

(1) $|\rho_{XY}|\leqslant 1$；

(2) $|\rho_{XY}|=1$，表示 X 和 Y 以概率 1 线性相关。

随机变量的数学期望和方差具有如下性质：

(1) 若 n 维随机变量 $(X_1,\ X_2,\ \cdots,\ X_n)$ 的联合分布函数为 $F\ (x_1,\ x_2,\ \cdots,\ x_n)$，$g\ (x_1,\ x_2,\ \cdots,\ x_n)$ 是 n 维连续函数，则

$$Eg(X_1,X_2,\cdots,X_n)=\int_{-\infty}^{\infty}\cdots\int_{-\infty}^{\infty}g(x_1,x_2,\cdots,x_n)\mathrm{d}F(x_1,x_2,\cdots,x_n)$$

(2) $E\ (aX+bY)\ =aEX+bEY$，其中 a，b 是常数；

(3) 若 X，Y 独立，则 $E\ (XY)\ =EXEY$；

(4) 若 X，Y 独立，则 $D\ (aX+bY)\ =a^2DX+b^2DY$，其中 a，b 是常数；

(5) (Schwarz 不等式) 若 $EX^2<\infty$，$EY^2<\infty$，则$(EXY)^2\leqslant EX^2EY^2$；

(6) (单调收敛定理) 若 $0\leqslant X_n$，则$\lim\limits_{n\to\infty}EX_n=EX$；

(7) (Fatou 引理) 若 $X_n\geqslant 0$，则 $E\ (\underline{\lim}_{n\to\infty}X_n)\ \leqslant\underline{\lim}_{n\to\infty}E\ (X_n)\ \leqslant\overline{\lim}_{n\to\infty}EX_n\leqslant E\ (\overline{\lim}_{n\to\infty}X_n)$。

7.1.2 随机过程

当考虑地震、风或爆破在建筑物(或结构物)上的影响，或考虑车辆的道路、桥梁上通过时，不能精确说出载荷如何随时间变化。然而，我们常常可以依某种途径给出载荷的统计描述，依此途径，有可能推导得出结构反应的统计特征。在此情况下，必然涉及如下三方面的考虑：

(1) 载荷的概率描述；

(2) 这些载荷对结构的影响；

(3) 反映的概率描述的意义。

为考虑上述问题，首先，介绍随机过程的一些基本概念。

图 7－1 所示为事件 $x_1(t)$ 随时间的变化。如果事件 $x_1(t)$ 随时间连续变化，且如果不能从 $x_1(t)$ 在时间 t 处的记录精确地预测 $x_1(t)$ 在时间 $t+\delta t$ 处将会发生什么的话，我们就把这事件称为随机序列或随机变量，而把所有这些序列的集合称为一个过程，并写为

$$\{\xi(\tau)=\xi_1(\tau),\xi_2(\tau),\cdots,\xi_v(\tau)\}\{x(t)=x_1(t),x_2(t),\cdots,x_n(t)\} \tag{7.3}$$

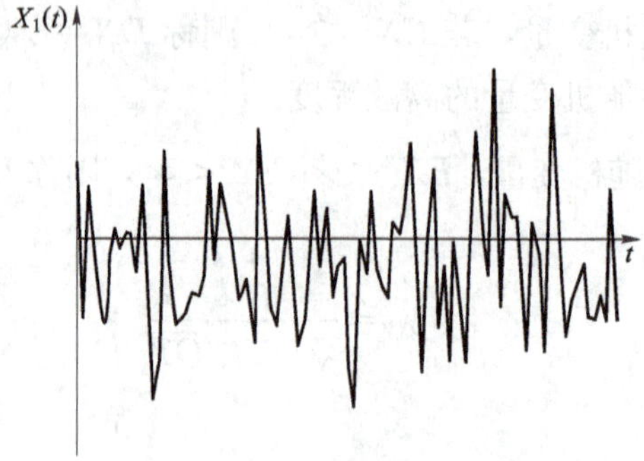

图 7－1　事件 $x_1(t)$ 随时间的变化

随时间变化事件集合有着一定的相似因素。比如，在某地质构造环境条件下的区域里所发生的地震事件序列，在相似场地中相似建筑物的特殊部位上由地震或风所产生的影响，等等。在这些情况下，期望个别事件序列具有某些公共的性质。

如果过相当长的时间区间 T，测量 $x_1(t)$ 在此时间内的值不超过某一值 α 的时间部分为 τ，那么，另一相当长的时间区间 $T_1=T$，对于在 τ 相同的时间部分 $\tau_1=\tau$ 内，$x_1(t)$ 的值应当小于或等于 α。把此时间部分 τ 与总时间 T 的比值称为 $x_1(t)\leqslant\alpha$ 的概率，并用 $P_{x1}(\alpha,t)$ 来表示，如图 7－2 (a) 所示，下标 x_1 表示所考虑的特殊事件序列。取不同的 α 值，可以构成说明 $P_{x_1}(\alpha,t)$ 如何随 α 而变化的图形，这样图形称为概率分布函数，其形式如图 7－2 (b) 所示。显然，$P_{x_1}(\alpha,t)$ 存在如下性质：

$$P_{x_1}(-\infty,t)=0,P_{x_1}(\infty,t)=1 \tag{7.4}$$

且其曲线形状总是呈单调上升之态。

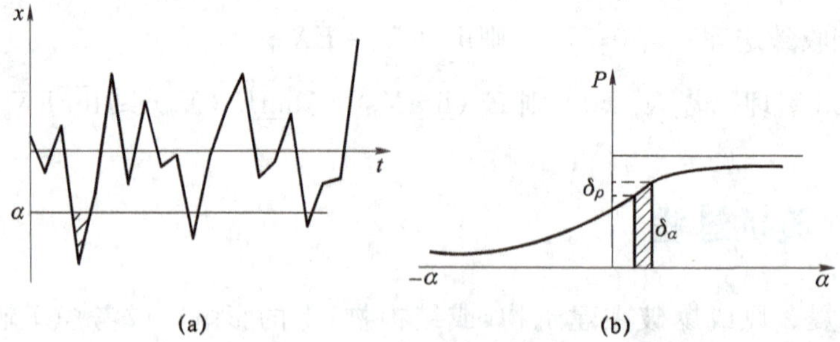

图 7－2　$P_{x_1}(\alpha,t)$ 的定义及概率分布图

(a) 定义；(b) 概率分布图

如图 7-2（b）所示，$x_1(t)$的值位于α 和$\alpha+\delta\alpha$之间的概率为

$$P_{x_1}(\alpha+\delta\alpha,\ t)-P_{x_1}(\alpha,\ t)=\delta P_{x_1}(\alpha,\ t) \tag{7.5}$$

现在，定义一个新函数 $P_{x_1}(\alpha,\ t)$，使得

$$P_{x_1}(\alpha,\ t)\delta\alpha=\delta P_{x_1}(\alpha,\ t) \tag{7.6}$$

从而有

$$P_{x_1}(\alpha,\ t)=\frac{\delta P_{x_1}(\alpha,\ t)}{\delta\alpha} \tag{7.7}$$

$P_{x_1}(\alpha,\ t)$称为序列$x_1(t)$的概率密度函数。

从上式有

$$P_{x_1}(\alpha,t)=\int_{-\infty}^{\infty}P_{x_1}(\theta,t)\mathrm{d}\theta \tag{7.8}$$

从式（7.8）可以注意到，$P_{x_1}(\alpha,\ t)$总是正的。因为$P_{x_1}(\infty,\ t)=1$，故总存在如下等式：

$$\int_{-\infty}^{\infty}P_{x_1}(\theta,t)\mathrm{d}\theta=1 \tag{7.9}$$

如果序列$x_i(t)$，$i=1,\ 2,\ 3,\ \cdots$中的每一个的概率分布函数$P_{x_i}(\alpha,\ t)$与序列$x_i(t)$的起始时间的选择无关，即

$$P_{x_i}(\alpha,\ t)=P_{x_i}(\alpha,\ t_1)\qquad(i=1,\ 2,\ 3,\ \cdots) \tag{7.10}$$

式中，$t_1=t+t^*$且t^*可以取任意值，则过程$x(t)$称为平稳随机过程。

如果对于过程$x(t)$找那个每一个事件序列的概率分布函数都是相等的，即

$$P_{x_1}(\alpha,\ t)=P_{x_2}(\alpha,\ t)=\cdots=P_{x_i}(\alpha,\ t)=\cdots \tag{7.11}$$

则此过程为“各态历经的”，并将它写为

$$P_{x}(\alpha,\ t)=P_{x_1}(\alpha,\ t)=P_{x_2}(\alpha,\ t)=\cdots=P_{x_i}(\alpha,\ t)=\cdots \tag{7.12}$$

以后，将主要考虑平稳各态历经随机过程。

过程$x(t)$关于α在任意时刻t的数学期望$m_x(t)=E[x(t)]$定义为

$$m_x(t)=E[x(t)]=\int_{-\infty}^{\infty}p_x(\alpha,t)\alpha\,\mathrm{d}\alpha \tag{7.13}$$

$m_x(t)$是一个时间函数，它表示随机过程各个时刻的数学期望随时间变化的情况，其本质是随机过程所有事件序列的统计平均。

随机过程$x(t)$的方差定义为

$$\sigma^2(t)=E\{[x(t)-m_x(t)]^2\} \tag{7.14}$$

它表示随机过程$x(t)$各个时刻与平均值$m_x(t)$的偏差距离。注意到

$$\begin{aligned}\sigma^2(t)&=E\{[x(t)-m_x(t)]^2\}\\&=E\{[x^2(t)-2x(t)m_x(t)+(m_x(t))^2]\}\\&=E[x^2(t)]-2[m_x(t)]^2+[m_x(t)]^2\\&=E[x^2(t)]-[m_x(t)]^2\end{aligned} \tag{7.15}$$

即，随机过程$x(t)$的方差等于$x^2(t)$的均值域$x(t)$的均值的平方。

如前面所述，对于平稳随机过程，其概率密度函数与时间t的取值无关，因而有

$$E[x(t)]=\overline{m}=\text{常数} \tag{7.16}$$

$$\sigma^2(t)=\sigma^2=\text{常数} \tag{7.17}$$

现在，将随机过程 $x(t)$ 对时间 t 进行平均，其平均值为

$$\bar{a} = \overline{x(t)} = \lim_{T\to\infty}\frac{1}{T}\int_0^T x(t)\,\mathrm{d}t \tag{7.18}$$

其方差为

$$\bar{a}^2 == \overline{|x(t)-\bar{a}|^2} = \lim_{T\to\infty}\frac{1}{T}\int_0^T |x(t)-\bar{a}|^2\,\mathrm{d}t \tag{7.19}$$

对于各态历经平稳随机过程，存在如下关系：

$$\begin{cases}\overline{m}=\bar{a}=\text{常数}\\ \sigma^2=\bar{a}^2=\text{常数}\end{cases} \tag{7.20}$$

今后，将不加分别地使用均值或时间平均，同时，对于振动问题而言，常数均值相应于一个“静止”事件，因而在以后所讨论的问题中，有理由认为 $\overline{m}=\bar{a}=0$

$$\sigma^2=E[x^2(t)]=\bar{a}^2=\overline{|x(t)|^2}=\text{常数} \tag{7.21}$$

随机过程 $x(t)$ 的另一个重要性质是其自相关函数 $R_x(\tau)$，定义如下：

$$R_x(\tau)=\overline{x(t)x(t+\tau)} = \lim_{T\to\infty}\frac{1}{T}\int_0^T x(t)x(t+\tau)\,\mathrm{d}t = E[x(t)x(t+\tau)] \tag{7.22}$$

自相关函数有如下性质：

(1) $R_x(0)=E[x^2(t)]=\sigma^2$；

(2) 因为

$$R_x(\tau)=\overline{x(t)x(t+\tau)}=\overline{x(t-\tau)x(t)}$$

故有

$$R_x(\tau)=R_x(-\tau)$$

即，$R_x(\tau)$ 是偶函数。

(3) $|R_x(\tau)|\leqslant R_x(0)$；

(4) 若 $x(t)$ 为周期 T 的随机过程，即

$$x(t)=x(t+T)$$

则

$$R_x(\tau)=\overline{x(t)x(t+\tau)}=\overline{x(t+T)x(t+T+\tau)}$$

从而得

$$R_x(\tau)=R_x(\tau+T)$$

即，$R_x(\tau)$ 亦是周期函数。

下面简略列出几个常用概率密度函数：

(1) 高斯正态分布

$$p(x)=\frac{1}{\sigma\sqrt{2\pi}}\mathrm{e}^{-\frac{x^2}{2\sigma^2}} \qquad (-\infty\leqslant x\leqslant\infty)$$

(2) 瑞雷分布

$$p(x)=\frac{x}{\sigma^2}\mathrm{e}^{-\frac{x^2}{2\sigma^2}} \qquad (x>0)$$

(3) 伽马分布

$$p(x)=\frac{\alpha^n}{\Gamma(n)}x^{n-1}\mathrm{e}^{-\alpha x} \qquad (x\geqslant 0,\ \alpha>0,\ n>0)$$

式中，伽马函数定义为

$$\Gamma(n)=\int_0^{\infty} x^{n-1}\mathrm{e}^{x}\mathrm{d}x$$

(4) 贝塔分布

$$p(x)=\frac{\Gamma(\gamma+n)}{\Gamma(\gamma)\Gamma(n)}x^{\gamma-1}(1-x)^{n-1}\qquad(0\leqslant x\leqslant 1,\ \gamma>0,\ n>0)$$

(5) 对数正态分布

$$p(x)=\frac{1}{x\sigma\sqrt{2\pi}}\mathrm{e}^{-\frac{1}{2\sigma^2}\ln^2 x}\qquad(x>0,\ \sigma>0)$$

(6) 均匀分布

$$p(x)=\begin{cases}\dfrac{1}{b-a}, & a\leqslant x\leqslant b\\ 0, & 其他\end{cases}$$

(7) 指数分布

$$p(x)=\lambda\mathrm{e}^{-\lambda x}\qquad(x>0,\ \lambda>0)$$

(8) 韦布尔分布

$$p(x)=\frac{n}{\sigma}\left(\frac{x}{\sigma}\right)^{n-1}\exp\left[\left(\frac{x}{\alpha}\right)^{n}\right]\qquad(x>0,\ n>0)$$

在本节结束之前，我们对高斯分布进行一些简略讨论，对于高斯分布，其分布函数为

$$\begin{aligned}P(x)&=\int_{-\infty}^{x}p(y)\mathrm{d}y\\&=\frac{1}{\sigma\sqrt{2\pi}}\int_{-\infty}^{x}\mathrm{e}^{-\frac{x^2}{2\sigma^2}}\mathrm{d}y\end{aligned}$$

图7-3所示为高斯分布的概率密度函数 $p(x)$ 的曲线，从图中可见，当方差小时，概率密度曲线形状在峰值处比较窄，随着方差 σ 增大，概率密度曲线变得越来越平缓。

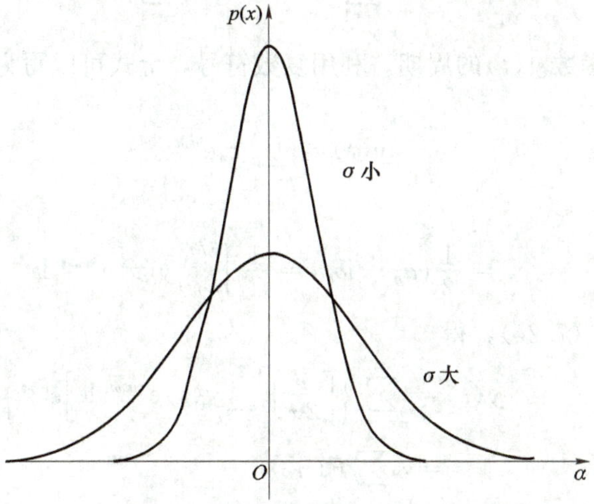

图7-3 高斯分布的概率密度曲线

利用如下误差函数积分：

$$\mathrm{erf}(x)=\frac{1}{\sqrt{\pi}}\int_0^{x}\mathrm{e}^{-y^2}\mathrm{d}y$$

高斯分布函数 $P(x)$ 的积分可以通过 $\mathrm{erf}(x)$ 来进行计算：

$$P(x)=\frac{1}{\sigma\sqrt{2\pi}}\int_{-\infty}^{x}\mathrm{e}^{-\frac{y^2}{2\sigma^2}}\mathrm{d}y=\frac{1}{2}+\frac{1}{\sigma\sqrt{2\pi}}\int_{0}^{x}\mathrm{e}^{-\frac{y^2}{2\sigma^2}}\mathrm{d}y$$

设 $\frac{y^2}{2\sigma^2}=\xi^2$，于是有

$$P(x)=\frac{1}{2}+\frac{1}{\sqrt{\pi}}\int_{0}^{\frac{x}{\sqrt{2\pi}}}\mathrm{e}^{-\xi^2}\mathrm{d}\xi$$

或

$$P(x)=\frac{1}{2}+\frac{1}{2\sqrt{\pi}}\mathrm{erf}\left(\frac{x}{\sqrt{2}\sigma}\right)$$

误差函数 $\mathrm{erf}(x)$ 在许多数学手册已经制成了表格，通过这些表格，很容易查到误差函数 $\mathrm{erf}(x)$，从而得到高斯分布函数 $P(x)$ 相应于变量 x 的值。

高斯分布的一个很有用的重要执行是：如果一个过程具有高斯分布，与之线性相关的任何过程亦将具有高斯分布。因为我们处理的是线性弹性结构，这样，如果载荷具有高斯分布，则机构反应亦将具有高斯分布。如上面所列出的那样，存在着若干其他的分布，但今后将假定，在我们所感兴趣的概率范围内，所研究的过程可以考虑为具有高斯分布。

7.2 随机信号的相关分析和谱分析

函数 $y(t)$ 可以用傅里叶级数表示为

$$y(t)=a_0+\sum_{n=1}^{\infty}a_n\cos n\omega t+\sum_{n=1}^{\infty}b_n\sin n\omega t \tag{7.23}$$

式中，$\omega=\frac{2\pi}{T}$，T 是函数 $y(t)$ 的周期。利用复数符号，上式可以写为

$$y(t)=\sum_{n=-\infty}^{\infty}c_n\mathrm{e}^{\mathrm{i}n\omega t} \tag{7.24}$$

式中

$$c_n=\frac{1}{2}(a_n-\mathrm{i}b_n)=\frac{1}{T}\int_{-T/2}^{T/2}y(t)\mathrm{e}^{-\mathrm{i}n\omega t}\mathrm{d}t \tag{7.25}$$

将式（7.25）代入式（7.24），得

$$\begin{aligned}y(t)&=\sum_{n=-\infty}^{\infty}\left\{\left[\frac{\omega}{2\pi}\int_{-T/2}^{T/2}y(t)\mathrm{e}^{-\mathrm{i}n\omega t}\mathrm{d}t\right]\mathrm{e}^{\mathrm{i}n\omega t}\right\}\\&=\omega\sum F(n\omega)\end{aligned} \tag{7.26}$$

如图 7-4 所示，利用沿着横轴的值 ω、2ω、3ω、…、$n\omega$、…作 $F(n\omega)$ 的直方图，此直方图在 $n\omega$ 处纵坐标为 $F(n\omega)$。可以看出，因为各直方块的宽度均为 ω，故直方图的总面积实际上就是 $y(t)$，即面积 $=\sum\omega F(n\omega)$。现在，令 ω 变为很小，使得区间 ω 可以用 $\delta\omega$ 来代替，点 ω、2ω、3ω、…、$n\omega$、…变为 $\delta\omega$、$2\delta\omega$、$3\delta\omega$、…、$n\delta\omega$、…，或者，换句话说，由于 $\delta\omega\to0$，ω 变为连续变量。这时，如果令 $\delta\omega\to0$，就可以把式（7.25）中的求和用一个积分来代替，从而有

$$y(t)=\int_{-\infty}^{\infty}\frac{1}{2\pi}\left[\int_{-T/2}^{T/2}y(t)\mathrm{e}^{-\mathrm{i}\omega t}\mathrm{d}t\right]\mathrm{e}^{\mathrm{i}\omega t}\mathrm{d}\omega$$

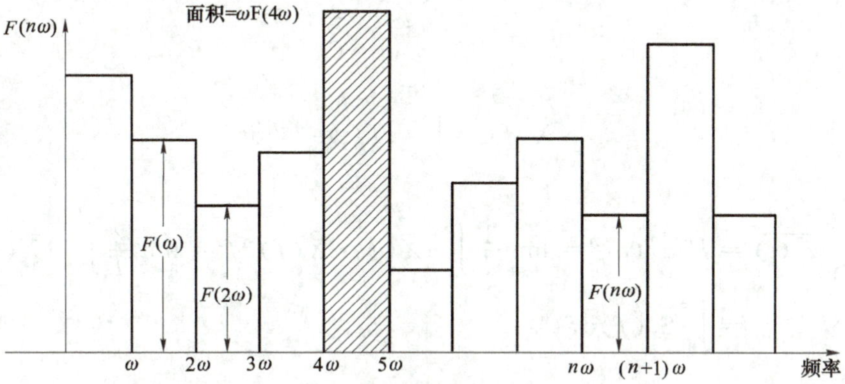

图 7-4　$F(nw)$的直方图

当原来表示式中的圆频率 ω 变得很小时，周期 T 变得很大，括号里的积分限变为$\pm\infty$。为了方便起见，用频率 f 代替圆频率ω，且因为 $\omega=2\pi f$，$\mathrm{d}\omega=2\pi\mathrm{d}f$，因而有

$$y(t)=\int_{-\infty}^{\infty}\left[\int_{-\infty}^{\infty}y(t)\mathrm{e}^{-\mathrm{i}2\pi ft}\mathrm{d}t\right]\mathrm{e}^{\mathrm{i}2\pi ft}\mathrm{d}f \tag{7.27}$$

令

$$\overline{Y}(f)=\int_{-\infty}^{\infty}y(t)\mathrm{e}^{-\mathrm{i}2\pi ft}\mathrm{d}t \tag{7.28}$$

式（7.27）变为

$$y(t)=\int_{-\infty}^{\infty}\overline{Y}(f)\mathrm{e}^{\mathrm{i}2\pi ft}\mathrm{d}f \tag{7.29}$$

显然，$\overline{Y}(f)$是函数 $y(t)$的傅里叶变换，而 $y(t)$和 $\overline{Y}(f)$互为变换对。

现在，考虑过程 $x(t)$的均方值，有

$$\overline{x^2(t)}=E[x^2(t)]=\lim_{T\to\infty}\frac{1}{T}\int_{-T/2}^{T/2}x^2(t)\mathrm{d}t$$
$$=\lim_{T\to\infty}\frac{1}{T}\int_{-T/2}^{T/2}x(t)x(t)\mathrm{d}t$$

把 $x(t)$之一用其傅里叶变换对来表示，上式变为

$$\overline{x^2(t)}=E[x^2(t)]=\lim_{T\to\infty}\frac{1}{T}\int_{-T/2}^{T/2}x(t)\left[\int_{-\infty}^{\infty}\overline{X}(f)\mathrm{e}^{\mathrm{i}2\pi ft}\mathrm{d}f\right]\mathrm{d}t$$

改变积分次序，得

$$\overline{x^2(t)}=E[x^2(t)]=\int_{-\infty}^{\infty}\overline{X}(f)\left[\lim_{T\to\infty}\frac{1}{T}\int_{-T/2}^{T/2}x(t)\mathrm{e}^{\mathrm{i}2\pi ft}\mathrm{d}t\right]\mathrm{d}f$$

当 $T\to\infty$时，括号里的积分是过程 $x(t)$的傅里叶变换 $\overline{X}(f)$的共轭复数，用 $\hat{X}(f)$来表示。

$\hat{X}(f)$的计算很是困难的。为了克服这一困难，定义如下一个函数 $x_T(t)$：

$$x_T(t)=\begin{cases}x(t),\ -\dfrac{T}{2}\leqslant t\leqslant\dfrac{T}{2}\\[2mm] 0,\ t<-\dfrac{T}{2},\ t>\dfrac{T}{2}\end{cases}$$

于是，设

$$\hat{X}(f)=\int_{-\infty}^{\infty} xT(t)\mathrm{e}^{-2\mathrm{i}\pi ft}\mathrm{d}t$$

给出

$$\begin{aligned}\overline{x^2(t)}=E[x^2(t)]&=\lim_{T\to\infty}\frac{1}{T}\int_{-\infty}^{\infty}\overline{X}(f)\cdot\hat{X}(f)\mathrm{d}f=\lim_{T\to\infty}\frac{2}{T}\int_{0}^{\infty}|\overline{X}(f)|^2\mathrm{d}f\\&=\int_0^{\infty}S_x(f)\mathrm{d}f\end{aligned}\tag{7.30}$$

式中

$$S_x(f)=\lim_{T\to\infty}\frac{2}{T}|\overline{X}(f)|^2\tag{7.31}$$

或

$$S_x(\omega)=\lim_{T\to\infty}\frac{2}{T}|\overline{X}(\omega)|^2\tag{7.32}$$

称为过程 $x(t)$ 的“谱密度函数”。谱密度函数给出量 $\overline{x^2(t)}$ 与频率相联系的度量，它等价于取时间区间为基本周期的傅里叶级数之系数的连续变化。因为在 $S_x(f)$ 的计算中出现 $x(t)$ 的平方，其计算类似于电路中计算功率时包含着电流的平方一样，因而 $S_x(f)$ 常常亦称为过程 $x(t)$ 的“功率谱密度”。

$S_x(f)$ 的图形揭示了过程 $x(t)$ 的频率成分。与白光相类似，如果过某频率区间，$S_x(f)$ 的幅值为常数，则过该频率区间称 $S_x(f)$ 为“白谱”，而 $x(t)$ 在该频率范围内称为“白噪声”。

如上所述，过程 $x(t)$ 的方差是 $x(t)$ 的均方值：

$$\sigma^2=E[x^2(t)]=\overline{a^2}=\overline{|x(t)|^2}=R_x(0)=\int_0^{\infty}S_x(f)\mathrm{d}f\tag{7.33}$$

即，过程 $x(t)$ 的方差是频率范围 $0\leqslant f<\infty$ 内谱密度曲线下面的面积。

现在，考虑两个非周期函数 $f_1(t)$ 和 $f_2(t)$，它们在如下意义里是有限的：

$$\int_{-\infty}^{\infty}|f_1(t)|\mathrm{d}t<\infty\tag{7.34}$$

$$\int_{-\infty}^{\infty}|f_2(t)|\mathrm{d}t<\infty\tag{7.35}$$

此两个函数的傅里叶变换对为

$$\begin{cases}\overline{F}_1(f)=\displaystyle\int_{-\infty}^{\infty}f_1(t)\mathrm{e}^{-\mathrm{i}2\pi ft}\mathrm{d}t\\ f_1(f)=\displaystyle\int_{-\infty}^{\infty}\overline{F}_1(f)\mathrm{e}^{\mathrm{i}2\pi ft}\mathrm{d}f\end{cases}\tag{7.36}$$

$$\begin{cases}\overline{F}_2(f)=\displaystyle\int_{-\infty}^{\infty}f_2(t)\mathrm{e}^{-\mathrm{i}2\pi ft}\mathrm{d}t\\ f_2(f)=\displaystyle\int_{-\infty}^{\infty}\overline{F}_2(f)\mathrm{e}^{\mathrm{i}2\pi ft}\mathrm{d}f\end{cases}\tag{7.37}$$

考虑如下积分：

$$\begin{aligned}\int_{-\infty}^{\infty} f_1(t)f_2(t+\tau)\mathrm{d}t &= \int_{-\infty}^{\infty} f_1(t)\left[\int_{-\infty}^{\infty} \overline{F}_2(f)\mathrm{e}^{\mathrm{i}2\pi f(t+\tau)}\,\mathrm{d}f\right]\mathrm{d}t \\ &= \int_{-\infty}^{\infty} \overline{F}_2(f)\mathrm{e}^{\mathrm{i}2\pi f\tau}\left[\int_{-\infty}^{\infty} f_1(t)\mathrm{e}^{\mathrm{i}2\pi ft}\,\mathrm{d}t\right]\mathrm{d}f \\ &= \int_{-\infty}^{\infty} \overline{F}_2(f)\hat{F}_1(f)\mathrm{e}^{\mathrm{i}2\pi f\tau}\,\mathrm{d}f\end{aligned} \tag{7.38}$$

显然，$\int_{-\infty}^{\infty} f_1(t)f_2(t+\tau)\mathrm{d}t$ 是 $\hat{F}_1(f)\cdot\overline{F}_2(f)$ 的傅里叶反变换。

另一方面，有傅里叶变换对关系

$$\hat{F}_1(f)\cdot\overline{F}_2(f)=\int_{-\infty}^{\infty}\left[\int_{-\infty}^{\infty} f_1(t)f_2(t+\tau)\mathrm{d}t\right]\mathrm{e}^{-\mathrm{i}2\pi f\tau}\,\mathrm{d}\tau \tag{7.39}$$

是 $\int_{-\infty}^{\infty} f_1(t)f_2(t+\tau)\mathrm{d}t$ 的傅里叶变换。此变换关系被称为“相关定理”。对于 $\tau=0$ 的情形，上式变为

$$\int_{-\infty}^{\infty} f_1(t)f_2(t+\tau)\mathrm{d}t = \int_{-\infty}^{\infty} \hat{F}_1(f)\overline{F}_2(f)\mathrm{d}f \tag{7.40}$$

它称为“帕瑟法尔定理”。特别，如果 $f_1(t)=f_2(t)$，则有

$$\int_{-\infty}^{\infty} f_1^2(t)\mathrm{d}t = \int_{-\infty}^{\infty} \left|\overline{F}_1(f)\right|^2\mathrm{d}f \tag{7.41}$$

式（7.41）有时被称为“帕瑟法尔关系式”。

下面，介绍一个很重要的关系式——魏勒—辛钦关系式。为此，考虑随机过程 $x(t)$ 的自相关函数

$$R_x(\tau)=\overline{x(t)x(t+\tau)} \tag{7.42}$$

重新将此等式定义为过程 $x_T(t)$ 的自相关函数当 $T\to\infty$ 时的极限

$$R_x(\tau)=\lim_{T\to\infty}R_{x_T}(\tau)=\lim_{T\to\infty}\overline{x_T(t)x_T(t+\tau)} \tag{7.43}$$

作 $x(t+\tau)$ 的傅里叶变换对，有

$$\begin{cases}\overline{X}(f)=\int_{-\infty}^{\infty} x(t+\tau)\mathrm{e}^{-\mathrm{i}2\pi ft}\,\mathrm{d}t \\ x(t+\tau)=\int_{-\infty}^{\infty} \overline{X}(f)\mathrm{e}^{\mathrm{i}2\pi f(t+\tau)}\,\mathrm{d}f\end{cases} \tag{7.44}$$

7.3　单自由度系统对随机激励的响应

单自由度系统如图 7-5 所示，其运动方程为

$$m\ddot{x}+c\dot{x}+kx=F(t) \tag{7.45}$$

式中，$F(t)$ 是与时间 t 有关的外力函数。在这些外力函数中，将考虑形如 $F_0\mathrm{e}^{\mathrm{i}pt}$ 和 $I_0\delta(t)$ 的两种函数。

1. 对复正弦外力的反应

式（7.45）在外力 $F_0\mathrm{e}^{\mathrm{i}pt}$ 作用下的稳态反应为

$$x(t)=\frac{F_0}{k-mp^2-\mathrm{i}pc}\mathrm{e}^{\mathrm{i}pt}=\frac{F_0\mathrm{e}^{-\mathrm{i}\varphi}}{\sqrt{(k-mp^2)^2+p^2c^2}}\mathrm{e}^{\mathrm{i}pt} \tag{7.46}$$

式中，φ 是用下式定义的相位角：

$$\tan\varphi=\frac{pc}{k-mp^2} \tag{7.47}$$

式（7.46）的实部为

$$\mathrm{Re}[x(t)]=\frac{F_0}{\sqrt{(k-mp^2)^2+p^2c^2}}\cos(pt+\varphi)$$

它是对于外力

$$F(t)=\mathrm{Re}(F_0\mathrm{e}^{\mathrm{i}pt})=F_0\cos(pt)$$

的反应。

复阻抗定义为

$$\alpha(f)=\frac{1}{k-4\pi^2mf^2+\mathrm{i}2\pi fc}=\frac{1}{k}H(p) \tag{7.48}$$

式中

$$H(f)=\frac{1}{1-\Omega^2+\mathrm{i}2\xi\Omega}$$

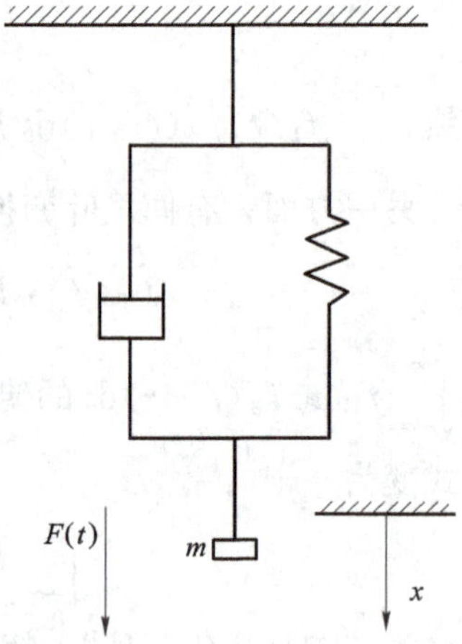

图 7-5　单自由度系统

称为复频率反应或放大因子，式中，$\xi=\frac{c}{c_0}$ 为阻尼比，$\Omega=\frac{p}{\omega}=p\sqrt{\frac{m}{k}}$，$p=2\pi f$，$\omega=2\pi f_0$。于是，式（7.46）可以写为

$$x(t)=F_0\alpha(f)\mathrm{e}^{\mathrm{i}2\pi ft}$$

2. 对脉冲载荷的反应

考虑如下运动方程：

$$m\ddot{x}+c\dot{x}+kx=I_0\delta(t) \tag{7.49}$$

其初始条件为

$$t=0,\ x(0)=0,\ \dot{x}(0)=0$$

此运动问题的解为

$$h(t)=\frac{F_0}{m\omega_\mathrm{d}}\exp(-\xi\omega t)\sin\omega_\mathrm{d}t \tag{7.50}$$

式中

$$\omega_\mathrm{d}=\omega\sqrt{1-\xi^2}$$

3. 系统在任意载荷作用下的反应

单自由度系统在任意载荷 $F(t)$ 作用下的反应，等于其在脉冲载荷下的反应 $h(t)$ 与该载荷 $F(t)$ 的杜哈梅积分，即

$$x(t)=\int_0^t h(t-\tau)F(\tau)\mathrm{d}\tau \tag{7.51}$$

因为对于 $t<0$ 时，有 $F(t)=0$，从而式（7.51）可以写为

$$x(t)=\int_0^t h(t-\tau)F(\tau)\mathrm{d}\tau=\int_{-\infty}^t h(t-\tau)F(\tau)\mathrm{d}\tau \tag{7.52}$$

作变量交换 $t-\tau=s$，$\mathrm{d}\tau=-\mathrm{d}s$，上式变为

$$x(t)=\int_{\infty}^{0}h(s)F(t-s)(-\mathrm{d}s)=\int_{0}^{\infty}h(\tau)F(t-\tau)\mathrm{d}\tau \tag{7.53}$$

4. 对于稳态复外力和脉冲外力的反应之间的傅里叶变换关系

利用式（7.53），单自由度系统在外力 $F(t)=F_0\mathrm{e}^{\mathrm{i}pt}=F_0\mathrm{e}^{\mathrm{i}2\pi ft}$ 作用下的反应为

$$x(t)=\int_{0}^{\infty}h(\tau)F_0\mathrm{e}^{\mathrm{i}2\pi f(t-\tau)}\mathrm{d}\tau=F_0\mathrm{e}^{\mathrm{i}2\pi ft}\int_{0}^{\infty}h(\tau)\mathrm{e}^{\mathrm{i}2\pi f\tau}\mathrm{d}\tau \tag{7.54}$$

由于 $x(t)=F_0\alpha(f)\mathrm{e}^{\mathrm{i}2\pi ft}$，从而有

$$\alpha(f)=\int_{0}^{\infty}h(\tau)\mathrm{e}^{-\mathrm{i}2\pi f\tau}\mathrm{d}\tau=\int_{-\infty}^{\infty}h(\tau)\mathrm{e}^{-\mathrm{i}2\pi f\tau}\mathrm{d}\tau \tag{7.54}$$

可见，复阻抗函数 $\alpha(f)$ 是单位脉冲反应函数 $h(t)$ 的傅里叶变换，就是说，单自由度系统反应的复阻抗函数 $\alpha(f)$ 和单位脉冲反应函数 $h(t)$ 构成一傅里叶变换对：

$$\begin{cases}\alpha(f)=\int_{-\infty}^{\infty}h(t)\mathrm{e}^{-\mathrm{i}2\pi ft}\mathrm{d}t\\ h(t)=\int_{-\infty}^{\infty}\alpha(f)\mathrm{e}^{\mathrm{i}2\pi ft}\mathrm{d}f\end{cases} \tag{7.55}$$

5. 单自由度系统对随机载荷的反应

有了上面的准备工作，现在来考虑单自由度系统在随机载荷作用下的动力反应。设 $P(t)$ 是 x 方向上作用的一个平稳随机变化的力，其自相关函数为 $R_p(\tau)$，谱密度函数为 $S_p(f)$。再设单自由度系统的反应为 $x(t)$，其自相关函数为 $R_x(\tau)$，谱密度函数为 $S_x(f)$。

现在，根据自相关函数的定义，有

$$R_x(\tau)=\overline{x(t)x(t+\tau)} \tag{7.56}$$

按照式（7.53），$x(t)$ 和 $x(t+\tau)$ 可以写为

$$x(t)=\int_{0}^{\infty}h(s_1)P(t-s_1)\mathrm{d}s_1 \tag{7.57}$$

$$x(t+\tau)=\int_{0}^{\infty}h(s_2)P(t+\tau-s_2)\mathrm{d}s_2 \tag{7.58}$$

注意到时间平均是对变量 t 做的，从而可得

$$\begin{aligned}R_x(\tau)&=\int_{0}^{\infty}h(s_1)\left[\int_{0}^{\infty}h(s_2)\overline{P(t)P(t+s_1+\tau-s_2)}\mathrm{d}s_2\right]\mathrm{d}s_1\\&=\int_{0}^{\infty}h(s_1)\left[\int_{0}^{\infty}h(s_2)R_p(s_1-s_2+\tau)\mathrm{d}s_2\right]\mathrm{d}s_1\end{aligned} \tag{7.59}$$

原则上，从式（7.59）就可以计算反应的自相关函数 $R_x(\tau)$，但是实际上，这样的计算是非常烦冗的，但是，如果求得了系统反应的密度函数，自相关函数 $R_x(\tau)$ 的计算就变得简单了。

下面转向推导寻求反应 $x(t)$ 的谱密度函数 $S_x(f)$ 的计算公式。为此，根据谱密度函数和自相关函数之间的关系

$$S_x(f)=2\int_{-\infty}^{\infty}R_x(\tau)\mathrm{e}^{-\mathrm{i}2\pi f\tau}\mathrm{d}\tau \tag{7.60}$$

有

$$S_x(f)=2\int_{-\infty}^{\infty}\left\{\int_{0}^{\infty}h(s_1)\left[\int_{0}^{\infty}h(s_2)R_p(s_1-s_2+\tau)\mathrm{d}s_2\right]\mathrm{d}s_1\right\}\mathrm{e}^{-\mathrm{i}2\pi f\tau}\mathrm{d}\tau \tag{7.61}$$

改变积分次序，得

$$S_x(f)=2\int_0^{\infty}h(s_1)\left\{\int_0^{\infty}h(s_2)\left[\int_{-\infty}^{\infty}R_p(s_1-s_2+\tau)\mathrm{e}^{-\mathrm{i}2\pi f\tau}\mathrm{d}\tau\right]\mathrm{d}s_2\right\}\mathrm{d}s_1=2\int_0^{\infty}h(s_1)\mathrm{e}^{-\mathrm{i}2\pi fs_1}$$
$$\left\{\int_0^{\infty}h(s_2)\mathrm{e}^{-\mathrm{i}2\pi fs_2}\left[\int_{-\infty}^{\infty}R_p(s_1-s_2+\tau)\mathrm{e}^{-\mathrm{i}2\pi f(s_1-s_2+\tau)}\mathrm{d}(s_1-s_2+\tau)\right]\mathrm{d}s_2\right\}\mathrm{d}s_1 \tag{7.62}$$

这里，方括号里的积分中，s_1 和 s_2 被作为常数来处理，于是有 $\mathrm{d}\tau=\mathrm{d}(s_1-s_2+\tau)$。现在，把各个变量 s_1、s_2、$s_1-s_2+\tau=s^*$ 分离，给出

$$\begin{aligned}S_x(f)&=2\int_0^{\infty}h(s_1)\mathrm{e}^{-\mathrm{i}2\pi fs_1}\mathrm{d}s_1\cdot\int_0^{\infty}h(s_2)\mathrm{e}^{-\mathrm{i}2\pi fs_2}\mathrm{d}s_2\cdot\int_{-\infty}^{\infty}R_p(s^*)\mathrm{e}^{-\mathrm{i}2\pi fs^*}\mathrm{d}s^*\\&=2\hat{\alpha}(f)\cdot\alpha(f)\cdot\frac{1}{2}S_p(f)\\&=|\alpha(f)|^2S_p(f)\end{aligned} \tag{7.63}$$

这样，由式（7.63）求得：作用外载荷和反应的谱密度函数之间存在着一个很简单的关系，其他可以从外载荷的谱密度函数 $S_p(f)$ 方便地求得反应的谱密度函数 $S_x(f)$。

对于单自由度系统，其复阻抗函数 $\alpha(f)$ 为式（7.48）：

$$\alpha(f)=\frac{1}{k-4\pi^2mf^2+\mathrm{i}2\pi fc}$$

从而得

$$|\alpha(f)|^2=\alpha(f)\cdot\hat{\alpha}(f)=\frac{1}{(k-4\pi^2mf^2)^2+4\pi^2f^2c^2}$$

因而，由式（7.63）得

$$S_x(f)=\frac{S_p(f)}{(k-4\pi^2mf^2)^2+4\pi^2f^2c^2} \tag{7.64}$$

由式（7.64），可得系统反应的方差为

$$\begin{aligned}\sigma_x^2&=\overline{|x(t)|^2}=R_x(0)=\int_0^{\infty}S_x(f)\mathrm{d}f\\&=\int_0^{\infty}\frac{S_p(f)}{(k-4\pi^2mf^2)^2+4\pi^2f^2c^2}\mathrm{d}f\end{aligned} \tag{7.65}$$

作为特例，对输入外载荷假定为白噪声的情形加以讨论。对于外载荷 $P(t)$ 为无限带宽白噪声的情形，其相应的谱密度函数为白谱，即 $S_p(f)=S_0=(0\leqslant f<\infty)$。在此情形里，由式（7.65）知，反应的方差为

$$\begin{aligned}\sigma_x^2&=\overline{|x(t)|^2}=\int_0^{\infty}\frac{S_0}{(k-4\pi^2mf^2)^2+4\pi^2f^2c^2}\mathrm{d}f\\&=\int_0^{\infty}\frac{S_0\sqrt{\dfrac{k}{m}}}{2\pi f^2[(1-\Omega^2)^2+(2\xi\Omega)^2]}\mathrm{d}\Omega\end{aligned} \tag{7.66}$$

现在，考虑积分

$$I=\int_0^{\infty}\frac{\mathrm{d}\Omega}{(1-\Omega^2)^2+(2\xi\Omega)^2} \tag{7.67}$$

由于此积分中的被积函数是偶函数，可以把它写为

$$I=\frac{1}{2}\int_{-\infty}^{\infty}\frac{\mathrm{d}\Omega}{(1-\Omega^2)^2+(2\xi\Omega)^2} \tag{7.68}$$

选取如图 7-6 所示的积分围道，把上面的实积分变为复积分。这时有

$$I=\frac{1}{2}\oint_C\frac{\mathrm{d}\Omega}{(1-\Omega^2)^2+(2\xi\Omega)^2}\tag{7.69}$$

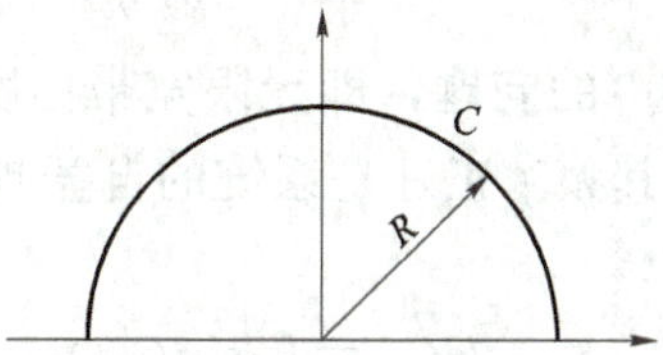

图 7-6　积分围道

注意，这时被积分函数中的变量 Ω 已经是复数了。按照复变函数理论，上面积分中的被积函数除了包含有极点而外，没有分枝点，因而可以积出为

$$I=\frac{2\pi\mathrm{i}}{2}\left[\sum(\text{围道 } C \text{ 内所有极点处的和})\right]$$

把上面积分中被积函数的分母进行因式分解：

$$\begin{aligned}(1-\Omega^2)^2+(2\xi\Omega)^2&=\left[(1-\Omega^2)^2-\mathrm{i}2\xi\Omega\right]\left[(1-\Omega^2)^2+\mathrm{i}2\xi\Omega\right]\\&=(\Omega-\mathrm{i}\xi+\sqrt{1-\xi^2})(\Omega-\mathrm{i}\xi-\sqrt{1-\xi^2})\times(\Omega+\mathrm{i}\xi+\sqrt{1-\xi^2})(\Omega+\mathrm{i}\xi-\sqrt{1-\xi^2})\end{aligned}\tag{7.70}$$

由此可见，被积函数的分母存在四个极点，它们出现在

$$\Omega=\pm\mathrm{i}\xi\pm\sqrt{1-\xi^2}\tag{7.71}$$

然而，从图 7-6 可见，积分围道只包含复平面的上半平面（正虚轴部分），因而只有位于上半平面的两个极点对此积分有贡献，这两个极点为

$$\Omega=\pm\mathrm{i}\xi\pm\sqrt{1-\xi^2}\tag{7.72}$$

在这两个极点处，残数为

$$\begin{aligned}a_1&=\mathrm{res}\left(\frac{1}{(1-\Omega^2)^2+(2\xi\Omega)^2}\right)_{\Omega=\mathrm{i}\xi+\sqrt{1-\xi^2}}\\&=\lim_{\Omega\to\mathrm{i}\xi+\sqrt{1-\xi^2}}\left[\frac{1}{(\Omega-\mathrm{i}\xi+\sqrt{1-\xi^2})(\Omega+\mathrm{i}\xi+\sqrt{1-\xi^2})(\Omega+\mathrm{i}\xi-\sqrt{1-\xi^2})}\right]\\&=\frac{1}{\mathrm{i}8\xi\sqrt{1-\xi^2}(\mathrm{i}\xi+\sqrt{1-\xi^2})}\end{aligned}$$

$$\begin{aligned}a_2&=\mathrm{res}\left(\frac{1}{(1-\Omega^2)^2+(2\xi\Omega)^2}\right)_{\Omega=\mathrm{i}\xi-\sqrt{1-\xi^2}}\\&=\lim_{\Omega\to\mathrm{i}\xi-\sqrt{1-\xi^2}}\left[\frac{1}{(\Omega-\mathrm{i}\xi-\sqrt{1-\xi^2})(\Omega+\mathrm{i}\xi+\sqrt{1-\xi^2})(\Omega+\mathrm{i}\xi-\sqrt{1-\xi^2})}\right]\\&=\frac{1}{-\mathrm{i}8\xi\sqrt{1-\xi^2}(\mathrm{i}\xi-\sqrt{1-\xi^2})}\end{aligned}$$

于是，得到系统反应的方差为

$$\begin{aligned}\sigma_x^2&=\frac{S_0\sqrt{k/m}}{2\pi k^2}I=\frac{S_0\sqrt{k/m}}{2\pi k^2}\times\frac{\mathrm{i}2\pi}{2}\times(a_1+a_2)\\&=\frac{S_0\sqrt{k/m}}{2\pi k^2}\times\frac{\mathrm{i}2\pi}{2}\times\frac{1}{\mathrm{i}8\xi\sqrt{1-\xi^2}}\times\left(\frac{1}{\mathrm{i}\xi+\sqrt{1-\xi^2}}-\frac{1}{\mathrm{i}\xi-\sqrt{1-\xi^2}}\right)\end{aligned}\tag{7.73}$$

因为 $\xi=\frac{c}{c_c}$，$c_c=2\sqrt{km}$，$Q=\frac{1}{2\xi}$，最后得到

$$\sigma_x^2=\frac{S_0}{4ck}=\frac{S_0Q}{4k^{\frac{3}{2}}m^{\frac{1}{2}}} \tag{7.74}$$

上面讨论了外载荷是白噪声的问题，即无限宽带白噪声问题。下面讨论一个有趣的问题，其中，外载荷是周期力，其频率正好是系统的自振频率，即系统处于共振状态。这时，假定外载荷具有形式：

$$F(t)=F_0\sin(\omega t) \tag{7.75}$$

这里，$\omega=2\pi f_n=\sqrt{\frac{k}{m}}=$系统自振频率。此外载荷的均方值（方差）为

$$R_F(0)=\sigma_F^0=\overline{F^2(t)}=\frac{\omega}{2\pi}\int_0^{\frac{2\pi}{\omega}}[F_0\sin(\omega t)]^2\mathrm{d}t=\frac{F_0^2}{2} \tag{7.76}$$

周期外荷载的谱密度函数为

$$S_F(f)=S_{F0}(f_n)=\frac{F_0^2}{2}\int_{-\infty}^{\infty}\mathrm{e}^{\mathrm{i}2\pi f_n\tau}\mathrm{d}\tau=\frac{F_0^2}{2}\delta(f-f_n) \tag{7.77}$$

因为所考虑的线性系统的方差由式（7.66）给出：

$$\sigma_x^2=\overline{|x(t)|^2}=R_x(0)=\int_0^{\infty}\frac{S_F(f)}{(k-4\pi^2mf^2)^2+4\pi^2f^2c^2}\mathrm{d}f$$

把 $S_F(f)$的表示式（7.77）代入上式，得在共振处系统周期反应的方差（均方值）

$$\begin{aligned}\sigma_{xH}^2&=\overline{|x(t)|_H^2}=R_x(0)=\int_0^{\infty}\frac{\frac{F_0^2}{2}\delta(f-f_n)}{(k-4\pi^2mf^2)^2+4\pi^2f^2c^2}\mathrm{d}f\\&=\frac{\left(\frac{F_0^2}{2}\right)}{\frac{k}{m}c^2}=\frac{F_0^2}{8k^2\xi^2}=\frac{Q\left(\frac{F_0^2}{2}\right)}{k^2}\end{aligned} \tag{7.78}$$

前面对于谱密度函数为 S_0 的无限宽带白噪声外荷载情况下，得到系统反应的方差（均方值）为式（7.76）

$$\sigma_x^2=\frac{S_0}{4ck}=\frac{S_0Q}{4k^{\frac{3}{2}}m^{\frac{1}{2}}}=\frac{S_0Q}{4k^2\sqrt{\frac{m}{k}}}=\frac{S_0Q\omega}{4k^2}=\frac{S_0Q2\pi f_n}{4k^2} \tag{7.79}$$

如果令无限宽带白噪声外荷载情况下和周期外荷载情况下所得到的系统反应方差相等，即

$$\sigma_{xH}^2=\frac{Q^2\left(\frac{F_0^2}{2}\right)}{k^2}=\frac{S_0Q\pi f_n}{2k^2}=\sigma_x^2 \tag{7.80}$$

于是，在此情况下，周期外荷载的振幅 F_0 必满足如下关系：

$$F_0=\left(\frac{S_0\pi f_n}{Q}\right)^{\frac{1}{2}} \tag{7.81}$$

就是说，在此情况下，周期外荷载的振幅与系统的自振频率有关，其关系由式（7.82）所确定。

7.4 计算随机激励的数值方法

现在来看物理系统的响应特性。在考虑系统受随机激励将产生怎样情况之前，先谈谈描述一般系统对确定性（非随机）激励的响应所用的各种方法。这里所说的一般系统既可以是一个振动结构或机器，也可以是一座大楼或者一个小的电路。不论是什么系统，总有一些输入，$x_1(t),x_2(t),x_3(t),\cdots$构成系统的激励，并有一些输出 $y_1(t)$、$y_2(t)$、$y_3(t)$、$\cdots$构成系统的响应，如图 7-7 所示。其中 $x(t)$ 与 $y(t)$ 可以是力、压力、位移、速度、加速度、电压、电流，等等，或者是这些量的混合。这里只限于讨论线性系统，其响应变量$y(t)$中的每一个与激励之间的关系都可表示为下列形式的线性微分方程。

$$\begin{aligned} & a_n\frac{\mathrm{d}^n y_1}{\mathrm{d}t^n}+a_{n-1}\frac{\mathrm{d}^{n-1} y_1}{\mathrm{d}t^{n-1}}+\cdots+a_1\frac{\mathrm{d}y_1}{\mathrm{d}t}+a_0y_1 \\ &=\Big\{b_r\frac{\mathrm{d}^r x_1}{\mathrm{d}t^r}+b_{r-1}\frac{\mathrm{d}^{r-1} x_1}{\mathrm{d}t^{r-1}}+\cdots+b_1\frac{\mathrm{d}x_1}{\mathrm{d}t}+b_0x_1+ \\ & c_s\frac{\mathrm{d}^s x_2}{\mathrm{d}t^s}+c_{s-1}\frac{\mathrm{d}^{s-1} x_2}{\mathrm{d}t^{s-1}}+\cdots+c_1\frac{\mathrm{d}x_2}{\mathrm{d}t}+c_0x_2+ \\ & d_t\frac{\mathrm{d}^t x_3}{\mathrm{d}t^t}+d_{t-1}\frac{\mathrm{d}^{t-1} x_3}{\mathrm{d}t^{t-1}}+\cdots+d_1\frac{\mathrm{d}x_3}{dt}+d_0x_3+\cdots\Big\} \end{aligned} \tag{7.82}$$

这方程是线性的，因为如果 $y'_1(t)$是激励 $x'_1(t)$，$x'_2(t)$，$x'_3(t)$，$\cdots$等引起的响应，而 $y''_1(t)$是激励 $x''_1(t)$，$x''_2(t)$，$x''_3(t)$，$\cdots$等引起的响应，那么由 $x'_1(t)+x''_1(t)$、$x'_2(t)+x''_2(t)$、$x'_3(t)+x''_3(t)$等联合激励引起的响应刚好就是 $y'_1(t)+y''_1(t)$。也就是说，线性叠加原理适用于这一情形。方程的系数 a、b、c、d 等在一般情形下是时间 t 的函数，但仅限于考察它们是常数的时间变化的情形，也就是振动系统的特性不随时间变化的情形。

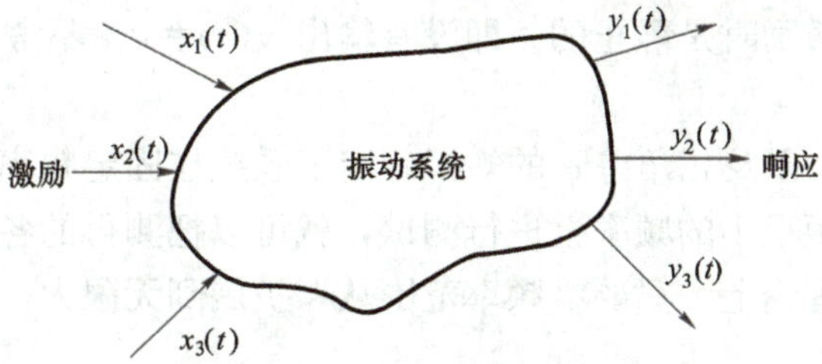

图 7-7 物理系统的激励与响应参数

由于适用叠加原理，问题可以大为简化，因此当系统在若干个点上受到联合激励时，可以分别确定各个单独的激励所引起的响应，然后将它们加起来，得到系统总的响应。关于线性的假设只是一种粗略的近似，系统通常只是在平衡位置附近进行微幅振动，所以这一假设一般与事实出入不太大。这样，我们所考察的系统就可以简化为只有一个输入与一个输出的情形，如图 7-8 所示。

如果常系数线性系统（见图 7-8）的运动方程能被确定，则 $y(t)$与$x(t)$之间的关系可表示为一个已知的线性微分方程：

$$a_n \frac{\mathrm{d}^n y_1}{\mathrm{d}t^n}+a_{n-1}\frac{\mathrm{d}^{n-1} y_1}{\mathrm{d}t^{n-1}}+\cdots+a_1 \frac{\mathrm{d}y_1}{\mathrm{d}t}+a_0 y_1 =b_r \frac{\mathrm{d}^r x_1}{\mathrm{d}t^r}+b_{r-1}\frac{\mathrm{d}^{r-1} x_1}{\mathrm{d}t^{r-1}}+\cdots+b_1 \frac{\mathrm{d}x_1}{\mathrm{d}t}+b_0 x_1 \tag{7.83}$$

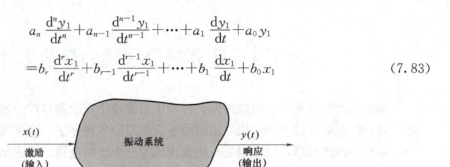

图 7-8　对于线性系统，对应于每一个输入变量的响应可以分别考察

对于给定的激励 $x(t)$ 以及给定的初始条件，该方程可用经典方法求解，得到 $y(t)$ 的一个全解。但对于随机振动问题，这种方法不太有用，其理由为：首先，能直接得出微分方程 (7.83) 的情形是不多的，因为可供利用的数据往往不够充分，而又没有简单的实验方法可用来确定系数 a 与 b。其次，即使微分方程已经确定，想要计算 $y(t)$ 的全部时间历程，还必须知道 $x(t)$ 的全部时间历程，而对于随机振动问题来说，这一数据是不能完全得到的。为了计算输出变量的一些平均值，更方便地是用其他一些方法来表示 $y(t)$ 与 $x(t)$ 之间的关系。

1. 频率响应法

描述线性系统动态特性的另一种与经典方法完全不同的方法是求对正弦波输入的响应。参照图 7-8，如果输入是一个常幅正弦波，它的频率为固定值

$$x(t)=x_0\sin\omega t \tag{7.84}$$

则由式 (7.83) 知，系统的稳态输出也必然是一个同频率 ω，定幅、相角（差）为 φ 的正弦波，即

$$y(t)=y_0\sin(\omega t-\varphi) \tag{7.85}$$

假设系统在不受激励时是静止的，即没有输出 $y(t)=0$。不考虑那些可以产生自激振动的不稳定系统。

有关振幅比 y_0/x_0 以及相角差 φ 的知识确定了系统在固定频率 ω 下的传递特性或传递函数。通过在一系列间距很小的频率上进行测试，就可以把测得的各个振幅比与相角差作为频率的函数画成曲线。理论上，只要将频率范围从零扩展到无限大，那么系统的动态特性也就完全确定了。

2. 脉冲响应法

频率响应函数 $H(\omega)$ 给出一个系统对于正弦波输入的稳态响应。通过在所有频率上测定 $H(\omega)$，可完全确定一个系统的动态特性。另一种方法是测定系统在适当扰动后的瞬态响应。自终止扰动的瞬时起，直到系统重新恢复静平衡为止的整个过程中，测出系统的瞬态响应，这就是确定系统动态特性的另一种方法。

通常是考虑系统在受到一个短而尖的输入扰动所产生的结果，这个扰动只出现在非常短（理论上趋于零）的时间间隔内。这样，系统的瞬态响应不致由于去除扰动而复杂化。引用 δ 函数记号，可以将这种扰动表示如下：

$$x(t)=I\delta(t) \tag{7.86}$$

式中，I 是常参数，其量纲为$(x)\times$(时间)。当 $x(t)$代表力时，式（7.86）表示一次锤击或一个脉冲冲量，其大小为

$$\int_{-\infty}^{\infty} x(t)\,\mathrm{d}tI = I\int_{-\infty}^{\infty} \delta(t)\,\mathrm{d}t = I(\text{单位:力}\times\text{时间}) \tag{7.87}$$

δ 函数 $\delta(\tau)$的定义是：它的值除去在 $\tau=0$ 以外，其余处处为 0；当 $\tau=0$ 时，它为无穷大，且使 $\int_{-\infty}^{\infty} \delta(\tau)\,\mathrm{d}\tau = 1$ 。

这一术语被引用于一般情形，$x(t)$可以用来代表任意一种输入参量，不论它是力还是其他量。而系统的脉冲响应定义为系统对于如式（7.86）的脉冲输入的响应，式（7.86）中的 I 具有特定的量纲。如 I 的数值等于 1，则这扰动称为单位脉冲。原来静止的系统在受到这一脉冲输入后，顿时激发起来，然后随着时间的推移又逐渐恢复到静平衡位置。系统对于在 $t=0$ 时作用的单位“冲量”所产生的响应用（单位）脉冲响应函数 $h(t)$来表示，如图 7－9 所示。当 $t<0$ 时，$h(t)=0$，因为系统在冲量作用以前 $y(t)=0$，即系统是静止的。

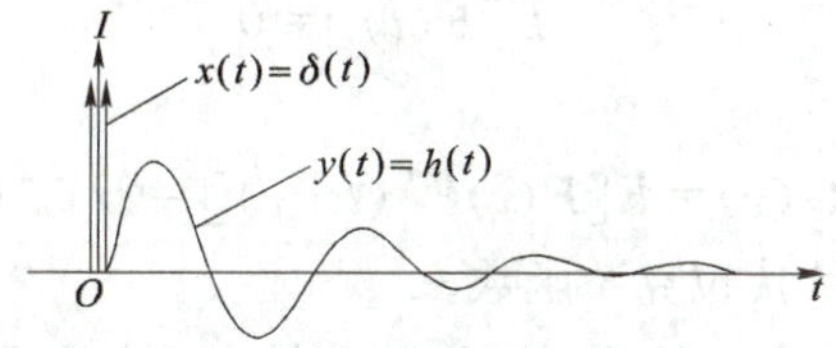

图 7－9　典型的脉冲响应函数

3. 非线性随机激励求解

在自然、工程及社会领域中不可避免地存在随机激励，诸如大气湍流、海浪、路面或轨道不平度、强地震引起的地面运动、电压波动、股市波动和生物群体波动等，随机激励作用下系统的动态响应与确定性激励作用下的响应有天壤之别。因此，在研究确定性激励作用下的动力系统的特性问题的同时，必须研究随机激励作用下的动力系统的特性问题，即研究所谓的随机动力系统。例如，研究不平路面上车辆的振动，道路表面的不平度施加在车轮上的位移扰动为随机激励；研究风载作用下悬索结构（悬索桥的缆索、电杆上的电线等）的振动，脉动风为随机激励；研究大气湍流对随机的作用，大气湍流为随机激励；研究海浪对轮船和舰艇的作用，波浪为随机激励；等等。随机激励与确定性激励的本质区别在于：后者可用时间与（或）空间坐标的确定性函数来描述，而前者只能用概率或统计的方法描述。随机激励可以是外加的，也可以通过使系统参数发生随机变化而起作用，后者称为随机参变激励。另一方面，动力系统总是含有各种非线性因素并体现出或强或弱的非线性行为。例如，材料弹性和弹塑性行为、构件大变形、机械部件的间隙和干摩擦、控制系统的元件饱和、控制策略非线性等。非线性系统的行为偏离采用线性模型的预测结果，并在许多情况下和线性模型的预测结果有本质不同。系统的非线性可以表现为非线性恢复力、非线性阻尼及非线性惯性。为了能够反映问题的本质，相当部分问题必须用多自由度非线性系统描述，如大型旋转机械系统、电力系统、复杂生物网络系统等。因此，研究从自然科学、工程科学及社会科学中抽象得到的多自由度非线性随机动力学系统，发展预测其随机响应的方法及判定系统响

应的定性性态等具有重要的科学意义与广阔的应用前景。

4. Flokker-Planck 法

非线性结构的平稳反应分析的一种方法是利用 Flokker-Planck 方程式法。外干扰是平稳高斯过程而且是白噪声时，反应的转移概率密度函数（transitional probability）可以根据解 Flokker-Planck 方程式的方法求出。

本节对于满足下列条件的结构体系进行反应分析。

(1) 体系的阻尼力与速度成正比。

(2) 外干扰是平稳高斯白噪声。

(3) 外干扰的互相关矩阵与黏性系数矩阵成比例。

满足上述条件时，所讨论的非线性多自由度体系的运动方程式为

$$\boldsymbol{M}\ddot{\boldsymbol{X}}+\boldsymbol{C}\dot{\boldsymbol{X}}+\frac{\partial \boldsymbol{U}(\boldsymbol{X})}{\partial \boldsymbol{X}}=\boldsymbol{F}(t) \tag{7.88}$$

式中，外力矢量 $\boldsymbol{F}(t)$ 的平均值为 0，即

$$E[\boldsymbol{F}(t)]=0 \tag{7.89}$$

$\boldsymbol{F}(t)$ 的互相关矩阵为

$$\boldsymbol{R}_F(\tau)=E[\boldsymbol{F}(t)\boldsymbol{F}^{\mathrm{T}}(t+\tau)]=2r\,\boldsymbol{C}\delta(\tau) \tag{7.90}$$

式中，r 是常数；$\delta(\tau)$ 是狄拉克 δ 函数。

$\boldsymbol{M}$、$\boldsymbol{C}$、$\boldsymbol{X}$ 分别为质量矩阵、黏性系数矩阵和结点变位矢量。$\boldsymbol{U}(\boldsymbol{X})$ 是体系的势能

$$\frac{\partial \boldsymbol{U}(\boldsymbol{X})}{\partial \boldsymbol{X}}=\begin{Bmatrix}\dfrac{\partial \boldsymbol{U}}{\partial x_1}\\ \vdots\\ \dfrac{\partial \boldsymbol{U}}{\partial x_n}\end{Bmatrix} \tag{7.91}$$

现在，假设把质量矩阵 $\boldsymbol{M}$ 和阻尼系数矩阵 $\boldsymbol{C}$ 都能对角矩阵化的正交矩阵 $\boldsymbol{A}$ 存在。即

$$\left.\begin{aligned}&\boldsymbol{A}^{\mathrm{T}}\boldsymbol{A}=\boldsymbol{E}\ \text{（单位矩阵）}\\ &\boldsymbol{A}^{\mathrm{T}}\boldsymbol{M}\boldsymbol{A}=\boldsymbol{V}\\ &\boldsymbol{A}^{\mathrm{T}}\boldsymbol{C}\boldsymbol{A}=\boldsymbol{\Lambda}\end{aligned}\right\} \tag{7.92}$$

式中，$\boldsymbol{V}$、$\boldsymbol{\Lambda}$ 是对角矩阵。

利用 $\boldsymbol{A}$ 把 $\boldsymbol{X}$ 做如下变换

$$\boldsymbol{X}=\boldsymbol{A}\boldsymbol{Z} \tag{7.93}$$

则式（7.88）变为

$$\boldsymbol{A}^{\mathrm{T}}\boldsymbol{M}\boldsymbol{A}\ddot{\boldsymbol{Z}}+\boldsymbol{A}^{\mathrm{T}}\boldsymbol{C}\boldsymbol{A}\dot{\boldsymbol{Z}}+\boldsymbol{A}^{\mathrm{T}}\frac{\partial \boldsymbol{U}(\boldsymbol{Z})}{\partial \boldsymbol{Z}}\frac{\partial \boldsymbol{Z}}{\partial \boldsymbol{X}}=\boldsymbol{A}^{\mathrm{T}}\boldsymbol{F}(t) \tag{7.94}$$

式中

$$\begin{aligned}\boldsymbol{A}^{\mathrm{T}}\frac{\partial \boldsymbol{U}(\boldsymbol{Z})}{\partial \boldsymbol{Z}}\cdot\frac{\partial \boldsymbol{Z}}{\partial \boldsymbol{X}}&=\sum_{j,k=1}^{n}a_{jm}a_{jk}\frac{\partial \boldsymbol{U}(\boldsymbol{Z})}{\partial z_k}\quad(m=1,2,\cdots,n)\\ &=\frac{\partial \boldsymbol{U}(\boldsymbol{Z})}{\partial z_m}\\ &=\frac{\partial \boldsymbol{U}(\boldsymbol{Z})}{\partial \boldsymbol{Z}}\end{aligned} \tag{7.95}$$

因此，若利用式（7.91）和式（7.95），则式（7.94）变换为

$$\boldsymbol{V}\ddot{\boldsymbol{Z}}+\boldsymbol{\Lambda}\dot{\boldsymbol{Z}}+\frac{\partial \boldsymbol{U}(\boldsymbol{Z})}{\partial \boldsymbol{Z}}=\boldsymbol{A}^{\mathrm{T}}\boldsymbol{F}(t)=\boldsymbol{B}(t) \tag{7.96}$$

利用式（7.90）得 $\boldsymbol{B}(t)$的互相关矩阵为

$$\boldsymbol{R}_{\boldsymbol{B}}(\tau)=E[\boldsymbol{A}^{\mathrm{T}}\boldsymbol{F}(t)\cdot\{\boldsymbol{A}^{\mathrm{T}}\boldsymbol{F}(t+\tau)^{\mathrm{T}}\}]=\boldsymbol{A}^{\mathrm{T}}E[\boldsymbol{F}(t)\boldsymbol{F}^{\mathrm{T}}(t+\tau)]\boldsymbol{A}=2r\boldsymbol{\Lambda}\delta(\tau) \tag{7.97}$$

关于式（7.96）的平稳随机过程的 Flokker—Planck 方程式由下式给出。

$$\sum_{j=1}^{n}\frac{\partial}{\partial z_j}(z_j\cdot p)-\sum_{j=1}^{n}\frac{1}{v_j}\frac{\partial}{\partial z_j}\left\{\left[\lambda_j\dot{z}_j+\frac{\partial \boldsymbol{U}(\boldsymbol{Z})}{\partial z_j}\right]p\right\}-\sum_{j=1}^{n}\frac{r\lambda_j}{v_j^2}\frac{\partial^2 p}{\partial z_j^2}=0 \tag{7.98}$$

式中，λ_j 和 v_j 分别为 $\boldsymbol{\Lambda}$ 和 $\boldsymbol{V}$ 的对角线上的第 j 个元素。p 为矢量 $\begin{bmatrix}\boldsymbol{Z}\\ \dot{\boldsymbol{Z}}\end{bmatrix}$ 的联合概率密度函数。

把式（7.98）对 p 求解，则得

$$p(\boldsymbol{Z},\dot{\boldsymbol{Z}})=\beta\exp\left\{-\frac{1}{\gamma}\left[\frac{1}{2}\sum_{j=1}v_j z_j^2+\boldsymbol{U}(\boldsymbol{Z})\right]\right\} \tag{7.99}$$

式中，常数 β 根据联合概率密度函数应当满足的条件为

$$\int_{-\infty}^{\infty}\cdots\int_{-\infty}^{\infty}p(\boldsymbol{Z},\dot{\boldsymbol{Z}})\mathrm{d}z_1\mathrm{d}z_2\cdots\mathrm{d}z_n\mathrm{d}\dot{z}_1\mathrm{d}\dot{z}_2\cdots\mathrm{d}\dot{z}_n=1 \tag{7.100}$$

把式（7.99）用结点变位矢量 $\boldsymbol{X}$ 表示时，将有

$$p(\boldsymbol{X},\dot{\boldsymbol{X}})=\beta\exp\left\{-\frac{1}{\gamma}\left[\frac{1}{2}\sum_{j=1}\dot{\boldsymbol{X}}^{\mathrm{T}}\boldsymbol{M}\dot{\boldsymbol{X}}+U(\boldsymbol{X})\right]\right\} \tag{7.101}$$

式（7.101）右侧方括号内分别为体系的动能和势能。

由于式（7.101）可作如下分离，所以 $\boldsymbol{X}$ 和 $\dot{\boldsymbol{X}}$ 是互相独立的。

$$p(\boldsymbol{X},\ \dot{\boldsymbol{X}})=\beta\exp\left\{-\frac{1}{2\gamma}\dot{\boldsymbol{X}}^{\mathrm{T}}\boldsymbol{M}\dot{\boldsymbol{X}}\right\}\exp\left\{-\frac{1}{\gamma}\boldsymbol{U}(\boldsymbol{X})\right\} \tag{7.102}$$

5. 振型法

下面讨论当非线性多自由度体系运动方程式由式（7.103）给出时，用振型法求解的方法。

$$\boldsymbol{M}\ddot{\boldsymbol{X}}+\boldsymbol{C}^0\dot{\boldsymbol{X}}+\boldsymbol{K}^0\boldsymbol{X}+\mu\boldsymbol{G}(\dot{\boldsymbol{X}},\ \boldsymbol{X})=\boldsymbol{F}(t) \tag{7.103}$$

式中，μ 是参数，取小的数值。

矩阵 $\boldsymbol{C}^0$ 和 $\boldsymbol{K}^0$ 是分别由体系的线性阻尼力和线性弹簧力所构成的阻尼系数矩阵和刚度矩阵。$\mu\boldsymbol{G}(\dot{\boldsymbol{X}},\ \boldsymbol{X})$表示体系的非线性力。

设外干扰 $\boldsymbol{F}(t)$是以平稳高斯过程为元素的矢量，使

$$E[\boldsymbol{F}(t)]=0 \tag{7.104}$$

这里，应用振型法的条件是：

(1) 不考虑非线性项的线性体系 $\boldsymbol{M}\ddot{\boldsymbol{X}}+\boldsymbol{C}^0\dot{\boldsymbol{X}}+\boldsymbol{K}^0\boldsymbol{X}=\boldsymbol{F}(t)$有固有振型。

(2) 将矩阵 $\boldsymbol{M}$，$\boldsymbol{C}^0$，$\boldsymbol{K}^0$变换成对角矩阵所用的矩阵同时也能将互相关矩阵 $\boldsymbol{R}_{\boldsymbol{F}}(\tau)=E[\boldsymbol{F}(t)\boldsymbol{F}^{\mathrm{T}}(t+\tau)]=2r\boldsymbol{C}\delta(\tau)$对角化。

上述条件（2）是相当严格的限制，在实际问题中，满足这些条件的情况是不多的，下面研究在满足上述条件（1）、（2）时，求解方程式（7.103）的方法。

在满足条件（1）、（2）时，满足下列各关系式的变换矩阵 $\boldsymbol{A}$ 存在。

$$\left.\begin{aligned}&\boldsymbol{A}^{\mathrm{T}}\boldsymbol{M}\boldsymbol{A}=\boldsymbol{E}\ (\text{单位矩阵})\\&\boldsymbol{A}^{\mathrm{T}}\boldsymbol{K}^{0}\boldsymbol{A}=\boldsymbol{\Omega}^{0}\\&\boldsymbol{A}^{\mathrm{T}}\boldsymbol{C}^{0}\boldsymbol{A}=\boldsymbol{\Lambda}^{0}\\&\boldsymbol{A}^{\mathrm{T}}\boldsymbol{R}_{F}(\tau)\boldsymbol{A}=\boldsymbol{D}(\tau)\end{aligned}\right\}\tag{7.105}$$

式中，$\boldsymbol{\Omega}$，$\boldsymbol{\Lambda}^{0}$ 和 $\boldsymbol{D}^{\mathrm{T}}$ 是对角矩阵，它们的元素分别由下式给出。

$$\left.\begin{aligned}&\omega_{kj}^{0}=\omega_{k}^{0}\delta_{kj}\\&\lambda_{kj}^{0}=\lambda_{k}^{0}\delta_{kj}\\&d_{kj}(\tau)=d_{k}(\tau)\delta_{kj}\end{aligned}\right\}\tag{7.106}$$

式中，δ_{kj} 是克罗内克记号。

因此，做 $\boldsymbol{X}=\boldsymbol{A}\boldsymbol{Z}$ 变换，则式（7.103）变为

$$\ddot{\boldsymbol{Z}}+\boldsymbol{\Lambda}^{0}\dot{\boldsymbol{Z}}+\boldsymbol{K}^{0}\boldsymbol{Z}+\mu\boldsymbol{A}^{\mathrm{T}}\boldsymbol{G}(\dot{\boldsymbol{Z}},\ \boldsymbol{Z})=\boldsymbol{A}^{\mathrm{T}}\boldsymbol{F}(t)=\boldsymbol{B}(t)\tag{7.107}$$

式中，$\boldsymbol{B}(t)$ 的互相关矩阵，利用式（7.105）的最后关系式，为

$$\boldsymbol{R}_{\boldsymbol{B}}(\tau)=E[\boldsymbol{A}^{\mathrm{T}}\boldsymbol{B}(t)\boldsymbol{B}^{\mathrm{T}}(t+\tau)]=\boldsymbol{D}(\tau)\tag{7.108}$$

用元素的形式表示式（7.107）、式（7.108），则为

$$\ddot{z}_{j}+\lambda_{j}^{0}\dot{z}_{j}+(\omega_{j}^{0})z_{j}+\sum_{k=1}^{n}a_{kj}g_{k}(\dot{\boldsymbol{Z}},\boldsymbol{Z})=b_{j}(t)\quad(j=1,2,\cdots,n)\tag{7.109}$$

$$E[b_{k}(t)b_{j}(t+\tau)]=d_{k}(\tau)\delta_{kj}\quad(k,\ j=1,\ 2,\ \cdots,\ n)\tag{7.110}$$

作为求解式（7.109）的方法，现在我们研究下式

$$\ddot{z}_{j}+\lambda_{j}\dot{z}_{j}+\omega_{j}^{2}z_{j}+e_{j}(\dot{\boldsymbol{Z}},\ \boldsymbol{Z})=b_{j}(t)\quad(j=1,\ 2,\ \cdots,\ n)\tag{7.111}$$

将式（7.109）和式（7.111）的差的 $e_{j}(\dot{\boldsymbol{Z}},\ \boldsymbol{Z})$ 项用下式表示

$$e_{j}(\dot{\boldsymbol{Z}},\boldsymbol{Z})=(\lambda_{j}^{0}-\lambda_{j})\dot{z}_{j}+\{(\omega_{j}^{0})^{2}-\omega_{j}^{2}\}z_{j}+\sum_{k=1}^{n}a_{kj}g_{k}(\dot{\boldsymbol{Z}},\boldsymbol{Z})\quad(j=1,2,\cdots,n)\tag{7.112}$$

现在，如果能找到使表示两式差的 $e_{j}(\dot{\boldsymbol{Z}},\ \boldsymbol{Z})$ 的适当表达式成为最小的 λ_{j} 和 ω_{j}^{2}，则非线性方程式（7.111）的解将能用下面的线性方程式的解加以近似。

$$\ddot{z}_{j}+\lambda_{j}\dot{z}_{j}+\omega_{j}^{2}z_{j}=b_{j}(t)\quad(j=1,\ 2,\ \cdots,\ n)\tag{7.113}$$

式（7.113）已经是独立的几个表达式，从式（7.110）显而易见，$b_{j}(t)$ 也是互相独立的外干扰。因而，这个方程式可以用通常的方法求解，也可以很容易地导出反应的统计量。

关于 λ_{j} 和 ω_{j}^{2} 的决定，按 Caughey 的方法，在使 $E(\dot{\boldsymbol{Z}},\ \boldsymbol{Z})$ 的均方值 $E(\boldsymbol{E}^{\mathrm{T}}\boldsymbol{E})$ 变为最小的条件下决定 λ_{j} 和 ω_{j}^{2}。即可按下式决定 λ_{j} 和 ω_{j}^{2}。

$$\left.\begin{aligned}&\frac{\partial}{\partial\lambda_{j}}E(\boldsymbol{E}^{\mathrm{T}}\boldsymbol{E})=0\\&\frac{\partial}{\partial(\omega_{j}^{2})}E(\boldsymbol{E}^{\mathrm{T}}\boldsymbol{E})=0\end{aligned}\right\}\quad(j=1,\ 2,\ \cdots,\ n)\tag{7.114}$$

把式（7.112）代入式（7.114）并整理，得

$$\lambda_{j}=\lambda_{j}^{0}+\mu\sum_{k=1}^{n}a_{kj}E[\dot{z}_{j}g_{k}(\dot{Z},Z)]/E|\dot{z}_{j}^{2}|\tag{7.115}$$

$$\omega_j^2=(\omega_j^0)^2+\mu\sum_{k=1}^{n}a_{kj}E[\dot{z}_j g_k(\dot{Z},Z)]/E|\dot{z}_j^2| \tag{7.116}$$

也就是，利用式（7.113）和式（7.115），式（7.116）算出反应值的统计量。

根据情况，也有第1振型支配反应值的情况，这时可近似为

$$\lambda_1=\lambda_1^0+\mu\sum_{j=1}^{n}a_{j1}E[\dot{z}_1 g_j(\dot{z}_1,z)]/E|\dot{z}_1^2| \tag{7.117}$$

$$\omega_1^2=(\omega_1^0)^2+\mu\sum_{j=1}^{n}a_{j1}E[\dot{z}_1 g_1(\dot{z},z)]/E|\dot{z}_1^2| \tag{7.118}$$

这虽然是非常大胆的近似法，但式子简单，并且在某些场合能给出比较好的近似解，因而得到应用。

6. 等效线性化法

应用振型时，由于对外干扰也给予了限制条件，因此希望有比较一般性的方法。这里所讨论的等价线性化方法（generalized equivalent linearization method）可以说就是这样的方法。

这种方法中的限制仅仅是要求外干扰是平稳高斯过程。对于给定的非线性方程式

$$\boldsymbol{M}\ddot{\boldsymbol{X}}+\boldsymbol{G}(\dot{\boldsymbol{X}},\ \boldsymbol{X})=\boldsymbol{F}(t) \tag{7.119}$$

考虑下面的等价线性方程式

$$\boldsymbol{M}\ddot{\boldsymbol{X}}+\boldsymbol{C}\dot{\boldsymbol{X}}+\boldsymbol{K}\boldsymbol{X}=\boldsymbol{F}(t) \tag{7.120}$$

式中，矩阵 $\boldsymbol{C}$ 和 $\boldsymbol{K}$ 虽然是未知的，但只要使上面两式之差为最小，就可以用式（7.120）近似求解非线性方程式（7.119）。

若取式（7.119）和式（7.120）之差为

$$\boldsymbol{E}=\boldsymbol{G}(\dot{\boldsymbol{X}},\ \boldsymbol{X})-\boldsymbol{C}\dot{\boldsymbol{X}}-\boldsymbol{K}\boldsymbol{X} \tag{7.121}$$

这里，为了取 $\boldsymbol{E}$ 的均方值为最小，则

$$\frac{\partial E|\boldsymbol{E}^{\mathrm{T}}\boldsymbol{E}|}{\partial c_{jk}}=2E\left[\boldsymbol{E}^{\mathrm{T}}\frac{\partial \boldsymbol{E}}{\partial c_{jk}}\right]=2E[e_j\dot{x}_k]=0 \tag{7.122}$$

$$\frac{\partial E|\boldsymbol{E}^{\mathrm{T}}\boldsymbol{E}|}{\partial k_{jk}}=2E\left[\boldsymbol{E}^{\mathrm{T}}\frac{\partial \boldsymbol{E}}{\partial k_{jk}}\right]=2E[e_j x_k]=0 \tag{7.123}$$

利用式（7.121），把上两式用矩阵的形式表示，则有

$$E[\boldsymbol{E}\dot{\boldsymbol{X}}^{\mathrm{T}}]=E[\boldsymbol{G}(\dot{\boldsymbol{X}},\ \boldsymbol{X})\dot{\boldsymbol{X}}^{\mathrm{T}}]-\boldsymbol{C}E[\dot{\boldsymbol{X}}\dot{\boldsymbol{X}}^{\mathrm{T}}]-\boldsymbol{K}E[\boldsymbol{X}\dot{\boldsymbol{X}}^{T}]=0 \tag{7.124}$$

$$E[\boldsymbol{E}\boldsymbol{X}^{\mathrm{T}}]=E[\boldsymbol{G}(\dot{\boldsymbol{X}},\ \boldsymbol{X})\boldsymbol{X}^{\mathrm{T}}]-\boldsymbol{C}E[\dot{\boldsymbol{X}}\dot{\boldsymbol{X}}^{\mathrm{T}}]-\boldsymbol{K}E[\boldsymbol{X}\boldsymbol{X}^{\mathrm{T}}]=0 \tag{7.125}$$

可以证明，上面两式是给出最小值的条件。因此，根据它们解出 $\boldsymbol{K}$ 和 $\boldsymbol{C}$ 就可以了，但首先需要用 $E[\boldsymbol{X}\boldsymbol{X}^{\mathrm{T}}]$，$E[\boldsymbol{X}\dot{\boldsymbol{X}}^{\mathrm{T}}]$和 $E[\dot{\boldsymbol{X}}\boldsymbol{X}^{\mathrm{T}}]$表示 $E[\boldsymbol{G}(\dot{\boldsymbol{X}},\ \boldsymbol{X})\dot{\boldsymbol{X}}^{\mathrm{T}}]$和 $E[\boldsymbol{G}(\dot{\boldsymbol{X}},\ \boldsymbol{X})\boldsymbol{X}^{\mathrm{T}}]$。

设 y_{kr} 为第 k 个质量对于第 r 个质量的相对变位。设可近似用 $S_{kr}(\dot{y}_{kr},\ y_{kr})$表示连接第 k 个和第 r 个质量的非线性元素对于第 k 个质量的作用力。因此，将可表示为

$$\left.\begin{aligned}E[g_k(\dot{\boldsymbol{X}},\boldsymbol{X})x_j]&=\sum_{r(r\neq 0)}E[S_{kr}(\dot{y}_{kr}\cdot y_{kr})x_j]\\E[g_k(\dot{\boldsymbol{X}},\boldsymbol{X})\dot{x}_j]&=\sum_{r(r\neq k)}E[S_{kr}(\dot{y}_{kr},y_{kr})\dot{x}_j]\end{aligned}\right\} \tag{7.126}$$

式中，右侧的级数和意味着和第 k 个质量连接的所有非线性元素的总和，$\boldsymbol{X}$ 是取随机高斯过

程为元素的矢量，所以 $\dot{y}_{kr}$，y_{kr}，x_j 也服从高斯分布。因此，上式右侧可表示为

$$\left.\begin{aligned}E[S_{kr}(\dot{y}_{kr},\ y_{kr})x_j]&=E[S_{kr}(\dot{y}_{kr},\ y_{kr})\dot{y}_{kr}]E[\dot{y}_{kr}x_j]/E[\dot{y}_{kr}^2]+E[S_{kr}(\dot{y}_{kr},\ y_{kr})y_{kr}]E[y_{kr}x_j]/E[y_{kr}^2]\\E[S_{kr}(\dot{y}_{kr},\ y_{kr})\dot{x}_j]&=E[S_{kr}(\dot{y}_{kr},\ y_{kr})\dot{y}_{kr}]E[\dot{y}_{kr}\dot{x}_j]/E[\dot{y}_{kr}^2]+E[S_{kr}(\dot{y}_{kr},\ y_{kr})y_{kr}]E[y_{kr}\dot{x}_j]/E[y_{kr}^2]\end{aligned}\right\}\tag{7.127}$$

式中，若取

$$\left.\begin{aligned}r_{kr}&=E[S_{kr}(\dot{y}_{kr},\ y_{kr})\dot{y}_{kr}]/E[\dot{y}_{kr}^2]\\X_{kr}&=E[S_{kr}(\dot{y}_{kr},\ y_{kr})y_{kr}]/E[y_{kr}^2]\end{aligned}\right\}k\neq r\tag{7.128}$$

则式（7.127）变为

$$\left.\begin{aligned}E[S_{kr}(\dot{y}_{kr},\ y_{kr})x_j]&=E[(r_{kr}\dot{y}_{kr}+X_{kr}y_{kr})x_j]\\E[S_{kr}(\dot{y}_{kr},\ y_{kr})\dot{x}_j]&=E[(r_{kr}\dot{y}_{kr}+X_{kr}y_{kr})\dot{x}_j]\end{aligned}\right\}\tag{7.129}$$

因此可以认为，弹簧常数 X_{kr} 和黏性阻尼系数 r_{kr} 存在着由式（7.128）给出的线性体系，而非线性体系可以用这个线性体系加以置换。

把式（7.129）代入式（7.126），得

$$\left.\begin{aligned}E[g_k(\dot{\boldsymbol{X}},\boldsymbol{X})x_j]&=E\Big[\sum_{r(r\neq k)}(r_{kr}\ \dot{y}_{kr}+X_{kr}y_{kr})x_j\Big]\\E[g_k(\dot{\boldsymbol{X}},\boldsymbol{X})\dot{x}_j]&=E\Big[\sum_{r(r\neq k)}(r_{kr}\ \dot{y}_{kr}+X_{kr}y_{kr})\dot{x}_j\Big]\end{aligned}\right\}\tag{7.130}$$

由式（7.128）所定义的线性体系的刚度矩阵和阻尼系数矩阵若分别用 $\boldsymbol{K}^c$ 和 $\boldsymbol{C}^c$ 表示时，则上式变为

$$\left.\begin{aligned}E[g_k(\dot{\boldsymbol{X}},\boldsymbol{X})x_j]&=E\Big[\sum_{s=1}^{n}(c_{k5}x_5+k_{k5}x_5)x_j\Big]\\E[g_k(\dot{\boldsymbol{X}},\boldsymbol{X})x_j]&=E\Big[\sum_{s=1}^{n}(c_{k5}x_5+k_{k5}x_5)\dot{x}_j\Big]\end{aligned}\right\}\tag{7.131}$$

如果用矩阵形式表示，则为

$$\left.\begin{aligned}E[\boldsymbol{G}(\dot{\boldsymbol{X}},\ \boldsymbol{X})\boldsymbol{X}^{\mathrm{T}}]&=\boldsymbol{C}^cE[\dot{\boldsymbol{X}}\boldsymbol{X}^{\mathrm{T}}]+\boldsymbol{K}^cE[\boldsymbol{X}\boldsymbol{X}^{\mathrm{T}}]\\E[\boldsymbol{G}(\dot{\boldsymbol{X}},\ \boldsymbol{X})\dot{\boldsymbol{X}}^{\mathrm{T}}]&=\boldsymbol{C}^cE[\dot{\boldsymbol{X}}\dot{\boldsymbol{X}}^{\mathrm{T}}]+\boldsymbol{K}^cE[\boldsymbol{X}\dot{\boldsymbol{X}}^{\mathrm{T}}]\end{aligned}\right\}\tag{7.132}$$

把式（7.132）代入式（7.124）和式（7.125），求解 $\boldsymbol{K}$，$\boldsymbol{C}$，则

$$\left.\begin{aligned}(\boldsymbol{K}-\boldsymbol{K}^c)E[\boldsymbol{X}\boldsymbol{X}^{\mathrm{T}}]+(\boldsymbol{C}-\boldsymbol{C}^c)E[\dot{\boldsymbol{X}}\boldsymbol{X}^{\mathrm{T}}]&=0\\(\boldsymbol{K}-\boldsymbol{K}^c)E[\boldsymbol{X}\dot{\boldsymbol{X}}^{\mathrm{T}}]+(\boldsymbol{C}-\boldsymbol{C}^c)E[\dot{\boldsymbol{X}}\dot{\boldsymbol{X}}^{\mathrm{T}}]&=0\end{aligned}\right\}\tag{7.133}$$

式（7.133）可以集中起来表示为

$$\begin{bmatrix}E[\boldsymbol{X}\boldsymbol{X}^{\mathrm{T}}],\ E[\dot{\boldsymbol{X}}\boldsymbol{X}^{\mathrm{T}}]\\E[\boldsymbol{X}\dot{\boldsymbol{X}}^{\mathrm{T}}],\ E[\dot{\boldsymbol{X}}\dot{\boldsymbol{X}}^{\mathrm{T}}]\end{bmatrix}=\begin{bmatrix}(\boldsymbol{K}-\boldsymbol{K}^c)^{\mathrm{T}}\\(\boldsymbol{C}-\boldsymbol{C}^c)^{\mathrm{T}}\end{bmatrix}=0\tag{7.134}$$

若式（7.134）方阵没有奇异点，则其解为

$$\begin{cases}\boldsymbol{K}=\boldsymbol{K}^c\\\boldsymbol{C}=\boldsymbol{C}^c\end{cases}\tag{7.135}$$

若有奇异点，则上式的解不是唯一解。但这时由于满足式（7.134）的任何解都能使 $E[\boldsymbol{E}\boldsymbol{E}^{\mathrm{T}}]$ 成为最小，所以可以采用式（7.135）。

这个方法没有使用非线性项很小这样一个条件是值得注意的。但很明显的是，这个近似方法

的精度仍是取决于非线性项的大小的。当非线性不充分小时，需利用迭代法（iterative method）以提高精度。

7. 摄动法

现在研究利用摄动法（perturbation method）求解非线性方程式。

和式（7.103）一样，运动方程式为

$$\boldsymbol{M}\ddot{\boldsymbol{X}}+\boldsymbol{C}^0\dot{\boldsymbol{X}}+\boldsymbol{K}^0\boldsymbol{X}+\mu\boldsymbol{G}(\dot{\boldsymbol{X}},\boldsymbol{X})=\boldsymbol{F}(t) \tag{7.136}$$

当 μ 很小时，式（7.136）的解可以近似展开为

$$\boldsymbol{X}=\boldsymbol{X}_0+\mu\boldsymbol{X}_1+\cdots \tag{7.137}$$

把式（7.137）代入式（7.136），并忽略 μ 的 2 次以上的高次项，仅取常数项和 μ 的 1 次项时，可得线性方程式

$$\boldsymbol{M}\ddot{\boldsymbol{X}}_0+\boldsymbol{C}^0\dot{\boldsymbol{X}}_0+\boldsymbol{K}^0\boldsymbol{X}_0=\boldsymbol{F}(t) \tag{7.138}$$

和

$$\boldsymbol{M}\ddot{\boldsymbol{X}}_1+\boldsymbol{C}^0\dot{\boldsymbol{X}}_1+\boldsymbol{K}^0\boldsymbol{X}_1=-\boldsymbol{G}(\dot{\boldsymbol{X}}_0,\boldsymbol{X}_0) \tag{7.139}$$

根据式（7.137），反应 $\boldsymbol{X}$ 的互相关矩阵为

$$E[\boldsymbol{X}\boldsymbol{X}^{\mathrm{T}}]=E[\boldsymbol{X}_0\boldsymbol{X}_0^{\mathrm{T}}]+\mu E[\boldsymbol{X}_1\boldsymbol{X}_0^{\mathrm{T}}]+\mu E[\boldsymbol{X}_0\boldsymbol{X}_1^{\mathrm{T}}]$$

可是 $E[\boldsymbol{X}_1\boldsymbol{X}_0^{\mathrm{T}}]=\{E[\boldsymbol{X}_0\boldsymbol{X}_1^{\mathrm{T}}]\}^{\mathrm{T}}$，所以上式为

$$E[\boldsymbol{X}\boldsymbol{X}^{\mathrm{T}}]=E[\boldsymbol{X}_0\boldsymbol{X}_0^{\mathrm{T}}]+\{\mu E[\boldsymbol{X}_0\boldsymbol{X}_1^{\mathrm{T}}]\}+E[\boldsymbol{X}_0\boldsymbol{X}_1^{\mathrm{T}}] \tag{7.140}$$

由于式（7.138）是线性方程式，所以矩阵 $E[\boldsymbol{X}_0\boldsymbol{X}_0^{\mathrm{T}}]$ 可以很容易求解。例如，式（7.138）的单位脉冲反应矩阵取为 $\boldsymbol{H}(t)$，则平稳反应 $\boldsymbol{X}_0$ 为

$$\boldsymbol{X}_0=\int_{-\infty}^{\infty}\boldsymbol{H}(t-\tau)\boldsymbol{F}(\tau)\mathrm{d}\tau \tag{7.141}$$

因此

$$E[\boldsymbol{X}_0\boldsymbol{X}_0^{\mathrm{T}}]=\int_{-\infty}^{\infty}\int_{-\infty}^{\infty}\boldsymbol{H}(t-\tau_1)\boldsymbol{H}^{\mathrm{T}}(t-\tau_2)E[\boldsymbol{F}(\tau_1)\times\boldsymbol{F}^{\mathrm{T}}(\tau_2)]\mathrm{d}\tau_1\mathrm{d}\tau_2 \tag{7.142}$$

由于式（7.139）的单位脉冲反应函数与式（7.138）的单位脉冲反应函数完全相同，所以 $E[\boldsymbol{X}_0\boldsymbol{X}_1^{\mathrm{T}}]$ 为

$$E[\boldsymbol{X}_0\boldsymbol{X}_1^{\mathrm{T}}]=-\int_{-\infty}^{\infty}\int_{-\infty}^{\infty}\boldsymbol{H}(t-\tau_1)\boldsymbol{H}^{\mathrm{T}}(t-\tau_2)E[\boldsymbol{F}(\tau_1)\times\boldsymbol{G}^{\mathrm{T}}(\tau_2)]\mathrm{d}\tau_1\mathrm{d}\tau_2 \tag{7.143}$$

把式（7.142）、式（7.143）代入式（7.140），就可求得反应的统计量。式（7.143）中的 $E[\boldsymbol{F}(\tau_1)\boldsymbol{G}^{\mathrm{T}}(\tau_2)]$ 在随机高斯过程的情况下可以很容易求出。

通常，式（7.142）的积分是困难的。Tung 为求出 $E[\boldsymbol{X}\boldsymbol{X}^{\mathrm{T}}]$，利用 Foss 的方法把式（7.138）、式（7.139）分离成独立的两个线性方程式，再求得 $\boldsymbol{X}$ 的互相关矩阵。用这个方法在阻尼系数矩阵 $\boldsymbol{C}^0$ 为零矩阵时，式（7.138）没有平稳反应解。在这种情况下，反应的相关函数随 t 的增加而发散为无限大。摄动法要求 μ 充分小，干扰的振幅也要求充分小。

第 8 章　振动系统 MATLAB 仿真

本章导读

振动系统的数值求解是分析其动态性能及其规律的关键，因 MATLAB 具有强大的计算功能，本节采用 MATLAB 对振动系统进行定量分析计算。

本章主要内容

(1) 单自由度振动系统 MATLAB 求解。
(2) 二自由度振动系统 MATLAB 求解。
(3) 多自由度振动系统 MATLAB 求解。

8.1　单自由度振动系统 MATLAB 求解

例 8-1　利用 MATLAB，绘制弹簧—质量系统在简谐力作用下的响应曲线。已知数据如下：$m=5\ \text{kg}$，$k=2\,000\ \text{N/m}$，$F(t)=100\cos(30t)\ \text{N}$，$x_0=0.1\ \text{m}$，$\dot{x}_0=0.1\ \text{m/s}$。

解　根据式 $x(t)=x_0-\frac{F_0}{k-m\omega^2}\cos\omega_n t+\left(\frac{\dot{x}_0}{\omega_n}\right)\sin\omega_n t+\left(\frac{F_0}{k-m\omega^2}\right)\cos\omega t$，系统的全解形式如下：

$$x(t)=\frac{\dot{x}_0}{\omega_n}\sin\omega_n t+\left(x_0-\frac{f_0}{\omega_n^2-\omega^2}\right)\cos\omega_n t+\frac{f_0}{\omega_n^2-\omega^2}\cos\omega_n t \tag{8.1}$$

式中，$f_0=\frac{F_0}{m}=\frac{100}{5}=20$，$\omega_n=\sqrt{\frac{k}{m}}=20$ (rad/s)，$\omega=30$ (rad/s)。

利用 MATLAB 绘制响应曲线（见图 8-1）的程序如下：

```
%Ex8-1.m
F0 = 100;
wn = 20;
m = 5;
w = 30;
x0 = 0.1;
x0_dot = 0.1;
f_0 = F0/m;
for i = 1:101
```

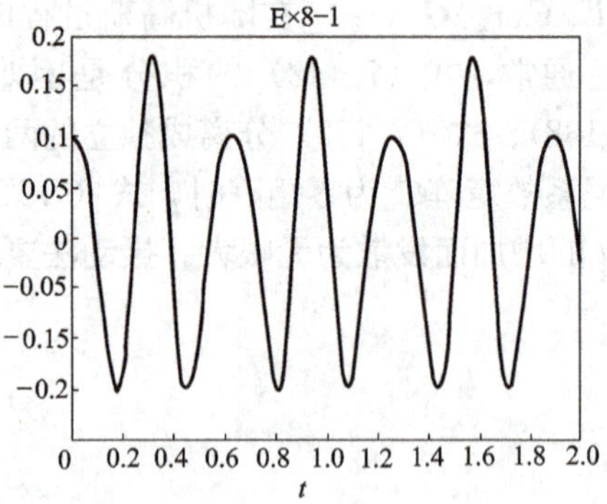

图 8-1　弹簧—质量系统在简谐力作用下的响应曲线

```
    t(i) = 2 * (i - 1)/100;
    x(i) = x0_dot * sin(wn * t(i))/wn + (x0 - f_0/(wn^2 - w^2)) * cos(wn * t(i)) + f_0/(wn^
2 - w^2) * cos(w * t(i));
end
plot(t,x);
xlabel('t');
ylabel('x(t)');
title('Ex8 - 1')
```

例 8-2　利用 MATLAB，绘制具有库仑阻尼的弹簧—质量系统在简谐力作用下的响应曲线（见图 8-2）。已知数据如下：

$m=5$ kg，$k=2\,000$ N/m，$\mu=0.5$，$F(t)=100\sin 30t$N，$x_0=0.1$ m，$\dot{x}_0=0.1$ m/s。

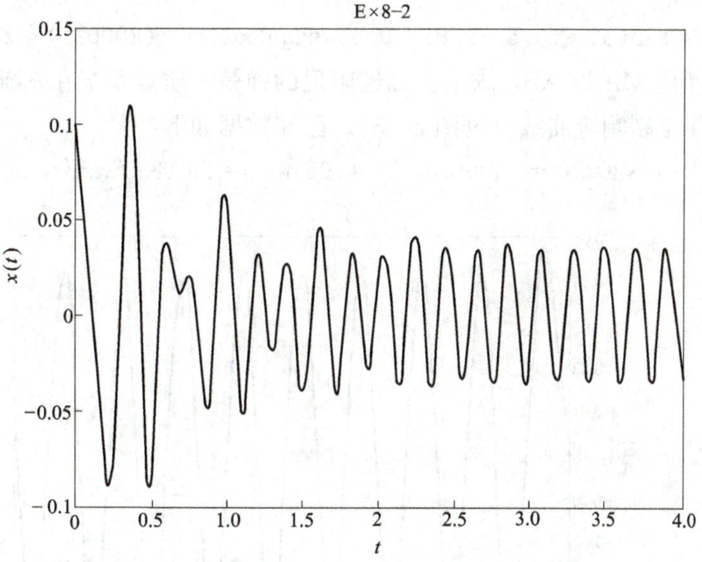

图 8-2　具有库仑阻尼的弹簧—质量系统在简谐力作用下的响应曲线

解　系统的运动微分方程为

$$m\ddot{x}+kx+\mu mg\,\mathrm{sgn}\,\dot{x}=F_0\sin\omega t \tag{8.2}$$

令 $x_1=x$，$x_2=\dot{x}$，式（8.2）可以写成如下一阶微分方程组的形式：

$$\left.\begin{aligned}\dot{x}_1&=x_2\\ \dot{x}_2&=\frac{F_0}{m}\sin\omega t-\frac{k}{m}x_1-\mu g\,\mathrm{sgn}x_2\end{aligned}\right\} \tag{8.3}$$

初始条件为 $x_1(0)=0.1$，$x_2(0)=0.1$。

利用 MATLAB 的 ode23 指令求解式（8.3）的程序如下：

```
%Ex8 - 2.m
%This program will usethe function dfunc8_2.m, they should be in the same folder
tspan = [0:0.01:4];
```

```
x0 = [0.1;0.1];
[t,x] = ode23('dfunc8_2',tspan,x0);
disp('t x(t) xd(t)');
disp([t,x]);
plot(t,x(:,1));
xlable('t');
gtext('x(t)');
title('Ex8-2');
%dfunc8_2.m
function f = dfunc8_2(t,x)
f = zeros(2,1);
f(1) = x(2);
f(2) = 100*sin(30*t)/5 - 9.81*0.5*sign(x(2)) - (2000/5)*x(1);
```

例 8-3 利用 MATLAB，求具有黏性阻尼的弹簧—质量系统在基础激励 $y(t)=Y\sin\omega t$ 作用下的响应并绘制响应曲线（见图 8-3）。已知数据如下：

$m=1\,200$ kg，$k=4\times10^5$ N/m，$\zeta=0.5$，$Y=0.05$ m，$\omega=29.088\,7$ rad/s，$x_0=0$，$\dot{x}_0=0.1$ m/s。

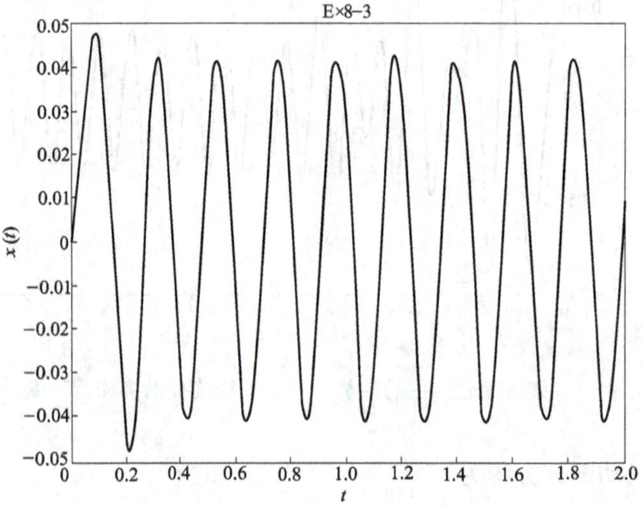

图 8-3 具有黏性阻尼的弹簧—质量系统的响应曲线

解 根据式 $m\ddot{x}+c(\dot{x}-\dot{y})+k(x-y)=0$，系统的运动微分方程为

$$m\ddot{x}+c\dot{x}+kx=ky+c\dot{y} \tag{8.4}$$

令 $x_1=x$，$x_2=\dot{x}$，式（8.4）可以写成如下一阶微分方程组的形式：

$$\left.\begin{aligned}\dot{x}_1&=x_2\\ \dot{x}_2&=-\frac{c}{m}x_2-\frac{k}{m}x_1+\frac{k}{m}y+\frac{c}{m}\dot{y}\end{aligned}\right\} \tag{8.5}$$

式中，$c=\zeta c_c=2\zeta\sqrt{km}=2\times0.5\sqrt{4\times10^5\times1\,200}$

$y=0.5\sin 29.0887\times 0.05\cos 29.0887t$

利用 MATLAB 的 ode23 指令求解式（8.5）的程序如下：

```
%Ex8-3.m
%This program will usethe function dfunc8-3.m, they should be in the same folder
tspan=[0:0.01:2];
x0=[0;0.1];
[t,x]=ode23('dfunc8_3',tspan,x0);
disp('t x(t) xd(t)');
disp([t,x]);
plot(t,x(:,1));
xlable('t');
gtext('x(t)');
title('Ex8-3');
%dfunc8_3.m
function f=dfunc8_3(t,x)
f=zeros(2,1);
f(1)=x(2);
f(2)=400000*0.05*sin(29.0887*t)/1200+…sqrt(400000*1200)*29.0887*
0.05*cos(29.0887*t)/1200-sqrt(400000*1200)*x(2)/1200-(400000/1200)*x(1);
```

例 8-4　编写一个命名为 Program3.m 的通用 MATLAB 程序，求具有黏性阻尼的单自由度弹簧—质量系统在简谐激励 $F_0=\cos\omega t$ 或 $F_0=\sin\omega t$ 作用下的稳态响应，并根据以下数据求解并绘制响应曲线。

$m=5$ kg，$c=20$ N·s/m，$k=500$ N/m，$F_0=250$ N，$\omega=40$ rad/s，$n=40$，$i_c=0$，1。

解　程序 Program3.m 中的如下数据需要在运行后由键盘键入：

xm—质量块的质量　　xc—阻尼常数

xk—弹簧常数　　f0—激励力的幅值

om—激励力的频率

n—一个周期内所取步长数以确定在一个周期内计算响应的离散点数

ic—取 1，对余弦形激励；取 0，对正弦形激励

程序输出为：

步长的序号 i，x (i)，$\dot{x}$ (i)，$\dot{x}$ (i)

程序还绘制 $\dot{x}$ 和 $\dot{x}$ 随时间的变化曲线。

```
>>program3
steady state response of an undamped single degree of freedom system under harmon-
ic force
Given data
xm=5.00000000e+000
xc=2.00000000e+001
xk=5.00000000e+002
f0=2.50000000e+002
```

```
om = 4.00000000e + 001
ic = 0
n = 20
```

单自由度系统在一般激励下的振动。

例 8-5 绘制黏性阻尼系统对简谐激励的响应随时间变化的曲线。

m=10 kg，c=20 N·s/m，k=4 000 N/m，$y(t)=0.05\sin 5t$m，$x_0=0.02$ m，$\dot{x}_0=10$ m/s。

解 经过计算得到响应为

$$x(t)=0.488\,695\mathrm{e}^{-t}\cos(19.975t-1.529\,683)+0.001\,333\cos(5t-0.026\,66)+0.533\,14\sin(5t-0.026\,66)$$

应用 MATLAB 画上述方程的响应曲线（见图 8-4）的程序下：

```
%Ex8 - 5.m
for i = 1:1001
    t(i) = (i - 1) * 10/1000;
    x(i) = 0.488695 * exp( - t(i)) * cos(19.975 * t(i) - 1.529683) + …0.001333 *
cos(5 * t(i) - 0.02666) + 0.053314 * sin(5 * t(i) - 0.02666);
end
plot(t,x);
xlabel('t');
ylabel('x(t)');
```

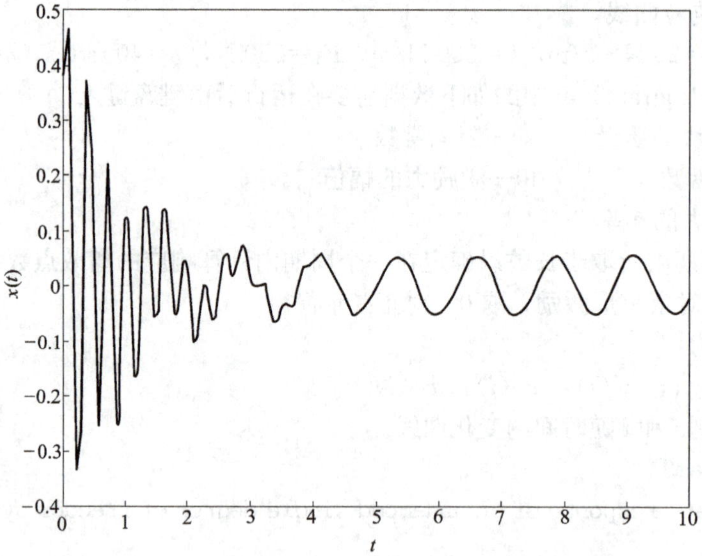

图 8-4 黏性阻尼系统对简谐激励的响应曲线

例 8-6 应用 MATLAB，画单自由度结构系统的脉冲响应曲线。假设结构单冲击和双冲击作用。

解　单冲击脉冲响应和双冲击脉冲响应分别为

$$x(t)=0.200\,25\mathrm{e}^{-t}\sin 19.975t \tag{8.6}$$

$$x(t)=\begin{cases}0.200\,25\mathrm{e}^{-t}\sin 19.975t,\ 0\leqslant t\leqslant 0.2\\ 0.200\,25\mathrm{e}^{-t}\sin 19.975t+0.100\,125\mathrm{e}^{-(t-0.2)}\sin 19.975(t-0.2),\ t>0.2\end{cases} \tag{8.7}$$

应用 MATLAB 画上述两方程对应的脉冲响应曲线（见图 8－5）的程序如下：

```
%Ex8-6.m
for i=1:1001
    t(i)=(i-1)*5/1000;
    x1(i)=0.20025*exp(-t(i))*sin(19.975*t(i));
    if t(i)>0.2
        a=0.100125;
    else
        a=0.0;
    end
    x2(i)=0.20025*exp(-t(i))*sin(19.975*t(i))+…a*exp(-(t(i)-0.2))
*sin(19.975*(t(i)-0.2));
end
plot(t,x1);
gtext('Eq.(E.1):solidline');
hold on;
plot(t,x2,'-');
gtext('Eq.(E.2):dashedline');
xlabel('t');
```

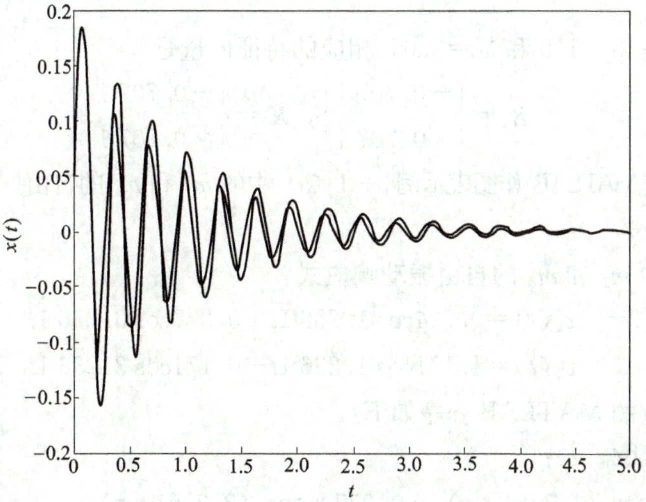

图 8－5　脉冲响应曲线

8.2　二自由度振动 MATLAB 求解

例 8-7　利用 MATLAB 求下列问题的固有频率和主振型：

$$\left[-\omega^2 m\begin{pmatrix}1 & 0\\ 0 & 1\end{pmatrix}+k\begin{pmatrix}2 & -1\\ -1 & 2\end{pmatrix}\right]\boldsymbol{X}=0$$

解　特征值问题可以重新写成

$$\begin{bmatrix}2 & -1\\ -1 & 2\end{bmatrix}\boldsymbol{X}=\lambda\begin{bmatrix}1 & 0\\ 0 & 1\end{bmatrix}\boldsymbol{X}$$

式中，$\lambda=m\omega^2/k$ 是特征值；ω_n 是固有频率；X 是特征向量或主振型。所以式的解可以借助于 MATLAB 得到，形式如下：

```
>>A = [2 -1; -1 2]
[V, D] = eig (A)
A =
     2    -1
    -1     2


V =
    -0.7071    -0.7071
    -0.7071     0.7071
D =
     1     0
     0     3
```

所以特征值是 $\lambda_1=1.0$ 和 $\lambda_2=3.0$，相应的特征向量是

$$\boldsymbol{X}_1=\begin{Bmatrix}-0.707\,1\\ -0.707\,1\end{Bmatrix},\ \boldsymbol{X}_2=\begin{Bmatrix}-0.707\,1\\ 0.707\,1\end{Bmatrix}$$

例 8-8　利用 MATLAB 作图表示例 3-1（a）中的 m_1 和 m_2 的自由振动响应。参数取 $m=2\,500$ kg，$k=10^4$ N/m。

解　该例中的 m_1 和 m_2 的自由振动响应式：

$$x_1(t)=0.724\cos 1.236\,1t+0.277\cos 3.236\,1t$$

$$x_2(t)=1.171\cos 1.236\,1t-0.171\cos 3.236\,1t$$

作图表示响应的 MATLAB 程序如下：

```
>>t = 0: 0.04: 20;
x1 = 0.724 * cos (1.2361 * t) + 0.277 * cos (3.2361 * t);
x2 = 1.171 * cos (1.2361 * t) - 0.171 * cos (3.2361 * t);
subplot (2, 1, 1)
```

```
plot (t, x1);
xlabel ('t');
ylabel ('x1 (t) ');
title ('响应曲线');
subplot (2, 1, 2)
plot (t, x2);
xlabel ('t');
ylabel ('x2 (t) ');
set (gcf, 'color', [1 1 1]);
```

所绘图形如图 8-6 所示。

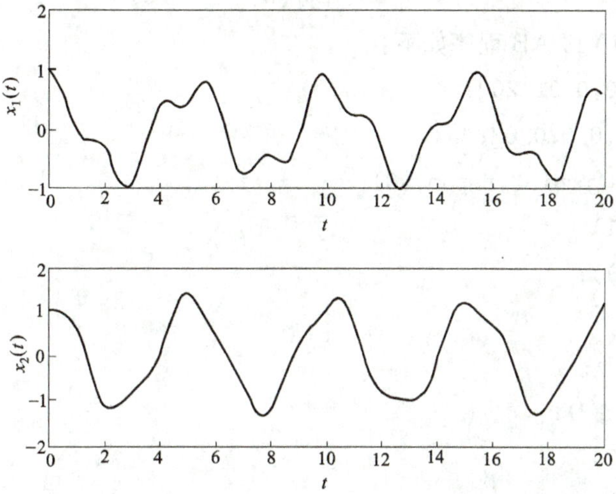

图 8-6　响应曲线

例 8-9　求下列运动微分方程所代表的系统的响应，并作图表示。

$$\begin{bmatrix}1 & 0\\0 & 2\end{bmatrix}\begin{Bmatrix}\ddot{x}_1\\\ddot{x}_2\end{Bmatrix}+\begin{bmatrix}4 & -1\\-1 & 2\end{bmatrix}\begin{Bmatrix}\dot{x}_1\\\dot{x}_2\end{Bmatrix}+\begin{bmatrix}5 & -2\\-2 & 3\end{bmatrix}\begin{Bmatrix}x_1\\x_2\end{Bmatrix}=\begin{Bmatrix}1\\2\end{Bmatrix}\cos 2t$$

初始条件为 $x_1(0)=0.1$，$\dot{x}_1(0)=1.0$，$x_2(0)=\dot{x}_2(0)=0$。

解　为了利用 MATLAB 指令 ode23，两个耦合的二阶微分方程应改为一个耦合的一阶常微分方程组。为此引入新的变量：

$$y_1=x_1,\ y_2=\dot{x}_1,\ y_3=x_2,\ y_4=\dot{x}_2$$

据此，该式可重写为 $\ddot{x}_1+4\dot{x}_1-\dot{x}_2+5x_1-2x_2=\cos 2t$

或
$$\dot{y}_2=\cos 2t-4y_2+y_4-5y_1+2y_3$$

和

$$2\ddot{x}_2-\dot{x}_1+2\dot{x}_2-2x_1+3x_2=2\cos 2t$$

或
$$\dot{y}_4=\cos 2t+\frac{1}{2}y_2-y_4+y_1-\frac{3}{2}y_3$$

所以可以写为

$$\begin{Bmatrix}\dot{y}_1\\\dot{y}_2\\\dot{y}_3\\\dot{y}_4\end{Bmatrix}=\begin{Bmatrix}y_2\\\cos 2t-4y_2+y_4-5y_1+2y_3\\y_4\\\cos 2t+\frac{1}{2}y_2-y_4+y_1-\frac{3}{2}y_3\end{Bmatrix}$$

初始条件为

$$y(0)=\begin{Bmatrix}y_1(0)\\y_2(0)\\y_3(0)\\y_4(0)\end{Bmatrix}=\begin{Bmatrix}0.1\\1.0\\0.0\\0.0\end{Bmatrix}$$

求解方程的 MATLAB 程序如下：

```
>>tspan=[0:0.01:20];
y0=[0.1;1.0;0.0;0.0];
[t,y]=ode23('jxzd_4',tspan,y0);
subplot(2,1,1)
plot(t,y(:,1));
xlabel('t');
ylabel('x1(t)');
title('响应曲线');
subplot(2,1,2)
plot(t,y(:,3));
xlabel('t');
ylabel('x2(t)');
set(gcf,'color',[1 1 1]);

%jxzd_4.m
function f=jxzd_4(t,y)
f=zeros(4,1);
f(1)=y(2);
f(2)=cos(2*t)-4*y(2)+y(4)-5*y(1)+2*y(3);
f(3)=y(4);
f(4)=cos(2*t)+0.5*y(2)-y(4)+y(1)-1.5*y(3);
```

所绘曲线如图 8-7 所示。

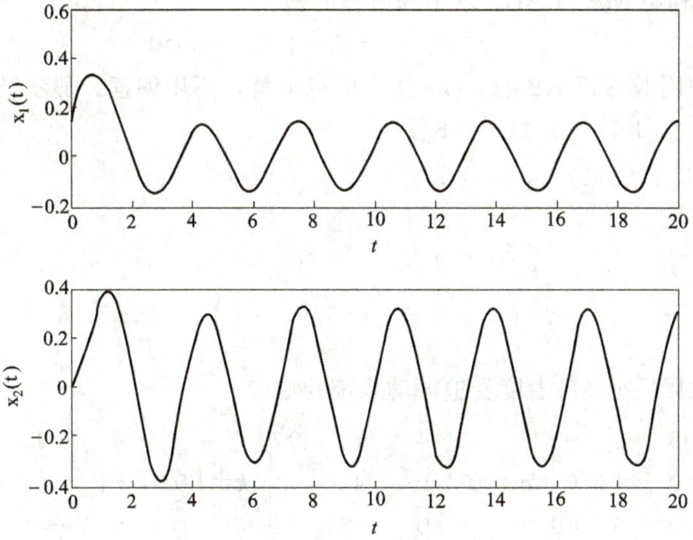

图 8-7　响应曲线

8.3　多自由度振动系统 MATLAB 求解

例 8-10　用 MATLAB 求下列矩阵的特征值和特征向量：

$$\boldsymbol{A}=\begin{bmatrix}1 & 1 & 1\\1 & 2 & 2\\1 & 2 & 3\end{bmatrix}$$

解　在 MATLAB 的指令窗口直接输入矩阵和求解特征问题的指令即可，不用编程。显示结果如下：

```
>>A = [1 1 1; 1 2 2; 1 2 3]
A =
    1   1   1
    1   2   2
    1   2   3
>> [V, D] = eig (A)
V =
    0.5190       0.7370       0.3280
  - 0.7370       0.328        0.5910
    0.3280     - 0.5190       0.7370
D =
    0.3080            0            0
         0       0.6431            0
         0            0       5.0489
```

例 8-11 利用 MATLAB，求下列方程的根：

$$f(x)=x^3-6x^2+11x-6=0$$

解 直接利用 MATLAB 的 roots 指令即可求解，不用编程。显示结果如下：

```
>>roots ([1  -6  11  -6])
ans =
   3.0000
   2.0000
1.0000
>>
```

例 8-12 求下列多自由度受迫振动系统的响应：

其中，$\boldsymbol{m}=\begin{bmatrix}100&0&0\\0&10&0\\0&0&10\end{bmatrix}$，$\boldsymbol{c}=100\begin{bmatrix}4&-2&0\\-2&4&-2\\0&-2&2\end{bmatrix}$，$\boldsymbol{k}=1\,000\begin{bmatrix}8&-4&0\\-4&8&-4\\0&-4&4\end{bmatrix}$，$\boldsymbol{f}=\begin{Bmatrix}1\\1\\1\end{Bmatrix}F_0\cos\omega t$，

$F_0=50$，$\omega=50$，假设全部条件均为零。

解 首先将原方程写成如下一阶微分方程组的形式：

$$\dot{y}_1=y_2$$

$$\dot{y}_2=\frac{F_0}{10}\cos\omega t-\frac{4\,000}{10}y_2+\frac{200}{10}y_4-\frac{8\,000}{10}y_1+\frac{4\,000}{10}y_3$$

$$\dot{y}_3=y_4$$

$$\dot{y}_4=\frac{F_0}{10}\cos\omega t+\frac{200}{10}y_2-\frac{400}{10}y_4+\frac{200}{10}y_6+\frac{4\,000}{10}y_1-\frac{8\,000}{10}y_3+\frac{4\,000}{10}y_5$$

$$\dot{y}_5=y_6$$

$$\dot{y}_6=\frac{F_0}{10}\cos\omega t+\frac{200}{10}y_4-\frac{200}{10}y_4-\frac{200}{10}y_6+\frac{4\,000}{10}y_3-\frac{4\,000}{10}y_5$$

式中，$y_1=x_1$，$y_2=\dot{x}_1$，$y_3=x_2$，$y_4=\dot{x}_2$，$y_5=x_3$，$y_6=\dot{x}_3$。程序如下：

```
tspan = [0:0.01:10];
y0 = [0;0;0;0;0;0];
[t,y] = ode23('jxzd_7',tspan,y0);
subplot(3,1,1);
plot(t,y(:,1));
xlabel('t');
ylabel('x1(t)')
title('响应曲线');
subplot(3,1,2);
plot(t,y(:,3));
xlabel('t');
ylabel('x2(t)')
subplot(3,1,3);
plot(t,y(:,5));
```

```
    xlabel('t');
    ylabel('x3(t)')
    set(gcf,'color',[1 1 1]);
    % jxzd_7.m
    function f = jxzd_7(t,y)
    f = zeros(6,1);
    F0 = 100.0;
    w = 100.0;
    f(1) = y(2);
    f(2) = F0 * cos(w * t)/100 - 400 * y(2)/100 + 200 * y(4)/100 - 8000 * y(1)/100 + 4000 *
y(3)/100;
    f(3) = y(4);
    f(4) = F0 * cos(w * t)/10 + 200 * y(2)/10 - 400 * y(4)/10 + 200 * y(6)/10 + 4000 *
y(1)/10 - 8000 * y(3)/10 + 4000 * y(5)/10;
    f(5) = y(6);
    f(6) = F0 * cos(w * t)/10 + 200 * y(4)/10 - 200 * y(6)/10 + 4000 * y(3)/10 - 4000 *
y(5)/10;
```

所绘响应曲线如图 8-8 所示。

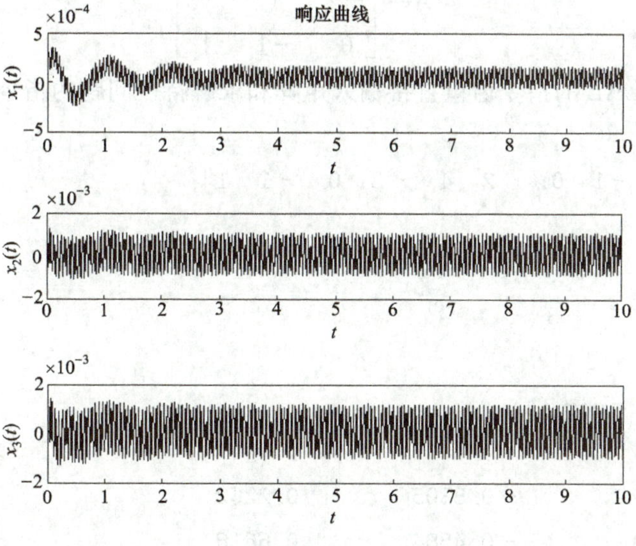

图 8-8　响应曲线

例 8-13　编写一个通用 MATLAB 程序，生成某一个给定方阵的特征多项式，并利用该程序求下列方阵的特征多项式：

$$A=\begin{bmatrix} 2 & -1 & 0 \\ -1 & 2 & -1 \\ 0 & -1 & 2 \end{bmatrix}$$

解 程序 Program7 运行时需要键入以下数据：

n—给定方阵 **A** 的阶数；

A—给定方阵 **A**。

程序的输出如下，其中 pcf 代表特征多项式中从常数项开始的各次项的系数组成的向量：

```
>> n = input ('n = ');
A = input ('A = ');
syms x
b = x * eye (n, n);
det (A - b)
n = 3
A = [2, -1, 0; -1, 2, -1; 0, -1, 2]

ans =
4 - 10 * x + 6 * x^2 - x^3
```

例 8-14 用 MATLAB 求下列矩阵的特征值和特征向量：

$$\boldsymbol{A}=\begin{bmatrix}3 & -1 & 0\\ -2 & 4 & -3\\ 0 & -1 & 1\end{bmatrix}$$

解 在 MATLAB 的指令窗口直接输入矩阵和求解特征问题的指令即可，不用编程。显示结果如下：

```
>>A = [3  -1  0; -2  4  -3; 0  -1  1];
A =
   3     -1     0
  -2      4    -3
   0     -1     1
>> [V, D] = eig (A)
V =
     -0.3665       -0.8305        0.2262
      0.9080       -0.4584        0.6616
     -0.2028        0.3165        0.7149
D =
     5.4774          0             0
        0          2.4481          0
        0            0          0.0746
```

例 8-15 编写一个命令为 Program9. m 的 MATLAB 程序，利用雅可比法求下列对称矩阵的特征值和特征向量：

$$A=\begin{bmatrix}1 & 1 & 1\\1 & 2 & 2\\1 & 2 & 3\end{bmatrix}$$

解 程序 Program9. m 中要用到以下数据：

n—矩阵的阶数；

d—给定的 $n\times n$ 矩阵；

eps—收敛判据，10^{-5}量级的一个小量；

itmax—允许的最大迭代次数。

```
%jacobite. m
function [k, Bk, V, D, Wc] =jacobite (A, jd, max1)
[n, n] =size (A); Vk=eye (n); Bk=A; state=1; k=0; P0=eye (n);
Aij=abs (Bk-diag (diag (Bk))); [m1i] =max (Aij);
[m2 j] =max (m1); i=i (j);
while ( (k<=max1) & (state==1))
k=k+1; aij=abs (Bk-diag (diag (Bk))); [m1 i] =max (abs (aij));
[m2 j] =max (m1); i=i (j), j, Aij= (Bk-diag (diag (Bk)));
mk=m2 * sign (Aij (i, j)),
Wc=m2, Dk=diag (diag (Bk)); Pk=P0;
c= (Bk (j, j) -Bk (i, i)) / (2 * Bk (i, j)),
t=sign (c) / (abs (c) +sqrt (1+c^2)),
pii=1/ ( sqrt (1+t^2)), pij=t/ ( sqrt (1+t^2)),
Pk (i, i) =pii; Pk (i, j) =pij;
Pk (j, j) =pii; Pk (j, i) =-pij;
Pk, B1=Pk' * Bk; B2=B1 * Pk; Vk=Vk * Pk, Bk=B2,
if (Wc>jd)
state=1;
else
return
end
Pk; Vk; Bk=B2; Wc;
end
if (k>max1)
disp ('请注意迭代次数 k 已经达到最大迭代次数 max1，迭代次数 k，对称矩阵 Bk，以特征向量为列向量的矩阵 V，特征值为对角元的对角矩阵 D 如下：')
else
disp ('请注意迭代次数 k，对称矩阵 Bk，以特征向量为列向量的矩阵 V，特征值为对角元的对角矩阵 D 如下：')
end
Wc;k=k; V=Vk;Bk=B2;D=diag(diag(Bk));[V1,D1] =eig(A,'nobalance')
```

主程序执行结果如下：

```
n = input ('n = ');
a = input ('a = ');
eps = input ('eps = ');
itmax = input ('itmax = ');
[k, bk, v, d, wc] = jacobite (a, eps, itmax)
pij =
 -5.5622e-007

Pk =

    1.0000         0         0
         0    1.0000   -0.0000
         0    0.0000    1.0000

Vk =

    0.7370   -0.5910    0.3280
    0.3280    0.7370    0.5910
   -0.5910   -0.3280    0.7370

Bk =

    0.6431    0.0000    0.0000
    0.0000    0.3080   -0.0000
    0.0000    0.0000    5.0489
```

例 8-16 编写一个命名为 Program11. m 的通用 MATLAB 程序，求解下列一般特征值问题：

$$\boldsymbol{kX}=\omega^2\boldsymbol{mX}$$

式中

$$\boldsymbol{k}=\begin{bmatrix}2 & -1 & 0\\ -1 & 2 & -1\\ 0 & -1 & 1\end{bmatrix},\ \boldsymbol{m}=\begin{bmatrix}1 & 0 & 0\\ 0 & 1 & 0\\ 0 & 0 & 1\end{bmatrix}$$

解 Program11. m 中首先把问题 $\boldsymbol{kX}=\omega^2\boldsymbol{mX}$ 转化成特定的特征值问题 $\boldsymbol{DY}=\frac{1}{\omega^2}\boldsymbol{IY}$。式中，$\boldsymbol{D}=(\boldsymbol{U}^{\mathrm{T}})^{-1}$，$\boldsymbol{k}=\boldsymbol{U}^{\mathrm{T}}\boldsymbol{U}$。程序中要用到以下数据：

nd——特征值问题的维数，即刚度矩阵和质量矩阵的维数；

bk——*nd*×*nd* 维的刚度矩阵；

bm——*nd*×*nd* 维的质量矩阵。

程序输出的结果包括上三角矩阵 [bk]，[bk] 的逆矩阵 [ui]、矩阵 [uti] [bm] [ui]（[ui] 是 [ui] 的转置矩阵）和该问题的特征值与特征向量。

程序的执行结果如下：

```
>>program10
Upper triangular matrix [U]:
1.414214e+000       -73071068e+000       0.000000e+000
0.000000e+000        1.224747e+000      -8.164966e-001
0.000000e+000        0.000000e+000        5.77350e-001
Inverse of the upper triangular matrix:
7.071068e-001        4.082483e-001        5.773503e-001
0.000000e+000        8.164966e-001        1.154701e+000
0.000000e+000        0.000000e+000        1.732051e+000
Matrix [UMU] = [UTI] [M] [UI]:
5.000000e-001        2.886751e-001        4.082483e-001
2.886751e-001        8.333333e-001        1.178511e+000
4.082483e+000        1.178511e+000        4.666667e+000
Eigenvectors:
5.048917e+000        6.431041e-001        3.079785e-001
Eigenvectors (Columnwise):
7.369762e-001       -5.910090e-001        3.279853e-001
1.327985e+000       -2.630237e-001       -4.089910e-001
1.655971e+000        4.739525e-001        1.820181e-001
```

例 8-17　某一振动传递路径问题可以简化为如图 8-9 所示的系统模型，这里只考虑单激励情形。设坐标如图 8-9 所示，系统的振动微分方程为

$$\boldsymbol{M}\ddot{\boldsymbol{x}}+\boldsymbol{C}\dot{\boldsymbol{x}}+\boldsymbol{K}\boldsymbol{x}=\boldsymbol{F}(t)$$

式中

$$\boldsymbol{M}=\mathrm{diag}\ [m_s\ m_{p1}\ m_{p2}\ m_{p3}\ m_r]$$

$$\boldsymbol{C}=\begin{bmatrix} c_s+c_{sp1}+c_{sp2}+c_{sp3} & -c_{sp1} & -c_{sp2} & -c_{sp3} & 0 \\ -c_{sp1} & c_{sp1}+c_{rp1} & 0 & 0 & -c_{rp1} \\ -c_{sp2} & 0 & c_{sp2}+c_{rp2} & 0 & -c_{rp2} \\ -c_{sp3} & 0 & 0 & c_{sp3}+c_{rp3} & -c_{rp3} \\ 0 & -c_{rp1} & -c_{rp2} & -c_{rp3} & c_r+c_{rp1}+c_{rp2}+c_{rp3} \end{bmatrix}$$

$$\boldsymbol{K}=\begin{bmatrix} k_s+k_{sp1}+k_{sp2}+k_{sp3} & -k_{sp1} & -k_{sp2} & -k_{sp3} & 0 \\ -k_{sp1} & k_{sp1}+k_{rp1} & 0 & 0 & -k_{rp1} \\ -k_{sp2} & 0 & k_{sp2}+k_{rp2} & 0 & -k_{rp2} \\ -k_{sp3} & 0 & 0 & k_{sp3}+k_{rp3} & -k_{rp3} \\ 0 & -k_{rp1} & -k_{rp2} & -k_{rp3} & k_r+k_{rp1}+k_{rp2}+k_{rp3} \end{bmatrix}$$

$\boldsymbol{F}(t)=[F_0\sin(\omega t)\quad 0\quad 0\quad 0\quad 0]^{\mathrm{T}}, \boldsymbol{x}(t)=[x_s\quad x_{p1}\quad x_{p2}\quad x_{p3}\quad x_r]^{\mathrm{T}}$

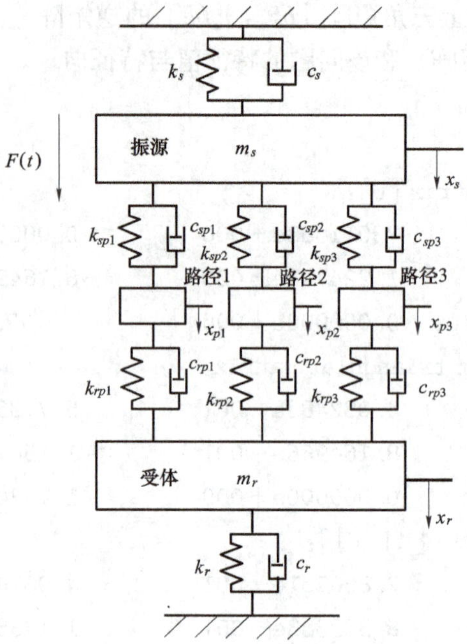

图 8-9　系统模型

若振源系统的质量 m_s=0.5 kg，振源系统阻尼 c_s=1 N·s/m，振源系统的刚度 k_s=500 N/m，接收系统的质量 m_r=0.5 kg，接收系统的刚度 k_r=1 000 N/m，三个传递路径的质量、阻尼和刚度分别为 m_{p1}=0.4 kg，m_{p2}=0.5 kg，m_{p3}=0.6 kg，$c_{sp1}=c_{rp1}$=6 N·s/m，$c_{sp2}=c_{rp2}$=4 N·s/m，$c_{sp3}=c_{rp3}$=8 N·s/m，$k_{sp1}=k_{rp1}$=800 N/m，$k_{sp2}=k_{rp2}$=600 N/m，$k_{sp3}=k_{rp3}$=400 N/m，激励的幅值 F_0=10 N，激励的频率 ω=21 rad/s。试确定此振动传递系统的固有特性与响应。

解　对此系统传递路径应用 Newmark－β 方法，并取 $\beta=1/4$，$\delta=1/2$，计算出接收系统质量 m_r 的位移 x_r、速度 $\dot{x}_r$ 和加速度 $\ddot{x}_r$ 随时间 t 的变化曲线，如图 8-10 所示。

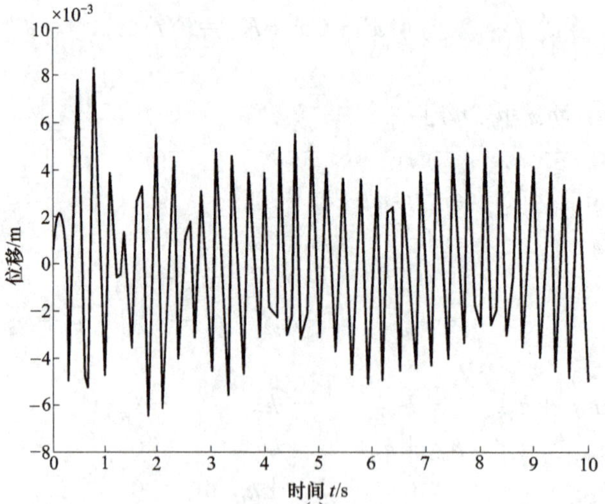

(a)

图 8-10　位移、速度、加速度随时间的变化曲线

(a) 位移变化曲线

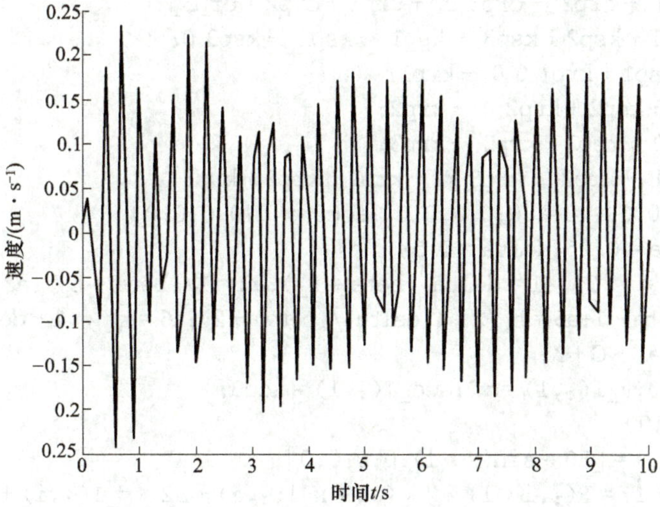

(b)

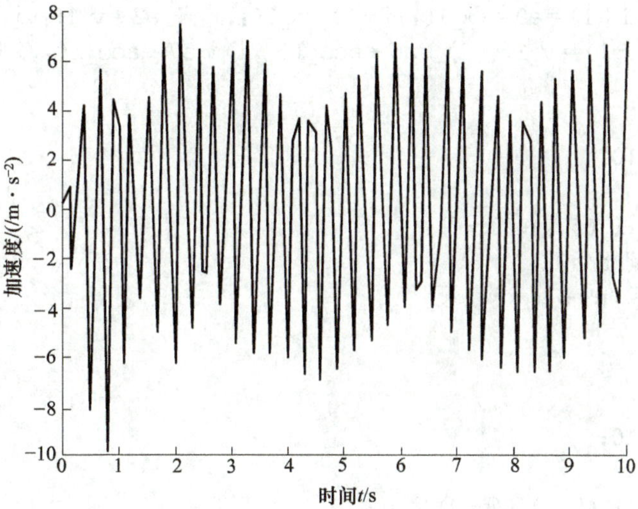

(c)

图 8-10　位移、速度、加速度随时间的变化曲线（续）

（b）速度变化曲线；（c）加速度变化曲线

Matlab 源程序

```
clc;
clear all;
ms = 0.5; cs = 1; ks = 500; mr = 0.5; cr = 1; kr = 1000; mp1 = 0.4; mp2 = 0.5;
mp3 = 0.6; csp1 = 6; crp1 = 6; csp2 = 4; crp2 = 4; csp3 = 8; crp3 = 8; ksp1 = 800;
krp1 = 800; ksp2 = 600; krp2 = 600; ksp3 = 400; krp3 = 400; F0 = 10; w = 21;
M = diag ( [ms mp1 mp2 mp3 mr]);
C = [cs + csp1 + csp2 + csp3  - csp1  - csp2  - csp3 0;
     - csp1 csp1 + crp1 0 0  - crp1;
     - csp2 0 csp2 + crp2 0  - crp2;
     - csp3 0 0 csp3 + crp3  - crp3;
```

```
      0 -crp1 -crp2 -crp3 cr+crp1+crp2+crp3];
   K=[ks+ksp1+ksp2+ksp3 -ksp1 -ksp2 -ksp3 0;
      -ksp1ksp1+krp1 0 0 -krp1;
      -ksp2 0 ksp2+krp2 0 -krp2;
      -ksp3 0 0 ksp3+krp3 -krp3;
      0 -krp1 -krp2 -krp3 kr+krp1+krp2+krp3];
   x0=[0;0;0;0;0];v0=[0;0;0;0;0];acc0=[0;0;0;0;0];
   t_=0.1;beta=0.25;delta=0.5;
   a0=1/(beta*t_^2);a1=delta/(beta*t_);a2=1/(beta*t_);a3=1/(2*beta)-1;
   a4=delta/beta-1;a5=t_/2*((delta)/(beta)-2);a6=t_*(1-delta);a7=delta*t_;
   K_=a0*M+a1*C+K;
   x_1(:,1)=x0;v_1(:,1)=v0;acc_1(:,1)=acc0;
   for i=1:1:100
      R(:,i+1)=[F0*sin(w*i);0;0;0;0];
      R_(:,i+1)=R(:,i+1)+M*(a0*x_1(:,i)+a2*v_1(:,i)+a3*acc_1(:,i))+
C*(a1*x_1(:,i)+a4*v_1(:,i)+a5*acc_1(:,i));
      x_1(:,i+1)=inv(K_)*R_(:,i+1);
      acc_1(:,i+1)=a0*(x_1(:,i+1)-x_1(:,i))-a2*v_1(:,i)-a3*acc_1(:,i);
      v_1(:,i+1)=v_1(:,i)+a6*acc_1(:,i)+a7*acc_1(:,i+1);
   end
   figure (1)
   t=0: 0.1: 10;
   hold on
   plot (t, x_1 (5,:), 'k-');
   xlabel ('时间 t/s');
   ylabel ('位移/m');
   hold off
   box off
   figure (2)
   t=0: 0.1: 10;
   hold on
   plot (t, v_1 (5,:), 'k-');
   xlabel ('时间 t/s');
   ylabel ('速度 (m/s) ');
   hold off
   box off
   figure (3)
   t=0: 0.1: 10;
   hold on
   plot (t, acc_1 (5,:), 'k-');
   xlabel ('时间 t/s');
   ylabel ('加速度 (m/s^2) ');
   hold off
   box off
```

参考文献

[1] 师汉民，黄其柏．机械振动系统——分析·建模·测试·对策（上册）[M]．武汉：华中科技大学出版社，2012.
[2] 师汉民，黄其柏．机械振动系统——分析·建模·测试·对策（下册）[M]．武汉：华中科技大学出版社，2012.
[3] 程耀东，李培玉．机械振动学 [M]．杭州：浙江大学出版社，2005.
[4] 胡海岩．机械振动基础 [M]．哈尔滨：哈尔滨工业大学出版社，2004.
[5] 顾海明，周勇军．机械振动理论与应用 [M]．南京：东南大学出版社，2007.
[6] 李有堂．机械振动理论与应用 [M]．北京：科学出版社，2012.
[7] 张义民．机械振动 [M]．北京：清华大学出版社，2007.
[8] 蔡敢为，陈家权，李兆军．机械振动学 [M]．武汉：华中科技大学出版社，2012.
[9] 刘延柱，陈文良，陈立群．振动力学 [M]．北京：高等教育出版社，1998.
[10] 闻邦椿，刘凤翘．振动机械的理论及应用 [M]．北京：机械工业出版社，1980.
[11] 朱位秋．随机振动 [M]．北京：科学出版社，1992.
[12] 季文美，方同，陈松琪．机械振动 [M]．北京：科学出版社，1985.
[13] 邵忍平．机械系统动力学 [M]．北京：机械工业出版社，2005.
[14] 闻邦椿，刘树英，何勍．振动机械的理论与动态设计方法 [M]．北京：机械工业出版社，2001.
[15] 张义民．机械振动学漫谈 [M]．北京：科学出版社，2010.
[16] 张建民．机械振动 [M]．北京：中国地质大学出版社，1995.
[17] 林鹤．机械振动理论与应用 [M]．北京：冶金工业出版社，1990.